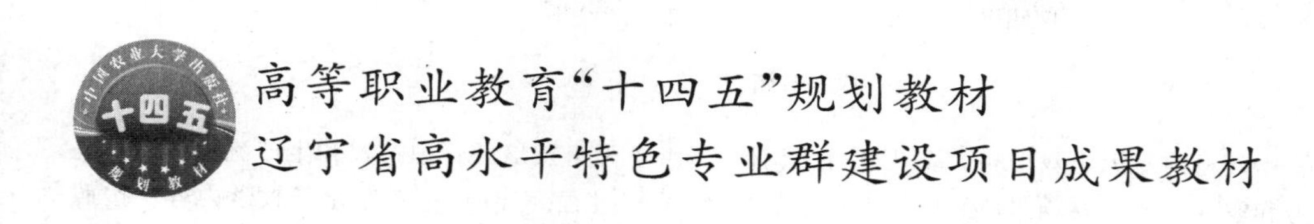

高等职业教育“十四五”规划教材

辽宁省高水平特色专业群建设项目成果教材

无土栽培

曹维荣　王维江　主编

中国农业大学出版社

·北京·

内容简介

编者在编写本教材前对无土栽培相关企业进行了调研，了解了无土栽培的管理过程和生产流程，依据“提高学生职业能力和职业素质”的核心目标，以无土栽培的生产、管理过程为导向，重新序化了教学内容。按照“工学结合、任务驱动、项目导向”教学模式的要求，将教材的内容划分为8个项目，分别是项目1无土栽培认知；项目2营养液的配制与管理；项目3固体基质的选择与处理；项目4无土育苗；项目5水培与雾培；项目6固体基质栽培；项目7立体无土栽培；项目8无土栽培生产实例。其中，项目8中有5个生产实例，分别是实例1果菜类蔬菜无土栽培、实例2叶菜类蔬菜无土栽培、实例3芽苗菜无土栽培、实例4花卉无土栽培、实例5果树无土栽培。本教材在每个项目中设立了不同的任务，每个任务又包含了学习目标、任务描述、相关知识、任务实施、任务小结、任务小练。通过任务实施，能够培养学生独立从事无土栽培各个环节工作的能力。

图书在版编目(CIP)数据

无土栽培/曹维荣，王维江主编. —北京：中国农业大学出版社，2020.12
ISBN 978-7-5655-2511-7

Ⅰ.①无… Ⅱ.①曹…②王… Ⅲ.①无土栽培-高等职业教育-教材 Ⅳ.①S317

中国版本图书馆CIP数据核字(2020)第273268号

书　　名 无土栽培
作　　者 曹维荣　王维江　主编

策划编辑 张　玉　　**责任编辑** 张　玉　贺晓丽
封面设计 郑　川
出版发行 中国农业大学出版社
社　　址 北京市海淀区圆明园西路2号　　**邮政编码** 100193
电　　话 发行部 010-62733489，1190　　读者服务部 010-62732336
编辑部 010-62732617，2618　　出　版　部 010-62733440
网　　址 http://www.caupress.cn　　**E-mail** cbsszs@cau.edu.cn
经　　销 新华书店
印　　刷 北京溢漾印刷有限公司
版　　次 2021年3月第1版　2021年3月第1次印刷
规　　格 787×1 092　16开本　13印张　320千字　彩插1
定　　价 39.00元

辽宁省高水平特色专业群建设项目成果教材

编审委员会

本书编写人员

主　编　曹维荣（辽宁职业学院）

王维江（辽宁职业学院）

副主编　王宇博（辽宁职业学院）

吕　爽（黑龙江生物科技职业学院）

编　者　宋　扬（辽宁职业学院）

吕　爽（黑龙江生物科技职业学院）

王宇博（辽宁职业学院）

张崇闯（丹东北国之春农业科技有限公司）

王维江（辽宁职业学院）

周　巍（辽宁职业学院）

曹维荣（辽宁职业学院）

总　　序

《国家职业教育改革实施方案》指出，坚持以习近平新时代中国特色社会主义思想为指导，把职业教育摆在教育改革创新和经济社会发展中更加突出的位置。把发展高等职业教育作为优化高等教育结构和培养大国工匠、能工巧匠的重要方式。以学习者的职业道德、技术技能水平和就业质量，以及产教融合、校企合作水平为核心，建立职业教育质量评价体系。促进产教融合校企"双元"育人，坚持知行合一、工学结合。《职业教育提质培优行动计划（2020—2023年）》进一步指出，努力构建职业教育"三全育人"新格局，将思政教育全面融入人才培养方案和专业课程。大力加强职业教育教材建设，对接主流生产技术，注重吸收行业发展的新知识、新技术、新工艺、新方法，校企合作开发专业课教材。根据职业院校学生特点创新教材形态，推行科学严谨、深入浅出、图文并茂、形式多样的活页式、工作手册式、融媒体教材。引导地方建设国家规划教材领域以外的区域特色教材，在国家和省级规划教材不能满足的情况下，鼓励职业学校编写反映自身特色的校本专业教材。

辽宁职业学院园艺学院在共享国家骨干校建设成果的基础上，突出园艺技术辽宁省职业教育高水平特色专业群项目建设优势，以协同创新、协同育人为引领，深化产教融合，创新实施"双创引领，双线并行，双元共育，德技双馨"人才培养模式，构建了"人文素养与职业素质课程、专业核心课程、专业拓展课程"一体化课程体系；以岗位素质要求为引领，与行业、企业共建共享在线开放课程，培育"名师引领、素质优良、结构合理、专兼结合"特色鲜明的教学团队，从专业、课程、教师、学生不同层面建立完整且相对独立的质量保证机制。通过传统文化树人工程、专业文化育人工程、工匠精神培育工程、创客精英孵化工程，实现立德树人、全员育人、全过程育人、全方位育人。辽宁职业学院园艺学院经过数十年的持续探索和努力，在国家和辽宁省的大力支持下，在高等职业教育发展方面积累了一些经验、培养了一批人才、取得了一批成果。为在新的起点上，进一步深化教育教学改革，为提高人才培养质量奠定更好的基础，发挥教材在人才培养和推广教改成果上的基础作用，我们组织开展了辽宁职业学院园艺技术高水平特色专业群建设成果系列教材建设工作。

"辽宁省高水平特色专业群建设项目成果教材"以习近平新时代中国特色社会主义思想为指导，以全面推动习近平新时代中国特色社会主义思想进教材、进课堂、进头脑为宗旨，全面贯彻党的教育方针，落实立德树人根本任务，积极培育和践行社会主义核心价值观，体现中华优秀传统文化和社会主义先进文化，弘扬劳动光荣、技能宝贵、创造伟大的时代风尚。突出职业教育类型特点，全面体现统筹推进"三教"改革和产教融合教育成果。在此基础上，本系列教材还具有以下 4 个方面的特点：

1. 强化价值引领。将工匠精神、创新精神、质量意识、环境意识等有机融入具体教学项目，努力体现"课程思政"与专业教学的有机融合，突出人才培养的思想性和价值引领，为乡村振兴、区域经济社会发展蓄积高素质人才资源。

2.校企双元合作。教材建设实行校企双元合作的方式，企业参与人员根据生产实际需求提出人才培养有关具体要求，学校编写人员根据企业提出的具体要求，按照教学规律对技术内容进行转化和合理编排，努力实现人才供需双方在人才培养目标和培养方式上的高度契合。

3.体现学生本位。系统梳理岗位任务，通过任务单元的设计和工作任务的布置强化学生的问题意识、责任意识和质量意识；通过方案的设计与实施强化学生对技术知识的理解和工作过程的体验；通过对工作结果的检查和评价强化学生运用知识分析问题和解决问题的能力，促进学生实现知识和技能的有效迁移，体现以学生为中心的培养理念。

4.创新教材形态。教学资源实现线上线下有机衔接，通过二维码将纸质教材、精品在线课程网站线上线下教学资源有机衔接，有效弥补纸质教材难以承载的内容，实现教学内容的及时更新，助力教学教改，方便学生学习和个性化教学的推进。

系列教材凝聚了校企双方参与编写工作人员的智慧与心血，也体现了出版人的辛勤付出，希望系列教材的出版能够进一步推进辽宁职业学院教育教学改革和发展，促进了辽宁职业学院国家级骨干校示范引领和辐射作用的发挥，为推动高等职业教育高质量发展做出贡献。

2020 年 5 月

前言

无土栽培是指不用土壤而用营养液或固体基质加营养液栽培作物的方法。它的理论基础是1840年德国化学家李比希提出的矿物质营养学说。无土栽培技术从19世纪60年代提出至今已走过150余年的发展历程,特别是近几十年发展非常迅速。通过对无土栽培技术原理、栽培方式和管理技术的不断研究与实践,无土栽培逐渐从园艺栽培学中分离出来,并独立成为一门综合性应用科学,成为现代农业新技术与生物科学、作物栽培相结合的边缘科学。它改变了自古以来农业生产依赖于土壤的种植习惯,把农业生产推向工业化生产和商业化生产的新阶段,成为未来农业的雏形。目前无土栽培的形式多种多样,如立柱式栽培、墙式栽培、高架管道基质培、A字架式栽培、多层水培、垂吊式气雾培等。虽然形式各种各样,但栽培的原理都是一样的,即都是不使用天然土壤,让植物生长在装有营养液的栽培装置中或者生长在含有有机肥或充满营养液的固体基质中,人工创造植物根系生长所需的环境,满足植物对矿物质营养、水分和空气条件的需要,而且能人为地进行控制和调整,来满足甚至促进植物的生长发育,并发挥它的最大生产能力,从而获得最大的经济效益或观赏价值。

本教材由学校教师和企业专家共同开发编写,在编写前我们对无土栽培相关的企业进行了调研,了解了无土栽培的管理过程和生产流程及生产与管理岗位的能力要求,并根据当前高等职业教育教学改革的主要目标和方向,强化学生能力和素质培养,重新序化了教学内容,以项目任务为载体 ,体现工学结合的教学理念,突出实践。通过学习,学生掌握"必需、够用"的无土栽培基本理论,能够设计、维护无土栽培设备设施,能够熟练利用水培、基质培、气雾培等栽培形式进行生产。

本教材分为8个项目,具体分工如下:项目1、项目2、项目4、项目7、附录4～5由曹维荣编写;项目3、项目8中实例2由王宇博编写;项目8中实例3由王维江编写;项目8中实例1由王维江、吕爽和张崇闯编写;项目5、项目6、项目8中实例4、附录1～3由宋扬编写;项目8中实例5由周巍编写。

本教材在编写过程中,得到了同事、行业专家的大力支持,在此表示真诚的感谢!这里需要说明的是,本教材在编写过程中,参考、借鉴和引用了有关文献资料、网上资料、图表等,有些在引用过程中未能考证到原出处,在此,谨向各位专家表示诚挚的谢意!如有侵犯作者著作权之处,请及时与我们联系,在修订过程中,我们一定及时改正。由于编写水平有限,本教材难免有疏漏或不当之处,欢迎各位专家和读者批评指正。

编　者

2021年1月

目 录

项目 1　无土栽培认知 …… 1

项目 2　营养液的配制与管理 …… 8

任务 2.1　营养液的配制 …… 8

任务 2.2　营养液的管理及废液处理 …… 28

项目 3　固体基质的选择与处理 …… 36

任务 3.1　固体基质的理化性质测定 …… 37

任务 3.2　固体基质的分类与特性 …… 44

任务 3.3　固体基质的选用及处理 …… 53

项目 4　无土育苗 …… 61

任务 4.1　无土育苗的播种育苗操作 …… 64

任务 4.2　无土育苗的管理 …… 70

项目 5　水培与雾培 …… 77

任务 5.1　深液流水培 …… 77

任务 5.2　营养液膜水培 …… 84

任务 5.3　其他水培 …… 90

任务 5.4　雾培 …… 97

项目 6　固体基质栽培 …… 101

任务 6.1　沙培 …… 101

任务 6.2　岩棉培 …… 105

任务 6.3　有机生态型无土栽培 …… 112

任务 6.4　复合基质培 …… 115

项目 7　立体无土栽培 …… 121

项目 8　无土栽培生产实例 …… 128

实例 1　果菜类蔬菜无土栽培 …… 128

实例 2　叶菜类蔬菜无土栽培 …… 139

实例 3　芽苗菜无土栽培 …… 148

实例 4　花卉无土栽培 …… 151

实例 5　果树无土栽培 …… 173

参考文献 …… 190
附录 …… 192
附录 1 常用元素相对原子质量表 …… 192
附录 2 植物营养大量元素化合物及辅助材料的性质与要求 …… 193
附录 3 植物营养微量元素化合物的性质与要求 …… 195
附录 4 一些难溶化合物的溶度积常数 …… 196
附录 5 无土栽培专业词汇 …… 197

项目1

无土栽培认知

能力目标

能识别无土栽培的各种类型。

知识目标

掌握无土栽培的概念、特点及应用。

德育目标

培养学生积极、认真的学习态度。

无土栽培是继20世纪60年代世界农业"绿色革命"之后兴起的一场新的"栽培革命",它改变了自古以来农业生产依赖于土壤的种植习惯,它把农业生产推向工业化生产和商业化生产的新阶段。随着都市农业、观光农业的发展,无土栽培的形式越来越多,它以新型的农业生产方式吸引更多的人来学习它,掌握它,从事它。

任务描述

学习者在掌握无土栽培这项技术之前,首先要对无土栽培的形式有一定的认知,通过现场参观及图片观看,掌握无土栽培的类型及其特点,从而更好地应用这项技术。

相关知识

一、无土栽培的含义

无土栽培(soilless culture)是指不用土壤而用营养液或固体基质加营养液栽培作物的方法。无土栽培技术从19世纪60年代提出模式至今已走过150余年的发展历程。无土栽培的理论基础是1840年德国化学家李比希提出的矿物质营养学说。通过对无土栽培技术原理、栽培方式和管理技术的不断研究与实践,无土栽培逐渐从园艺栽培学中分离出来并独立成为一门综合性应用科学,成为现代农业新技术与生物科学、作物栽培相结合的边缘科学。其核心是不使用天然土壤，植物生长在装有营养液的栽培装置中或者生长在含有有机肥或充满营养液的固体基质中。这种人工创造的植物根系环境，不仅能满足植物对矿质营养、水分和空气条件的需要，而且能人为地控制和调整，来满足甚至促进植物的生长发育，并发挥它的最大生产能力，从而获得最大的经济效益或观赏价值。

二、无土栽培的类型

我国古老的无土栽培，常见于各种豆芽的生产，以及利用盘、碟等器皿培养水仙花和蒜苗，利用盛水的花瓶插花，利用船尾水面种菜等，从其栽培方式而言，都应视为广义的无土栽培。在以后较长的时期内，无土栽培被应用于各类肥料以及植物生理方面的试验。随着温室等设施栽培的迅速发展，种植业中形成了一种新型农业生产方式——可控环境农业。目前无土栽培的形式多样，却没有统一的分类法。这里按是否使用基质以及基质特点，分为固体基质栽培和非固体基质栽培；按其消耗能源多少和对环境生态条件的影响，分为有机生态型无土栽培和无机耗能型无土栽培。具体见图 1-1。

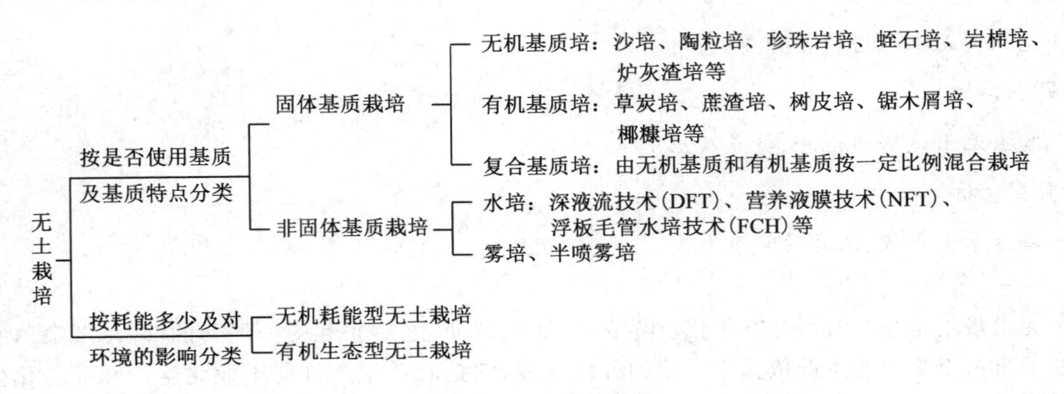

图 1-1　无土栽培类型

(一)非固体基质栽培

非固体基质栽培是指植物根系生长在营养液或含有营养液的潮湿空气中，但育苗时可能采用基质育苗方式，用基质固定根系。这种方式可分为水培和雾培两大类。

1. 水培

水培的主要特征是植物大部分根系直接生长在营养液的液层中，部分根系裸露在空气中。根据营养液液层的深度不同可分为多种形式（表 1-1）。水培类型各有优缺点，可根据不同地区的经济、文化、技术水平的实际情况来选用。

2. 雾培

雾培又称喷雾培或气培，它是将营养液以喷雾的方式，直接喷到植物根系上。根系悬挂在容器中，容器内部装有自动喷雾装置，每隔一定时间将营养液从喷头中以雾状形式喷洒到植物根系表面，营养液循环利用，这种方法可同时解决根系对养分、水分和氧气的需求。但因设备投资大，管理技术要求高，根际温度受气温影响大，生产上很少应用，大多作为展览厅上展览、生态酒店和旅游观光农业观赏使用。从外观上来看，形式有 A 形雾培、多边形雾培、立柱式雾培、垂吊式气雾培等。

表1-1　水培类型

类型		英文缩写	液层深度/cm	营养液状态	备注
主要类型	营养液膜技术	NFT	1～2	流动	
	深液流技术	DFT	4～10	流动	
	浮板毛管水培技术	FCH	5～6	流动	营养液中有浮板，上铺无纺布，部分根系在无纺布上
	浮板水培技术	FHT	10～100	流动、静止均可	植物定植在浮板上，浮板在营养液中自然漂浮
其他	潮汐式水培(EFT)、静止曝气技术(SAT)、曝气液流技术(AFT)、各种静止水培				

(二)固体基质栽培

固体基质栽培简称基质培，是指植物根系生长在各种天然或人工合成的基质中，通过基质固定根系，并向植物供应养分、水分和氧气的无土栽培方式。基质能很好地协调根际环境中水、肥、气之间的矛盾。基质培便于就地取材，降低成本。

根据基质种类的不同，基质培分为无机基质栽培、有机基质栽培和复合基质栽培；根据栽培形式的不同分为槽培、箱培、袋培、立体栽培等。其中，槽培是指将固体基质装入槽式的栽培容器中进行栽培作物的方法。种植槽有水泥砖形式或塑料泡沫形式。袋培是指将基质装入不透光的种植袋内来栽培作物。目前，立体栽培常见的是由泡沫或塑料栽培钵组装成立柱或立体墙来栽培作物。不同栽培形式选用不同类型的基质，如水泥砖结构的种植槽可以选用容重较大的基质，而容重较小的栽培基质可适用于立体栽培或袋培，如珍珠岩立柱培、椰糠袋培等。

(1)无机基质栽培　指用河沙、珍珠岩、蛭石、岩棉、陶粒等无机物作基质的无土栽培方式。目前，我国常用的无机基质有珍珠岩、蛭石、炉灰渣、河沙、陶粒等。而在西欧的一些国家(如荷兰)岩棉培应用广泛。

(2)有机基质栽培　指用草炭、木屑、稻壳、椰糠、树皮、菌糠等有机物作为基质的无土栽培方式。由于这类基质为有机物，所以在使用前要做发酵处理，使其理化性质适合栽培。

(3)复合基质栽培　指有机基质和无机基质按适当比例混合来栽培作物。混合后的复合基质，可改善单一基质的容重过轻或过重、通气不良或保水性差、pH过大或稳定性差等缺点。它是我国应用最广、成本最低、使用效果稳定的无土栽培方式。

(三)有机生态型无土栽培与无机耗能型无土栽培

(1)有机生态型无土栽培　指使用基质来栽培作物，不用传统的营养液灌溉植物根系，而使用有机固态肥并直接用清水灌溉作物的一种栽培技术。

(2)无机耗能型无土栽培　指全部用化肥配制营养液，营养液循环中耗能多，灌溉排出液污染环境和地下水，生产出的食品硝酸盐含量较高或超标，因此在生产时一定要有效控制硝酸盐的使用量，以保证生产无公害蔬菜。

无土栽培的形式越来越丰富，按照不同的分类标准其名称不同，但无论是哪种形式，它们的本质都是栽培的介质改变了，不再是传统的土壤栽培。

三、无土栽培的优点及发展限制因素

(一)无土栽培的优点

1. 产量高,效益好,品质优

无土栽培和设施园艺相结合,能合理调节植物生长的温、光、水、气、肥等环境条件,尤其人工创造的根际环境能妥善解决水气矛盾,使植物的生长发育过程更加协调,能充分发挥其生长潜力,从而取得高产。与土壤栽培相比,无土栽培的植株生长速度快、长势强。据资料表明,西瓜播种后 60 d,其株高、叶片数、相对最大叶面积分别为土壤栽培的 3.6 倍、2.2 倍和 1.8 倍。菜豆等其他作物的产量与土壤栽培相比也成倍提高(表 1-2)。

表 1-2 几种作物无土栽培与土壤栽培的产量比较

作物	土壤栽培/(kg/667 m^2)	无土栽培/(kg/667 m^2)	相差倍数
菜豆	833	3 500	4.2
豌豆	169	1 500	8.9
马铃薯	1 212	11 667	9.6
莴苣	667	1 867	2.8
黄瓜	523	2 087	4.0

无土栽培的作物不仅产量高,而且品质好。栽培的苦苣、香芹、生菜等小菜生长速度快,粗纤维含量少,维生素 C 含量高。番茄、黄瓜等果菜类商品外观整齐、着色均匀、口感好、营养价值高。如无土栽培的番茄可溶性固形物比土壤栽培多 280%,维生素 C 含量则由 18 mg/100 g 增加到 35 mg/100 g。无土栽培的花卉,观赏品质也有所提升,如香石竹开花数多,单株年均开 9 朵花(土培 5 朵),裂萼率仅 8%(土培 90%)。

2. 省水、省肥、省地、省力、省工

无土栽培无论是水培还是基质培,都根据作物生长需要按需供应水肥,这样可避免土壤栽培中灌溉水分、养分的渗漏流失和土壤微生物吸收固定的缺点,使水肥充分被植物吸收利用,从而提高水肥利用率。无土栽培的耗水量只有土壤栽培的 1/10～1/4,节约水资源(表 1-3),是发展节水型农业的有效措施之一。土壤栽培肥料利用率大约只有 50%,甚至更低,只有 20%～30%。而无土栽培按需配制和循环供应营养液,肥料利用率高达 90%以上。即使是开放式无土栽培系统,营养液的流失也很少。无土栽培不需要中耕、锄草、翻地等作业,加上计算机和智能系统的应用,逐步实现了机械化和自动化操作,省力、省工,提高了劳动生产率。立体栽培又提高了土地利用率。

3. 病虫害少,生产过程可实现无公害

无土栽培属于设施农业,在相对封闭的环境条件下进行,可人为严格控制生长条件,在一定程度上避免了外界环境和土壤病原菌及害虫对植物的侵袭,加之植物生长健壮,因而病虫害轻微,种植过程中就少施或不施农药,不存在像土壤种植中因施用有机粪尿而带来的寄生虫卵、重金属及化学有害物质等公害污染。

表 1-3　茄子不同栽培方式的产量与耗水量比较

kg

栽培方式	茄子产量	水分消耗	每千克茄子所需水量
土培	13.05	5 250	200
水培	21.50	1 000	23
气培	34.20	2 000	26

4.避免土壤连作障碍

设施土壤栽培常由于植物连作而导致土壤中土传病害大量发生，盐分积累严重，养分失衡以及植物根系分泌物引起的自毒作用影响了植物正常生长发育。传统的土壤消毒、改良土壤效果并不理想，而且被动地不断增加化肥用量和不加节制地大量使用农药，造成环境污染日趋严重，植物产量、品质和经济效益急速下滑。无土栽培可以从根本上避免和解决土壤连作障碍的问题，每收获一茬后，只要对栽培设施及基质进行必要的消毒就可以马上种植下一茬作物。

5.极大地扩展农业生产空间

无土栽培使作物生产摆脱了土壤的约束，可极大地扩展农业生产的空间且不受地域限制。例如，在盐碱地、沙漠等不适合土壤栽培的地方可通过无土栽培的形式来种植植物。另外，在室内、阳台或屋顶都可进行无土栽培。

6.有利于实现农业现代化

无土栽培可以按照人的意志进行生产，所以是一种"受控农业"，有利于实现农业机械化、自动化，使农业逐步走向工业化、现代化。我国近10年来引进和兴建的现代化温室及配套的无土栽培技术，有力地推动了我国农业现代化的进程(图 1-2)。

图 1-2　叶菜机械化水培设施

(二)无土栽培发展的限制因素

1.大规模、集约化、现代化无土栽培生产一次性投资较大，运行成本高

只有具备一定设施设备条件才能进行无土栽培，设施的一次性投资较大。生产所需肥料要求严格，营养液的循环流动、加温、降温等都消耗能源，生产运行成本比土壤栽培要大。

2.技术要求较高

营养液配制及调控需要管理人员具备相应的知识和技能；对于基质培，选用的基质来源不同，其理化性质有很大差别，在使用时要经过反复试验，才能摸索出适当的配比，这些都要求生产人员具备一定的专业知识技能。

3. 管理不当，易导致某些病害的迅速传播

无土栽培水培形式，根系长期浸于营养液中，若遇高温，营养液中含氧量急减，根系生长和功能受阻，病菌等易快速繁殖侵染植物，并随着营养液循环流动迅速传播，导致种植失败。即使是基质培，如果栽培设施在消毒过程中消毒或清洗不彻底，也易造成病原菌的大量繁殖传播。因此，进行无土栽培时必须加强管理，每一步都要规范操作，记录全面，以便出现问题时找出原因，及时解决。

四、无土栽培的应用范围

无土栽培是在可控条件下进行的，完全可以代替天然土壤为作物提供更好的水、肥、气、热等根际环境条件，但它的推广应用受到地理位置、经济环境和技术水平等诸多因素的限制，在现阶段或今后相当长的时期内，还不能完全取代土壤栽培，其应用范围有一定的局限性，要从根本上把握无土栽培的应用范围和价值。

1. 用于高档园艺产品的生产

当前多数国家用无土栽培生产洁净、优质、高档、新鲜、高产的无公害蔬菜产品，多用于反季节和长季节栽培。例如，生产高糖生食番茄、迷你番茄、小黄瓜等。另外，切花、盆花以及盆栽果树的无土栽培也深受消费者欢迎。

2. 在不适宜土壤耕作的地方应用

在沙漠、盐碱地等不适宜进行土壤栽培的不毛之地可利用无土栽培大面积生产蔬菜和花卉，具有良好的效果。例如，新疆吐鲁番西北园艺作物无土栽培中心在戈壁滩上兴建了 112 栋日光温室，占地面积 34.2 hm^2，采用沙基质槽式栽培，种植蔬菜作物，产品在国内外市场销售，取得了良好的经济效益和社会效益。

3. 在设施园艺中应用

目前，我国设施园艺迅猛发展，但长期栽培的结果就是连作障碍日益严重，直接影响设施园艺的生产效益和可持续发展。适合我国国情的无土栽培技术成为彻底解决设施内土壤连作障碍问题的有效途径。

4. 在家庭中应用

采用小型无土栽培装置，在自家阳台、楼顶、庭院、居室等空间种菜养花，既有娱乐性，又有一定的观赏和食用价值，便于操作、洁净卫生，可美化环境。

5. 在观光农业、生态农业和农业科普教育基地应用

观光农业是近几年兴起的一个新产业，是一个新的旅游项目。大小不同的生态酒店、生态餐厅、生态停车场、生态园的建设，成为倡导人与自然和谐发展新观念的一大亮点。高科技示范园则是向人们展示未来农业的一个窗口。许多现代化无土栽培基地已成为中小学生的农业科普教育基地。

6. 在太空农业上应用

在太空中采用无土栽培种植绿色植物是生产食物最有效的方法，无土栽培技术在航天农业上的研究与应用正发挥着重要的作用。如美国肯尼迪宇航中心用无土栽培技术生产宇航员在太空中所需的一些粮食和蔬菜等已获得成功，并取得了很好的效果。

任务实施

结合相关知识，通过基地现场观察及观看若干图片，学生以小组为单位，将所看到的无土栽培类型进行分类，并总结各类型特点。

项目小结

通过本项目的学习，学习者能掌握无土栽培的真正含义。尽管无土栽培的类型没有统一的分类标准，但通过理论知识学习与现场考察相结合，学习者能熟悉无土栽培各种类型及其所具备的特点，并认清无土栽培的应用范围。

项目小练

一、填空题

1. 无土栽培是指不用天然________，而利用________或固体________加________来种植作物的一种栽培形式。

2. 依据是否使用固体基质来栽培，可将无土栽培形式分为________和________两大类。

3. 水培是指植物大部分根系生长在________中，部分根系裸露在________中的一种栽培形式。

4. 无土栽培的理论基础是1840年德国化学家李比希提出的________。

5. 复合基质栽培是指________。

二、简答题

1. 与土壤栽培相比，无土栽培有何优越性？

2. 水培类型中的DFT、NFT、FCH有何区别？

3. 当前无土栽培在农业生产上都应用在哪些方面？其发展前景如何？

4. 植物在无土栽培条件下会改变自身的生物学特性吗？

5. 无土栽培能生产绿色食品蔬菜吗？

项目2

营养液的配制与管理

营养液是将含有植物生长发育所必需的各种营养元素的化合物(含少量提高某些营养元素有效性的辅助材料)按适宜的比例溶解于水中配制而成的溶液。除有机生态型无土栽培,其他任何一种无土栽培形式,都主要是通过营养液为植物提供养分和水分。无土栽培的成功与否在很大程度上取决于营养液配方和浓度是否合适、营养液管理是否能满足植物不同生长阶段的需求,可以说营养液的配制与管理是无土栽培的基础和核心技术。不同的气候条件、作物种类、品种、水质、栽培方式、栽培时期等都对营养液的配制与使用效果有很大的影响。因此,只有深入了解营养液的组成、变化规律及其调控技术,才能真正掌握无土栽培的精髓。只有正确、灵活地配制和使用营养液,才能保证获得高产、优质、高效的无土栽培效果,无土栽培才能取得成功。

任务2.1 营养液的配制

能力目标

能熟练配制母液和工作液。能使用pH计、电导率仪检测营养液pH及浓度。

知识目标

了解营养液配方的含义与类型。掌握营养液的基本组成与要求;掌握营养液的组成原则、配制方法、操作规程。

德育目标

配制营养液时,培养学生严格、认真、细致的工作态度。

任务描述

无土栽培的第一步就是正确配制营养液，这是无土栽培的关键技术环节。如果配制方法不正确，某些营养元素会因沉淀而失效，影响植物吸收，甚至导致植物死亡。

营养液配制总的原则是确保在配制后和使用营养液时都不会产生难溶性化合物的沉淀。每一种营养液配方都有产生难溶性物质沉淀的可能性，这与营养液的组成是分不开的。营养液是否会产生沉淀主要取决于浓度。几乎任何化学平衡的配方在高浓度时都会产生沉淀。如 Ca^{2+} 与 SO_4^{2-} 相互作用产生 $CaSO_4$ 沉淀；Ca^{2+} 与磷酸根（PO_4^{3-} 或 HPO_4^{2-}）产生 $Ca_3(PO_4)_2$ 或 $CaHPO_4$ 沉淀；Fe^{3+} 与 PO_4^{3-} 产生 $FePO_4$ 沉淀，以及 Ca^{2+}、Mg^{2+} 与 OH^- 产生 $Ca(OH)_2$ 和 $Mg(OH)_2$ 沉淀。实践中运用难溶性物质溶度积法则作指导，采取以下两种方法可避免营养液中产生沉淀：①对容易产生沉淀的盐类化合物实施分别配制，分罐保存，使用前再稀释、混合；②向营养液中加酸，降低 pH，使用前再加碱调整。本任务就是遵循营养液配制的总原则来配制浓缩母液和工作液。

相关知识

一、营养液的种类

营养液的种类有原液、浓缩液、稀释液、栽培液或工作液。

(1)原液　指按配方配成的一个剂量标准液。

(2)浓缩液　又称浓缩贮备液或母液，是为了贮存和方便使用而把原液浓缩一定倍数的营养液。浓缩倍数是根据营养液配方规定的用量、各盐类在水中的溶解度及贮存需要制定的，以溶液不致过饱和而析出沉淀为准。其倍数以配成整数值为好，这样方便后期工作液的稀释计算和操作。

(3)稀释液　将浓缩液按各种作物生长需要加水稀释后的营养液。一般稀释液是指稀释到原液的浓度，如浓缩 100 倍的浓缩液，再稀释 100 倍又回到原液，如果只稀释 50 倍时，浓度比原液大 50%。有时不同的作物种类、在不同的生育期所需要的浓度要比原液还要低，所以稀释液不能认为就是原液。

(4)栽培液或工作液　指直接为作物提供营养的人工营养液，一般用浓缩液稀释而成，也可直接按照需要进行配制。

二、营养液浓度的表示方法

营养液浓度表示方法很多，无土栽培上常用的有直接表示法和间接表示法。

(一)直接表示法

(1)化合物质量/升(g/L,mg/L)　即每升溶液中含有某化合物的质量，质量单位可以用克(g)或毫克(mg)表示。例如，配方中 KNO_3 的质量浓度是 0.81 g/L，即每升营养液中含有 0.81 g 的硝酸钾。这种浓度表示法通常称为工作浓度或操作浓度，即在配制营养液时可以根据这个浓度直接进行称量操作。

(2)元素质量/升(g/L,mg/L)　即每升溶液含有某营养元素的质量,质量单位通常用毫克(mg)表示。例如,配方中N为210 mg/L,是指每升营养液中含有氮元素210 mg。用元素质量表示浓度是科研比较上的需要。但这种用元素质量表示浓度的方法不能用来直接进行操作,实际上不可能称取多少毫克的氮元素放进溶液中,只能换算为一种实际的化合物质量才能操作。例如,配方中N的含量为175 mg,而它完全是由NH_4NO_3来提供,因为NH_4NO_3中含N为35%,所以氮素175 mg是需要175/0.35=500 mg的NH_4NO_3来提供的。

(3)摩尔/升(mol/L)　即每升溶液含有某物质的摩尔(mol)数。某物质可以是元素、分子或离子。由于营养液的浓度都是很稀的,因此常用毫摩尔/升(mmol/L)表示浓度。

(二)间接表示法

1.渗透压

植物根细胞具有半透膜作用,由于细胞内外浓度不同,水以及小分子物质可通过半透膜从低浓度的溶液进入高浓度的溶液中(细胞内),因此通过半透膜的阻隔在细胞内外形成了压力,即渗透压。所以也可理解为渗透压是半透膜内外因分子运动而产生的压力。溶液的浓度越高,渗透压就越大。在植物正常的生长过程中,根细胞内的溶液浓度高于介质(营养液、基质)溶液的浓度,所以介质中的水分才会进入到根细胞中,根系处于吸水状态。反之,植物根系细胞处于失水状态,植物出现萎蔫,也就是生产上说的烧苗现象。

渗透压单位是帕斯卡(Pa),它与大气压的关系为:1标准大气压(atm)=101 325 Pa。营养液适宜的渗透压因植物而异。根据斯泰纳的试验,当营养液的渗透压为507～1 621 hPa时,对生菜的水培生产无影响,在202～1 115 hPa时,对番茄的水培生产无影响。渗透压与电导率一样,只用于间接表示营养液的总浓度。无土栽培的营养液的渗透压可用理论公式计算:

$$P=C\times 0.0224\times(273+t)/273$$

式中:P为溶液的渗透压,以标准大气压(atm)为单位;

C为溶液的浓度(以溶液中所有的正负离子的总浓度表示,即正负离子mmol/L为单位);

t为使用时溶液的温度(℃);

0.022 4为范特荷甫常数;

273为绝对温度值。

2.电导率(EC)

配制营养液用的某些无机化合物是强电解质,其水溶液具有导电能力,导电能力的强弱可用电导率来表示。电导率是指单位距离的溶液其导电能力的大小。常用单位为毫西门子/厘米(mS/cm),一般简化为mS(毫西)。在一定浓度范围内,溶液的含盐量与电导率成正比,即含盐量越高,电导率越高。所以电导率能间接反映营养液的总含盐量,从而可用电导率值表示营养液的总盐浓度,但电导率不能反映营养液中各种无机盐类的单独浓度。

电导率值用电导率仪测定。它和营养液质量浓度(g/L)的关系,可通过以下方法来求得。在无土栽培生产中为了方便营养液的管理,应根据所选用的营养液配方(这里以日本园试配方为例),以该配方的1个剂量(配方规定的标准用盐量)为基础浓度S,然后以一定的浓度梯度差(如每相距0.1或0.2个剂量)来配制一系列浓度梯度差的营养液,并用电导率仪测定每一个级差浓度的电导率值(表2-1)。

表 2-1　日本园试配方各浓度梯度差的营养液电导率值

溶液浓度梯度(S)	大量元素化合物总量/(g/L)	测得的电导率/(mS/cm)
2.0	4.80	4.465
1.8	4.32	4.030
1.6	3.84	3.685
1.4	3.36	3.275
1.2	2.88	2.865
1.0	2.40	2.435
0.8	1.92	2.000
0.6	1.44	1.575
0.4	0.96	1.105
0.2	0.48	0.628

由于营养液浓度(S)与电导率(EC)之间存在着正相关的关系，这种正相关的关系可用线性回归方程来表示：

$$EC = a + bS \text{（}a\text{、}b\text{ 为直线回归系数）}$$

从表 2-1 中的数据可以计算出电导率与营养液浓度之间的线性回归方程为：

$$EC = 0.279 + 2.12S \cdots\cdots\cdots\cdots(1)$$

通过实际测定得到某个营养液配方的电导率与浓度之间的线性回归方程之后，就可在作物生长过程中，测定出营养液的电导率，并利用此回归方程来计算出营养液的浓度，依此判断营养液浓度的高低来决定是否需要补充养分。例如，栽培上确定用日本园试配方的 1 个剂量浓度的营养液种植番茄，管理上规定营养液的浓度降至 0.3 个剂量时即要补充养分恢复其浓度至 1 个剂量。当营养液被作物吸收以后，其浓度已成为未知数，今测得其电导率(EC)为 0.72 mS/cm，代入方程(1)得：$S=0.21$，小于 0.3，表明营养液浓度已低于规定的限度，需要补充养分。

营养液浓度与电导率之间的回归方程，必须根据具体营养液配方和地区测定配置专用的线性回归关系。因为不同的配方所用的盐类形态不尽相同，各地区的自来水含有的杂质有异，这些都会使溶液的电导率随之变化。因此，各地要根据选定配方和当地水质的情况，实际配制不同浓度梯度水平的营养液来测定其电导率值，以建立能够真实反映情况、较为准确的营养液浓度和电导率之间的线性回归方程。

电导率与渗透压之间的关系，可用经验公式：$P(\text{Pa}) = 0.36\times10^5\times EC(\text{mS/cm})$来表达。换算系数 0.36×10^5 不是一个严格的理论值，它是由多次测定不同盐类溶液的渗透压与电导率得到许多比值的平均数。因此，它是近似值，但对一般估计溶液的渗透压或电导率还是可用的。

电导率与总含盐量的关系，可用经验公式：营养液的总盐分(g/L)＝1.0×EC(mS/cm)来表达。换算系数 1.0 的来源和渗透压与电导率之间的换算系数来源相同。

三、营养液的基本组成及要求

在无土栽培中用于配制营养液的原料是水和含有营养元素的各种盐类化合物及辅助物质，其中辅助物质本身不提供养分，它起着促进养分能被更好地吸收的作用。经典的或被认为合适的营养液配方须结合当地水质、气候条件及所栽培的作物品种，对营养液中的营养物质种类、用量和比例作适当调整，才能更好地达到营养液的使用效果。因此，只有对营养液的组成成分及要求有清楚的了解，才能配制成符合要求的营养液。

(一)营养液对水源、水质的要求

1. 水源要求

配制营养液的用水十分重要。在研究营养液新配方及营养元素缺乏症等试验水培时，要使用蒸馏水或去离子水；无土生产上一般使用井水和自来水。河水、泉水、湖水、雨水也可用于营养液的配制。但无论采用何种水源，使用前都要经过分析化验以确定水质是否适宜。必要时可经过处理，使之达到符合卫生规范的饮用水的程度。流经农田的水、未经净化的海水和工业污水均不可用作水源。

雨水含盐量低，用于无土栽培较理想，但常含有铜和锌等微量元素，故配制营养液时可不加或少加。使用雨水时要考虑到当地的空气污染程度，如污染严重则不能使用。雨水的收集可靠温室屋面上的降水面积，如月降雨量达到 100 mm 以上，则水培用水可以自给。由于降雨过程中会将空气中或附着在温室表面的尘埃和其他物质带入水中，因此要将收集到的雨水澄清、过滤，必要时可加入沉淀剂或其他消毒剂进行处理，而后遮光保存，以免滋生藻类。一般在下雨后 10 min 左右的雨水不要收集，以冲去污染源。

以自来水作水源，生产成本高，水质有保障。以井水作水源，要考虑当地的地层结构，并要经过分析化验。无论采用何种水源，最好对水质进行一次分析化验或从当地水利部门获取相关资料，并据此调整营养液配方。

无土栽培生产时要求有充足的水量保障，尤其在夏天不能缺水。如果单一水源水量不足时，可以把自来水和井水、雨水、河水等混合使用，可降低生产成本。

2. 水质要求

水质好坏对无土栽培的影响很大。因此，无土栽培的水质要求比国家质量监督检验检疫总局颁布的《农田灌溉水质标准》(GB 5084—2005)的要求稍高，与符合卫生规范的饮用水相当。无土栽培用水必须检测多种离子含量，测定电导率和酸碱度，作为配制营养液时的参考。水质要求的主要指标如下：

(1)硬度　用作营养液的水，硬度不能太高，一般以不超过 10°为宜。

(2)酸碱度(pH)　一般要求在 5.5～8.5。

(3)溶解氧　使用前的溶解氧量为 4～5 mg O_2/L 即可。

(4)NaCl 含量　小于 2 mmol/L。不同作物、不同生育期要求不同。

(5)余氯　主要来自自来水消毒和设施消毒所残存的氯。氯对植物根有害。因此，自来水进入设施系统之前最好放置半天以上，设施消毒后空置半天，以便余氯散逸。

(6)悬浮物　小于 10 mg/L。以河水、水库水作水源时要经过澄清之后才可使用。

(7) 重金属及有毒物质含量　无土栽培的水中重金属及有毒物质含量不能超过国家标准(表 2-2)。

表 2-2 无土栽培水中重金属及有毒物质含量标准

名称	标准	名称	标准
汞(Hg)	≤0.005 mg/L	铜(Cu)	≤0.10 mg/L
镉(Cd)	≤0.01 mg/L	铬(Cr)	≤0.05 mg/L
砷(As)	≤0.01 mg/L	锌(Zn)	≤0.20 mg/L
硒(Se)	≤0.01 mg/L	铁(Fe)	≤0.50 mg/L
铅(Pb)	≤0.05 mg/L	氟化物(F^-)	≤3.00 mg/L
六六六	≤0.02 mg/L	酚	≤1.00 mg/L
苯	≤2.50 mg/L	大肠杆菌	≤1 000 个/L
DDT	≤0.02 mg/L		

另外,从电导率值及 pH 来看,无土栽培用优质水其电导率在 0.2 mS/cm 以下,pH 5.5~6.0,多为饮用水、深井水、天然泉水和雨水;允许用水的电导率在 0.2~0.4 mS/cm,pH 5.2~6.5。

在无土栽培允许用水的水质中,包括部分硬水,要求水中钙含量在 90~100 mg/L 以上,电导率在 0.5 mS/cm 以下,不允许用水的电导率≥0.5 mS/cm。pH≥7.0 或 pH≤4.5,且含盐量过高的水质。如因水源缺乏必须使用时,必须分析水中各种离子的含量,调整营养液配方和调节 pH 使之适于进行无土栽培,如个别元素含量过高则应慎用。

(二)营养液对肥料及辅助物质的要求

1.肥料选用要求

(1)根据栽培目的不同,选择合适的盐类化合物　在无土栽培中,要研究营养液新配方及探索营养元素缺乏症等试验,需用到化学试剂,除特别要求精细外,一般用到化学纯级即可。在生产中,除了微量元素用化学纯试剂或医药用品外,大量元素的供给多采用农用品,以利于降低成本。如无合格的农业原料,可用工业用品代替,但肥料成本会增加。

(2)肥料种类适宜　对提供同一种营养元素的不同化合物的选择,要以最大限度地适合组配营养液的需要为原则。如选用硝酸钙作氮源就比用硝酸钾多一个硝酸根离子。一种化合物提供的营养元素的相对比例,必须与营养液配方中需要的数量进行比较后选用。

(3)根据作物的特殊需要来选择肥料　铵态氮(NH_4^+)和硝态氮(NO_3^-)都是作物生长发育的良好氮源。铵态氮在植物光合作用快的夏季或植物缺氮时使用较好,而硝态氮在任何条件下均可使用。如果不考虑植物体中对人体硝态氮的积累问题,单纯从栽培效果来讲,两种氮源具有相同的营养价值,但有研究表明,无土栽培生产中施用硝态氮的效果远远大于铵态氮。现在世界上绝大多数营养液配方都使用硝酸盐作主要氮源。其原因是硝酸盐所造成的生理碱性比较弱而缓慢,且植物本身有一定的抵抗能力,人工控制比较容易;而铵盐所造成的生理酸性比较强而迅速,植物本身很难抵抗,人工控制十分困难。所以,在组配营养液时,两种氮源肥料都可以用,但以使用安全的硝态氮源为主,并且保持适当的比例。

(4)选用溶解度大的肥料　如硝酸钙的溶解度大于硫酸钙,易溶于水,使用效果好,故在配制营养液需要的钙时,一般都选用硝酸钙。硫酸钙虽然价格便宜,但因它难溶于水,故一般很少用。

(5)肥料的纯度要高,适当采用工业品　因为劣质肥料中含有大量惰性物质,用作配制营养液时会产生沉淀,堵塞供液管道,妨碍根系吸收养分。营养液配方中标出的用量是以纯品表示的,在配制营养液时,要按各种化合物原料标明的百分纯度来折算出原料的用量。原料中本物以外的营养元素都作杂质处理。但要注意这类杂质的量是否达到干扰营养液平衡的程度。在考虑成本的前提下,可适当采用工业品。

(6)肥料中不含有毒或有害成分。

(7)肥料取材方便,价格便宜。

2.无土栽培常用的肥料

(1)氮源　主要有硝态氮和铵态氮两种。蔬菜为喜硝态氮作物,硝态氮多时不会产生毒害,而铵态氮多时会使生长受阻形成毒害。两种氮源以适当比例同时使用,比单用硝态氮好,且能稳定酸碱度。常用氮源肥料有硝酸钙、硝酸钾、磷酸二氢铵、硫酸铵、氯化铵、硝酸铵等。

(2)磷源　常用的磷肥有磷酸二氢铵、磷酸二铵、磷酸二氢钾、过磷酸钙等。磷过多会导致铁和镁的缺乏症。

(3)钾肥　常用的钾肥有硝酸钾、硫酸钾、氯化钾以及磷酸二氢钾等。钾的吸收快,要不断地补给,但钾离子过多会影响到钙、镁和锰的吸收。

(4)钙源　钙源肥料一般使用硝酸钙,氯化钙和过磷酸钙也可适当使用。钙在植物体内的移动比较困难,无土栽培时常会发生缺钙症状,应特别注意调整。

(5)营养液中使用镁、锌、铜、铁等硫酸盐,可同时解决硫和微量元素的供应。

(6)营养液的铁源　pH 偏高、钾不足以及过量地存在磷、铜、锌、锰等情况下,都会引起缺铁症。为解决铁的供应,一般都使用螯合铁。营养液中以螯合铁(有机化合物)作铁源,效果明显强于无机铁盐和有机酸铁。常用的螯合铁有乙二胺四乙酸一钠铁和二钠铁(NaFe-EDTA、Na_2Fe-EDTA)。螯合铁的用量一般按铁元素重量计,每升营养液用 3～5 mg。

(7)硼肥和钼肥　多用硼酸、硼砂和钼酸钠、钼酸钾。

3.辅助物质

营养液配制中常用的辅助物质是螯合剂,它与某些金属离子结合可形成螯合物。无土栽培上用的螯合物加入营养液中,应具有以下特性:①不易被其他多价阳离子所置换和沉淀,又必须能被植物的根表所吸收和在体内运输与转移;②易溶于水,又必须具抗水解的稳定性;③治疗缺素症的浓度以不损伤植物为宜。目前,无土栽培中常用的是铁与络合剂形成的螯合物,以解决营养液中铁源的沉淀或氧化失效的问题。

四、营养液的组成原则

营养液的组成直接影响到植物对养分的吸收和生长,并涉及栽培成本。根据植物种类、水源、肥源和气候条件等具体情况,有针对性地确定和调整营养液的组成成分,能更好地发挥营养液的使用功效。

1.营养元素齐全

现已明确的高等植物必需的营养元素有 16 种,其中碳、氢、氧由空气和水提供,其余 13 种由根部从根际环境中吸收。因此,所配制的营养液中要含有这 13 种营养元素。而在水源、固体基质或肥料中已含有的植物所需的某些微量元素,在配制营养液时则不需另外加入。

2. 营养元素可以被植物吸收

配制营养液的肥料在水中要有良好的溶解性，呈离子态，并能有效地被作物吸收利用。通常都是无机盐类，也有一些有机螯合物。某些基质培营养液也选用一些其他的有机化合物，例如用酰胺态氮—尿素作为氮素组成。不能被植物直接吸收利用的有机肥不宜作为营养液的肥源。

3. 营养元素均衡

营养液中各营养元素的数量比例应是符合植物生长发育要求的、生理均衡的，可保证各种营养元素有效性的充分发挥和植物吸收的平衡。在确定营养液组成时，一般在保证植物必需营养元素品种齐全的前提下，所用肥料种类要尽可能地少，以防止化合物带入植物不需要而引起过剩的离子或其他有害杂质(表 2-3)。

表 2-3 营养液中各元素浓度范围

元素	浓度单位/(mg/L)			浓度单位/(mmol/L)		
	最低	适中	最高	最低	适中	最高
硝态氮(NO_3^--N)	56	224	350	4	16	25
铵态氮(NH_4^+-N)	—	—	56	—	—	4
磷(P)	20	40	120	0.7	1.4	4
钾(K)	78	312	585	2	8	15
钙(Ca)	60	160	720	1.5	4	18
镁(Mg)	12	48	96	0.5	2	4
硫(S)	16	64	1 440	0.5	2	45
钠(Na)	—	—	230	—	—	10
氯(Cl)	—	—	350	—	—	10
铁(Fe)	2	—	10	—	—	—
锰(Mn)	0.5	—	5	—	—	—
硼(B)	0.5	—	5	—	—	—
锌(Zn)	0.5	—	1	—	—	—
铜(Cu)	0.1	—	0.5	—	—	—
钼(Mo)	0.001	—	0.002	—	—	—

4. 总盐度适宜

营养液中总浓度(盐分浓度)应适宜植物正常生长要求(表 2-4)。

表 2-4 营养液总浓度范围

浓度表示方法	范围		
	最低	适中	最高
渗透压/Pa	0.3×10^5	0.9×10^5	1.5×10^5
正负离子合计浓度/(mmol/L)(在 20℃时的理论值)	12	37	62
电导率/(mS/cm)	0.83	2.5	4.2
总盐分含量/(g/L)	0.83	2.5	4.2

5. 营养元素有效期长

营养液中的各种营养元素在栽培过程中应长时间地保持其有效态。其有效性不因营养空气的氧化、根的吸收以及离子间的相互作用而在短时间内降低。

6. 酸碱度适宜

营养液的酸碱度及其总体表现出来的生理酸碱反应应是较为平稳的，且适宜植物正常生长要求。

五、营养液组成的确定方法

营养液配方，是作物能在营养液中正常生长发育、有较高产量的情况下，对植株进行营养分析，了解各种大量元素和微量元素的吸收量，据此利用不同元素的总离子浓度及离子间的不同比率来制定的。同时可以根据作物的栽培效果，再对营养液的组成进行修正和完善。

(一)确定营养液组成的理论依据

由于科学家使用的方法不同，因而提出营养液组成的理论也不同。目前，世界上主要有三派配方理论，即日本园艺试验场提出的园试标准配方、山崎配方和斯泰纳配方。

(1)园试标准配方　该配方是日本园艺试验场经过多年的研究而提出的，其根据是从分析植株对不同元素的吸收量，来确定营养液配方的组成。

(2)山崎配方　这是日本植物生理学家山崎肯哉以园试标准配方为基础，以果菜类为材料研究提出的。他根据作物吸收元素量与吸水量之比，即表观吸收成分组成浓度(n/w 值)来决定营养液配方的组成。

(3)斯泰纳配方　这是荷兰科学家斯泰纳依据作物对离子的吸收具有选择性而提出的。斯泰纳营养液是以阳离子(Ca^{2+}、Mg^{2+}、K^{+})之摩尔和与相近的阴离子(NO_3^-、PO_4^{3-}、SO_4^{2-})之摩尔和相等为前提，而各阳、阴离子之间的比值，则是根据植株分析得出的结果而制定的。根据斯泰纳试验结果，阳离子之比值为 $K^+ : Ca^{2+} : Mg^{2+} = 45 : 35 : 20$，阴离子比值为 $NO_3^- : PO_4^{3-} : SO_4^{2-} = 60 : 5 : 35$ 时最恰当。

(二)营养液总盐度的确定

首先，根据不同作物种类、不同品种、不同生育时期在不同气候条件下对营养液含盐量的要求，来大体确定营养液的总盐分浓度。一般情况，营养液的总盐分浓度控制在 0.4%～0.5% 以下，对大多数作物来说都可以较正常地生长；当营养液的总盐分浓度超过 0.5%以上，很多蔬菜、花卉植物就会表现出不同程度的盐害。不同作物对营养液总盐分浓度的要求差异较大，例如番茄、甘蓝、康乃馨对营养液的总盐分浓度要求为 0.2%～0.3%，荠菜、草莓、郁金香对营养液的总盐分浓度要求为 0.15%～0.2%，显然前者比后者较耐盐。因此，在确定营养液的盐分总浓度时要考虑到植物的耐盐程度。

(三)营养液中各种营养元素用量和比例的确定

主要根据植物的生理平衡和营养元素的化学平衡来确定各种营养元素的适宜用量和比例。

1. 生理平衡

能够满足植物按其生长发育要求吸收到一切所需的营养元素，又不会影响到其正常生长发育的营养液，是生理平衡的营养液。影响营养液平衡的因素主要是营养元素间的协助作用或拮抗作用。目前，世界上流行的原则是分析正常生长的植物体中各种营养元素的含量来确定其比例。

根据植物体分析结果设计生理平衡配方步骤为：

第一步，对正常生长的植物先进行化学分析，确定每株植物一生中吸收各种营养元素的数量。

第二步，将以 g/株表示的各种元素的吸收量转化成以 mmol/L 表示，以便设计过程中进行计算。

第三步，确定营养液适宜的总浓度（例如总浓度确定为 37 mmol/L），然后按比例计算出各种营养元素在总浓度内占有的份额（mmol/L）。

第四步，选择适宜的肥料盐类，按各营养元素应占的浓度（mmol）选配肥料的用量。含某种营养元素的肥料一般有多种化合物形态，选择哪一种，要经研究和比较试验决定。

第五步，可以将 mmol 表示的剂量转化为用 g 表示的剂量，以方便配制。

2. 化学平衡

化学平衡是指营养液配方中的几种化合物，当其离子浓度高到一定程度时，是否会相互作用而形成难溶性的化合物沉淀，从而使营养液中某些营养元素的有效性降低，以致影响营养液中这些营养元素之间的平衡。营养液是否会形成沉淀根据"溶度积法则"就可推断出来。

六、营养液配方

在规定体积的营养液中，规定含有各种必需营养元素的盐类质量称为营养液配方。配方中列出的规定用量，称为这个配方的一个剂量。如果使用时将各种盐类的规定用量都只使用其一半，则称为该配方的半剂量或 1/2 剂量，以此类推。

现在世界上已发表了无数的营养液配方。营养液配方根据应用对象不同，分为叶菜类和果菜类营养液配方；根据配方的使用范围分为通用性（如霍格兰配方、园试配方）和专用性营养液配方；根据营养液盐分浓度的高低分为总盐度较高和总盐度较低的营养液配方。常用的营养液配方选集见表 2-5，微量元素的用量见表 2-6。

七、配制技术

（一）营养液配制前的准备工作

（1）根据植物种类、生育期、当地水质、气候条件、肥料纯度、栽培方式以及成本大小，正确选用和调整营养液配方。不同地区间水质和肥料纯度等存在的差异，会直接影响营养液的组成；栽培作物的品种和生育期不同，要求营养元素比例不同，特别是 N、P、K 三要素比例；栽培方式，如基质栽培时，基质的吸附性和本身的营养成分会改变营养液的组成。不同营养液配方的使用还涉及栽培成本问题。因此，配制前要正确、灵活调整所选用的营养液配方，在证明其确实可行之后再大面积使用。

（2）选好适当的肥料（无机盐类）。所选肥料既要考虑肥料中可供使用的营养元素的浓度和比例，又要注意选择溶解度高、纯度高、杂质少、价格低的肥料。

（3）阅读有关资料。在配制营养液之前，先仔细阅读有关肥料、化学药品的说明书或包装说明，注意盐类的分子式、含有的结晶水、纯度等。

（4）选择水源并进行水质化验，作为配制营养液时的参考。

表 2-5 营养液配方选集

mg/L

营养液配方名称及适用对象	盐类化合物用量											元素含量							备注
	四水硝酸钙	硝酸钾	硝酸铵	磷酸二氢钾	磷酸氢二钾	磷酸二氢铵	硫酸铵	硫酸钾	七水硫酸镁	二水硫酸钙	总盐含量	N		P	K	Ca	Mg	S	
												NH_4^+-N	NO_3^--N						
Knop(1865)古典通用水培配方	1 150	200		200	200						1 750		11.7	1.47	3.43	4.88	0.82	0.82	现在仍有使用
Hoagland 和 Amon (1938)通用	945	607		115					493		2 160	1.0	14.0	1.0	6.0	4.0	2.0	2.0	1/2 剂量为宜
Hoagland 和 Snyder (1938)通用	1 180	506		136					693		1 315		15.0	1.0	6.0	5.0	2.0	2.0	1/2 剂量为宜
Amon 和 Hoagland (1940)番茄配方	708	1 011				230			493		2 442	2.0	16.0	2.0	10.0	3.0	2.0	2.0	1/2 剂量为宜可通用
Rothamsted 配方 A 通用(pH 4.5)		1 000		450	67.5				500	500	2 518		9.89	3.70	14.0	2.9	2.03	2.03	英国洛桑试验站配方 1/2 剂量为宜
Rothamsted 配方 B 通用(pH 5.5)		1 000		400	135				500	500	2 535		9.89	3.72	14.4	2.9	2.03	2.03	
Rothamsted 配方 C 通用(pH 6.2)		1 000		300	270				500	500	2 570		9.89	3.75	15.2	2.9	2.03	2.03	
Cooper(1975)推荐 NFT 通用	1 062	505		140					738		2 445		14.0	1.03	6.03	4.5	3.0	3.0	1/2 剂量为宜
荷兰温室作物研究所岩棉培滴灌用	886	303		204			33	218	247		1 891	0.5	10.5	1.5	7.0	3.75	1.0	2.5	以番茄为主也可通用
荷兰花卉研究所岩棉培滴灌用	600	378	64	204					148		1 394	0.8	8.94	1.5	5.24	2.2	0.6	0.6	以非洲菊为主也可通用

续表 2-5

营养液配方名称及适用对象	盐类化合物用量											元素含量							备注
	四水硝酸钙	硝酸钾	硝酸铵	磷酸二氢钾	磷酸氢二钾	磷酸二氢铵	硫酸铵	硫酸钾	七水硫酸镁	二水硫酸钙	总盐含量	N		P	K	Ca	Mg	S	
												NH_4^+-N	NO_3^--N						
荷兰花卉研究所岩棉培滴灌用	786	341	20	204					185		1 536	0.25	10.3	1.5	4.87	3.33	0.75	0.75	以玫瑰为主也可通用
SiderisYoung(1949)铵型，凤梨、茶、杜鹃等水培、沙培用				68.5			132	174	246	172	793	2.0		0.5	2.5	1.0	1.0	4.0	强生理酸性配方
日本园试通用配方(1966)	945	809				153			493		2 400	1.33	16.0	1.33	8.0	4.0	2.0	2.0	1/2 剂量为宜
日本山崎甜瓜配方(1978)	826	607				153			370		1 956	1.33	13.0	1.33	6.0	3.5	1.5	1.5	按作物吸水吸肥规律 n/w 值制定的配方，稳定性较好
日本山崎黄瓜配方(1978)	826	607				115			483		2 041	1.0	13.0	1.0	6.0	3.5	2.0	2.0	
日本山崎番茄配方(1978)	354	404				77			246		1 081	0.67	7.00	0.67	4.0	1.5	1.0	1.0	
日本山崎甜椒配方(1978)	354	607				96			185		1 242	0.83	9.00	0.83	6.0	1.5	0.75	0.75	
日本山崎莴苣配方(1978)	236	404				57			123		820	0.5	6.00	0.5	4.0	1.0	0.5	0.5	
日本山崎茼蒿配方(1978)	472	809				153			493		1 927	1.33	12.0	1.33	8.0	2.0	2.0	2.0	
日本山崎草莓配方(1978)	236	303				57			123		719	0.5	7.0	0.5	3.0	1.0	0.5	0.5	
日本山崎茄子配方(1978)	354	708				115			246		1 423	1.00	10.0	1.0	7.0	1.5	1.0	1.0	

续表 2-5

营养液配方名称及适用对象	盐类化合物用量											元素含量							备注
	四水硝酸钙	硝酸钾	硝酸铵	磷酸二氢钾	磷酸氢二钾	磷酸二氢铵	硫酸铵	硫酸钾	七水硫酸镁	二水硫酸钙	总盐含量	N		P	K	Ca	Mg	S	
												NH_4^+-N	NO_3^--N						
日本山崎鸭儿芹配方(1978)	236	708				192			246		1 380	1.67	9.0	1.67	7.0	1.0	1.0	1.0	
山东农业大学西瓜配方(1978)	1 000	300		250				120	250		1 920		11.5	1.84	6.19	4.24	1.02	1.71	山东大面积使用,可行
山东农业大学番茄、辣椒配方(1986)	910	238		185					500		1 833		10.11	1.75	4.11	3.85	2.03	2.03	
华南农业大学番茄配方(1990),pH 6.2～7.8	590	404		136					246		1 376		9.0	1.0	5.0	2.5	1.0	1.0	广东大面积使用,可行,也可通用
华南农业大学果菜配方(1990),pH 6.4～7.2	472	404		100					246		1 222		8.0	0.74	4.74	2.0	1.0	1.0	
华南农业大学农化室叶菜配方 A(1990),pH 6.4～7.2	472	267	53	100				116	264		1 254	0.67	7.33	0.74	4.74	2.0	1.0	1.67	
华南农业大学农化室叶菜配方 B(1990),pH 6.1～6.3	472	202	80	100				174	246		1 274	1.0	7.0	0.74	4.74	2.0	1.0	2.0	适宜于易缺铁的作物
华南农业大学豆科配方(1990),pH 6.0～6.5		322		150					150	750	1 372		3.19	1.11	4.3	4.32	0.61	4.97	含 N 低,非豆科不宜

表 2-6 营养液微量元素用量(各配方通用)

mg/L

化合物名称/分子式	营养液含化合物	营养液含元素
乙二胺四乙酸二钠铁/EDTA-2NaFe(含 Fe 14.0%)	20～40	2.8～5.6
硼酸/H_3BO_3	2.86	0.50
硫酸锰/$MnSO_4 \cdot 4H_2O$	2.13	0.50
硫酸锌/$ZnSO_4 \cdot 7H_2O$	0.22	0.05
硫酸铜/$CuSO_4 \cdot 5H_2O$	0.08	0.02
钼酸铵/$(NH_4)_6Mo_7O_{24} \cdot 4H_2O$	0.02	0.01

(5)准备好贮液罐及其他必要物件。营养液一般配成浓缩 100～1 000 倍的母液备用。每一配方要 2～3 个母液罐。母液罐以深色不透光为好,容积以 25 L 或 50 L 为宜。

(二)营养液配制方法

营养液的配制分为浓缩液配制和工作液配制,生产上一般用浓缩液稀释成工作液,如果工作液用量少时也可以直接配制。

1.浓缩液的配制

浓缩液的配制步骤是:计算—称量—溶解—分装—保存、记录。

(1)计算　按照要配制的浓缩液的体积和浓缩倍数计算出配方中各种化合物的用量。计算时注意以下几点:①无土栽培肥料多为工业用品和农用品,常吸湿水和吸附其他杂质,纯度较低,应按实际纯度对用量进行修正。②硬水地区应扣除水中所含的 Ca^{2+}、Mg^{2+}。例如,配方中的 Ca^{2+}、Mg^{2+} 分别由 $Ca(NO_3)_2 \cdot 4H_2O$ 和 $MgSO_4 \cdot 7H_2O$ 来提供,实际的 $Ca(NO_3)_2 \cdot 4H_2O$ 和 $MgSO_4 \cdot 7H_2O$ 的用量是配方量减去水中所含的 Ca^{2+}、Mg^{2+} 量。但扣除 Ca^{2+} 后的 $Ca(NO_3)_2 \cdot 4H_2O$ 中氮用量减少了,这部分减少了的氮可用硝酸(HNO_3)来补充,加入的硝酸不仅起到补充氮源的作用,而且可以中和硬水的碱性。加入硝酸后仍未能够使水中的 pH 降低至理想的水平时,可适当减少磷酸盐的用量,而用磷酸来中和硬水的碱性。如果营养液偏酸,可增加硝酸钾用量,以补充硝态氮,并相应地减少硫酸钾用量。扣除营养中镁的用量,$MgSO_4 \cdot 7H_2O$ 实际用量减少,也相应地减少了硫酸根(SO_4^{2-})的用量,但由于硬水中本身就含有大量的硫酸根,所以一般不需要另外补充。如果有必要,可加入少量硫酸(H_2SO_4)来补充。在硬水地区硝酸钙用量少,磷和氮的不足部分由硝酸和磷酸供给。

(2)称量　分别称取各种肥料,置于干净容器或塑料薄膜袋中,或平摊于地面的塑料薄膜上,以免损失。在称取各种盐类肥料时,注意稳、准、快,称量大量化合物应精确到±0.1 g 以内。

(3)溶解　将称好的各种肥料摆放整齐,最后一次核对无误后,再分别溶解,也可将彼此不产生沉淀的化合物混合一起溶解。注意溶解要彻底,边加边搅拌,直至盐类完全溶解。

(4)分装　为避免化合物之间产生沉淀,浓缩液要分类配制,分别配成 A、B、C 三种浓缩液,也称为 A、B、C 母液。用三个贮液罐盛装。其中 A 母液以钙盐为中心,凡不与钙盐产生沉淀的化合物均可放在一起溶解;B 母液以磷酸盐为中心,凡不与磷酸盐产生沉淀的化合物可放在一起溶解;C 母液包括螯合铁及各种微量元素化合物。在配制 C 母液时,要先配制螯合铁溶液,然后将其他微量元素化合物分别溶解,再分别缓慢倒入螯合铁溶液中,边加边搅拌。A、B、C 母液均按浓缩倍数的要求加清水至所配制的体积，搅拌均匀后即可。浓缩液的浓缩倍数，要根据营养液配方规定的用量和各盐类的溶解度来确定，以不致过饱和而析出为准。其浓缩倍数以配成整数值为好，方便操作。A 母液一般浓缩 100～200 倍，C 母液可浓缩至 1 000 倍。

(5)保存、记录　浓缩液存放时间较长时，应将其酸化，以防沉淀的产生。一般可用 HNO_3 酸化至 pH 3～4，并存放塑料容器中，阴凉避光处保存。同时做好记录，尤其注明母液名称和浓缩倍数。

2. 工作液的配制

(1)浓缩液稀释

第一步，计算好各种母液需要移取的液量，并根据配方要求调整水的 pH。

第二步，在贮液池或其他盛装栽培液的容器内注入所配制营养液体积 50%～70% 的水量。

第三步，量取 A 母液倒入其中，开动水泵循环流动 30 min 或搅拌使其扩散均匀。

第四步，量取 B 母液慢慢注入贮液池的清水入口处，让水源冲稀 B 母液后带入贮液池中参与流动扩散，此过程加入的水量以达到总液量的 80% 为度。

第五步，量取 C 母液随水冲稀带入贮液池中参与流动扩散。加足水量后，循环流动 30 min 或搅拌均匀。

第六步，用酸度计和电导率仪分别检测营养液的 pH 和 EC 值，如果测定结果不符合配方和作物要求，应及时调整。pH 可用稀酸溶液如硫酸、硝酸或稀碱溶液如氢氧化钾、氢氧化钠调整。调整完毕的营养液，在使用前先静置一段时间，然后在种植床上循环 5～10 min，再测试一次 pH，直至与要求相符。

第七步，做好营养液配制的详细记录，以备查验。

(2)直接配制　直接配制时，螯合铁及微量元素化合物仍需要提前配制母液，因为它们的用量比较少，直接配制比较耗时。

第一步，按配方和欲配制的营养液体积计算所需各种肥料用量。

第二步，向贮液池或其他盛装容器中注入 50%～70% 的水量。

第三步，称取相当于 A 母液的各种化合物，在容器中溶解后倒入贮液池中，开启水泵循环流动 30 min。

第四步，称取相当于 B 母液的各种化合物，在容器中溶解，并用大量清水稀释后，让水源冲稀 B 母液带入贮液池中，开启水泵循环流动 30 min，此过程所加的水以达到总液量的 80% 为度。

第五步，量取 C 母液并稀释后，在贮液池的水源入口处缓慢倒入，开启水泵循环流动至营养液混匀为止。

第六步、第七步同浓缩液稀释法。

在工作液的配制过程中，要防止由于加入母液速度过快造成局部浓度过高而出现大量沉淀。如果较长时间开启水泵循环之后仍不能使这些沉淀溶解时，应重新配制营养液。

在现代化温室中，配备营养液施肥机(图 2-1)，根据需要设定供液起始时间、供液次数、电导率值等，然后整个系统由计算机控制调节，能够自动地稀释、混合形成工作液。

图 2-1　营养液施肥机

任务实施

1. 浓缩液(母液)配制

下面以日本园试通用配方(表 2-7)为例:要求配制 5 L、浓缩 200 倍的 A 母液和 B 母液,配制 1 L 浓缩 1 000 倍的 C 母液。

表 2-7　日本园试营养液配方

mg/L

盐类化合物分子式	用量	盐类化合物分子式	用量
$Ca(NO_3)_2 \cdot 4H_2O$	945	H_3BO_3	2.86
KNO_3	809	$MnSO_4 \cdot 4H_2O$	2.13
$NH_4H_2PO_4$	153	$ZnSO_4 \cdot 7H_2O$	0.22
$MgSO_4 \cdot 7H_2O$	493	$CuSO_4 \cdot 5H_2O$	0.08
$Na_2Fe\text{-}EDTA$	20.00	$(NH_4)_6Mo_7O_{24} \cdot 4H_2O$	0.02

按照分类原则和配制体积、浓缩倍数要求:

A 母液包括 945 g $Ca(NO_3)_2 \cdot 4H_2O$ 和 809 g KNO_3,先将它们分别加少量水溶解,最后混合在一起定容至 5 L(即浓缩 200 倍)。

B 母液包括 153 g $NH_4H_2PO_4$ 和 493 g $MgSO_4 \cdot 7H_2O$,同 A 母液方法溶解定容至 5 L。

C 母液包括 20.0 g $Na_2Fe\text{-}EDTA$,2.86 g H_3BO_3,2.13 g $MnSO_4 \cdot 4H_2O$,0.22 g $ZnSO_4 \cdot 7H_2O$,0.08 g $CuSO_4 \cdot 5H_2O$,0.02 g $(NH_4)_6Mo_7O_{24} \cdot 4H_2O$,先将它们分别加少量水溶解,最后混合在一起定容至 1 L(即浓缩 1 000 倍)。

配制好的 A、B、C 母液,分别充分搅拌均匀,使其全部溶解。如贮存时间较长,需进行酸化处理,一般可用硝酸酸化至 pH 为 3～4,并存放在黑色塑料容器中,放置于阴凉避光处。容器上标明母液名称,浓缩倍数,配制日期,以防误取错加。

2. 工作液配制(采用母液稀释法配制)

用上述母液配制 100 L 的、一个剂量的工作液。

(1)分别计算各母液的移取量。计算公式:$V_2=V_1/n$

V_2 为母液移取量,V_1 为需要的工作营养液体积,n 为母液浓缩倍数。量取 A 母液和 B 母液各 0.5 L,C 母液 0.1 L。

(2)在贮液池内先放入相当于预配工作营养液体积 40%的水量,即 40 L 水,将 A 母液应加入的量(0.5 L)倒入其中,开启水泵使其流动扩散均匀。

(3)将量好的 B 母液慢慢倒入贮液池的清水入口处,让水源冲稀 B 母液后带入贮液池中,开启水泵或搅拌使其扩散均匀。此过程所加的水量以达到总液量的 80%为度。

(4)最后将 C 母液按照 B 母液的加入方式按量加入贮液池中,然后加足水量,不断搅拌使其扩散均匀。

(5)用酸度计和电导率仪检测营养液的 pH 和电导率,如果 pH 检测结果不符合作物生长要求,应及时调整。

任务小结

为了保证营养液配制过程中不出差错,需要建立一套严格的操作规程,内容应包括:

1. 仔细阅读肥料或化学药品说明书,注意分子式、含量、纯度等指标,检查原料名称是否相符,准备好盛装贮备液的容器,贴上不同颜色的标识。

2. 原料的计算过程和最后结果要经过三名工作人员三次核对,确保准确无误。

3. 各种原料分别称好后,一起放到配制场地规定的位置上,最后核查无遗漏,才动手配制。切勿在用料及配制用具未到齐的情况下匆忙动手操作。

4. 原料加水溶解时,有些试剂溶解太慢,可以加热;有些试剂如硝酸铵,不能用铁质的器具敲击或铲,只能用木、竹或塑料器具取用。

5. 建立严格的记录档案,以备查验。记录表格见表 2-8、表 2-9。

表 2-8　浓缩液配制记录簿

配方名称			使用对象	
A 母液	浓缩倍数		配制日期	
	体积		计算人	
B 母液	浓缩倍数		审核人	
	体积		配制人	
C 母液	浓缩倍数		备　注	
	体积			
原料名称及称取量				

表 2-9　工作液配制记录簿

配方名称		使用对象		备注
营养液体积		配制日期		
计算人		审核人		
配制人		水 pH		
EC 值		营养液 pH		
原料名称及称(移)取量				

知识拓展

1. 试剂的分类

根据化合物的纯度等级和使用领域，一般将化学工业制造出来的化合物的品质分为四类：①化学试剂类，又细分为三级，即优级纯试剂[GR(Guaranteed Reagent)，又称一级试剂]、分析纯试剂[AR(Analytic Reagent)，又称二级试剂]、化学纯试剂 [CP(Chemical Pure)，又称三级试剂]；②医药用；③工业用；④农业用。化学试剂类纯度最高，农业用的化合物纯度最低，价格也最便宜。

2. 水的硬度

水质有软水和硬水之分。水的硬度标准统一以每升水中 CaO 的含量来表示，1°相当于 10 mg CaO/L。0°～4°为极软水，4°～8°为软水，8°～16°为中硬水，16°～30°为硬水，30°以上为极硬水。石灰岩地区和钙质土地区的水多为硬水。人们常说的“水土不服”就是由于不同地区的水质、水的硬度不同而引起的肠胃不良反应。

3. 螯合剂

螯合剂也称络合剂，是一类能与金属离子起螯合作用的配位有机化合物。由一个大分子配位体与一个中心金属原子连接所形成的环状结构，即一个有机分子通过两个或两个以上的原子与一个金属离子结合形成的环状化合物。例如，乙二胺与金属离子的结合物就是一类螯合物，因乙二胺与金属离子结合的结构很像螃蟹用两只螯夹住食物一样，故起名为螯合物。

螯合物比组成相似、未能螯合的化合物稳定，其在溶液中与金属离子实际呈动态的反应状态。

螯合剂也叫配体，既能有选择性地捕捉某些金属离子，又能在必要时适量释放出这种金属离子来。所有的多价阳离子(包括碱金属、碱土金属、过渡金属等)都能与相应的配体结合形成螯合物，但不同的阳离子和不同的配体形成螯合物的能力不同，其稳定性也不同。其中高铁螯合物较其他任何为植物生长所必需的金属螯合物都稳定。

常见的络合剂有乙二胺四乙酸(EDTA)、二乙酸三胺五乙酸(DTPA)、1，2-环已二胺四乙酸(CDTA)、乙二胺 N-N′双邻羟苯基乙酸(EDDHA)、羟乙基乙二胺三乙酸(HEEDTA)。

4. 溶度积法则

溶度积法则是指存在于溶液中的两种能够相互作用形成难溶性化合物的阴阳离子，当其浓度(以 mol 为单位)的乘积大于这种难溶性化合物的溶度积常数 K_{sp}(可在相关化学手册中查得)时，就会产生沉淀。它是衡量溶液能否产生沉淀的重要理论依据。根据此法则可知，沉淀的产生与溶液中的阴阳离子的浓度有关，而某些阴离子如PO_4^{3-}、OH^-的浓度与溶液的pH有关。避免营养液中产生难溶性化合物的方法是适当降低营养液中阴阳离子浓度或通过降低pH使得某些阴离子浓度降低的方法来解决。计算公式：

$$K_{sp} - AxBy = [A^{m+}]^x \times [B^{n-}]^y$$

式中：K_{sp}——溶度积常数的符号

$[A]$——阳离子的摩尔浓度

$[B]$——阴离子的摩尔浓度

m、n——阴阳离子的价数

x、y——组成难溶性化合物分子的阳离子和阴离子的数目

$AxBy$——难溶性化合物分子式

5. 表观吸收成分组成浓度

无土栽培时，植物所需水分和养分均由营养液供应，既要考虑必要的水量，又要考虑各种肥料成分的吸收量，另外，营养液不断更新，所以用单纯的蒸腾系数不能充分表达无土栽培中必要水量及必要肥量这一双重关系。为此，日本的山崎肯哉提出了表观吸收成分组成浓度这一概念。

表观吸收成分组成浓度用n/w表示。

n——表示各肥料成分的吸收量，以mmol为单位。

w——表示吸收消耗的水量，以L为单位。

每天测定植株的吸收消耗水量[L/(株·d)]，同时每天测定植株吸收了各营养元素(N、P、K、Ca、Mg)的量[mmol/(株·d)]。这样即可计算出每株作物一生中总共吸收了多少水分和多少营养元素，并以此来计算n/w值(表2-10)。

n/w值概念反映了植物吸肥与吸水之间的关系，即植物吸收一定量的水就相应地吸收一定量的各种营养元素。这就说明，我们向作物供给一定量水分时，也要同时供给相应数量的各种养分。因而，n/w就成为配制营养液的浓度标准。这表明无土栽培上采取既供水又供肥的方式，要比大田上单纯供水优越得多。

表2-10 几种蔬菜的n/w值

蔬菜	生长季节	一株作物一生吸水量/L	每吸1L水的同时吸收各元素的量 n/w值/(mmol/L)				
			N	P	K	Ca	Mg
甜瓜	3—6月	65.45	13	1.33	6	3.5	1.5
黄瓜	12月至翌年7月	173.36	13	1.00	6	3.5	2.0
番茄	12月至翌年7月	164.50	7	0.67	4	1.5	1.0
甜椒	8月至翌年6月	165.81	9	0.83	6	1.5	0.75
茄子	3—10月	119.08	10	1.00	7	1.5	1.00
结球莴苣	9月至翌年1月	29.03	6	0.50	4	1.0	0.50
草莓	11月至翌年3月	12.64	7.5	0.75	4.5	1.5	0.75

任务小练

一、填空题

1. 根据水中的钙盐和镁盐的数量可将水分为________和________。

2. 营养液母液要进行分类配制，一般分为________母液、________母液和________母液。

3. 利用母液稀释法来配制工作液，已知 A、B 母液浓缩 100 倍，C 母液浓缩 1 000 倍，那么要配制 1 L、1/2 剂量的工作液，移取母液的量分别是 A ________ mL，B ________ 毫升，C ________ mL。

4. 在一定的浓度范围内，营养液中的含盐量与电导率之间存在着________相关关系：即含盐量越高，营养液的电导率越________。

5. 在园试配方中，其中四水硝酸钙的用量是 945 mg/L，硝酸钾的用量是 809 mg/L，那么配制 200 mL、浓缩 100 倍的 A 母液，分别称取四水硝酸钙________ g，硝酸钾________ g。

二、选择题

1. 无土栽培中，常用(　　)作为铁源，这是因为这些化合物能使铁保持较长时间的有效性。

A. 无机铁盐　　B. 有机铁盐　　C. 螯合铁　　D. 铁粉

2. 营养液中的 NO_3-N 所造成的生理碱性(　　)。

A. 比较强　　B. 比较弱　　C. 没影响

3. 下列肥料中，属于生理碱性肥料的是(　　)。

A. 硝酸钙　　B. 硫酸铵　　C. 氯化铵　　D. 磷酸二氢铵

4. 营养液中 NH_4^+-N 所造成的生理酸性(　　)。

A. 比较强　　B. 比较弱　　C. 没影响

5. 下列肥料中，属于生理酸性肥料的是(　　)。

A. 硝酸钙　　B. 硫酸铵　　C. 硝酸钾　　D. 氯化钙

6. 水的硬度是以水中含有的(　　)的浓度大小来衡量。

A、钾盐和钙盐　　B. 钾盐和铁盐　　C. 钙盐和镁盐　　D. 钾盐和镁盐

7. 水的硬度表示，其统一的标准用(　　)的摩尔浓度来表示。

A. $CaCO_3$　　B. CaO　　C. $MgCO_3$　　D. MgO

三、简答题

1. 如何理解营养液的含义及其在无土栽培中的地位和作用？

2. 营养液对水源、水质、肥源有何要求？

3. 何谓营养液配方？什么是配方的 1 个剂量、1/2 剂量、3/4 剂量？

4. 在配制营养液时，如何解决硬水地区的水源中含较多的钙盐、镁盐问题？

5. 营养液配制总原则是什么？

6. 母液配制时，如何进行分类？

任务 2.2　营养液的管理及废液处理

能力目标

能够科学、有效地进行营养液的管理；能够对营养液废液进行处理。

知识目标

了解营养液 pH 变化原因；掌握营养液溶存氧影响因素及增氧措施。

德育目标

培养学生严格、认真、细致的工作态度。

任务描述

营养液的管理主要指循环供液系统中营养液的管理。营养液的管理是无土栽培的关键技术，尤其在自动化、标准化程度较低的情况下，营养液的管理更重要。如果管理不当，则直接关系到营养液的使用效果，进而影响植物生长发育。营养液在使用过程中，营养液中的溶存氧、pH、养分浓度等都将会发生变化，本任务就是对循环使用中的营养液进行管理。

相关知识

一、营养液浓度调整

由于作物生长过程中不断吸收养分和水分，加上营养液中的水分蒸发，从而引起营养液浓度、组成发生变化。因此，需要监测和定期补充营养液的水分和养分。

(一)水分的补充

水分的补充应每天进行，一天之内应补充多少次，视作物长势、每株占液量和耗水快慢而定，以不影响营养液的正常循环流动为准。在贮液池内划上刻度，定时使水泵关闭，让营养液全部回到贮液池中，如其水位已下降到加水的刻度线，即要加水恢复到原来的水位线。

(二)养分的补充

养分的补充方法有以下几种：

方法一：根据化验了解营养液的浓度和水平。先化验营养液中 NO_3-N 的减少量，按比例推算其他元素的减少量，然后加以补充，使营养液保持应有的浓度和营养水平。

方法二：从减少的水量来推算。先调查不同作物在无土栽培中水分消耗量和养分吸收量之间的关系，再根据水分减少量推算出养分的补充量，加以补充调整。例如：已知硝态氮的吸收与水分消耗的比例，黄瓜为 70：100 左右；番茄、甜椒为 50：100 左右；芹菜为 130：100 左右。据此，当总液量 10 000 L 消耗 5 000 L 时，黄瓜需另追加 3 500 L(5 000×0.7)营养液，番茄、辣椒需追加 2 500 L(5 000×0.5)营养液，然后再加水到总量 10 000 L。其他作物也以此类推。但作物的不同生育阶段,吸收水分和消耗养分的比例有一定差异,在调整时应加以注意。

方法三:依据实际测定的营养液的电导率值变化来调整。这是生产上常用的方法。根据电导率与营养液浓度的正相关性,求出线性回归方程(见本项目前面所述),再通过测定工作液的电导率值,就可计算出营养液浓度,据此再计算出需补充的营养液量。

在无土栽培中营养液的电导率目标管理值应经常进行调整。营养液电导率不应过高或过低,否则对作物生长产生不良影响。因此,应经常通过检查调整,使营养液保持适宜的电导率。调整应逐步进行,不应使浓度变化太大。电导率调整的原则是:

1. 针对栽培作物不同调整电导率

不同蔬菜作物对营养液的电导率的要求不同,这与作物的耐肥性和营养液配方有关。如在相同栽培条件下,番茄要求的营养液比莴苣要求的浓度高些。虽然如此,各种作物都有一个适宜浓度范围。就多数作物来说,适宜的电导率范围为 0.5～3.0 mS/cm,过高不利于生育。

2. 针对不同生育期调整电导率

作物在不同生育期要求的营养液电导率不完全一样,一般苗期略低,生育盛期略高。如日本有的资料报道,番茄在苗期的适宜电导率为 0.8～1.0 mS/cm,定植至第一穗花开放为 1.0～1.5 mS/cm,结果盛期为 1.5～2.0 mS/cm。

3. 针对不同栽培季节、温度条件调整电导率

营养液的电导率受温度影响而发生变化,在一定范围内,随温度升高有增高的趋势。一般来说,营养液的电导率,夏季要低于冬季。据 Adams 认为,番茄用岩棉栽培冬季栽培的营养液电导率应为 3.0～3.5 mS/cm,夏季降至 2.0～2.5 mS/cm 为宜。

4. 针对栽培方式调整电导率

同一种作物采用无土栽培方式不同,电导率调整也不一样。例如,番茄水培和基质培相比,一般定植初期营养液的浓度都一样,到采收期基质培的营养液浓度比水培的低,这是因为基质会吸附营养的缘故。

5. 针对营养液配方调整电导率

同样用于栽培番茄的日本山崎配方和美国 A－H 营养液配方,它们的总浓度相差 1 倍以上。因此在补充养分的限度上就有很大区别(以每株占液量相同而言)。采用低浓度的山崎配方补充养分的方法是:每天都补充,使营养液常处于 1 个剂量的浓度水平。即每天监测电导率以确定营养液的总浓度下降了百分之几个剂量,下降多少补充多少。采用高浓度的美国 A－H 配方种植时补充养分的方法是:以总浓度不低于 1/2 个剂量时为补充界限。即定期测定液中电导率,如发现其浓度已下降到 1/2 个剂量的水平时,即行补充养分,补回到原来的浓度。隔多少天会下降到此限,视生育阶段和每株占液量多少而变。个人应在实践中自行积累经验来估计其天数。初学者应每天监测其浓度的变化。

应该注意的是,营养液浓度的测定要在营养液补充足够水分使其恢复到原来体积时取样,而且一般生产上不作个别营养元素的测定,也不作个别营养元素的单独补充,要全面补充营养元素。

二、营养液中溶存氧

营养液中溶存氧(DO)也称为溶解氧,是指在一定温度、一定大气压条件下单位体积的营养液中溶解的氧气数量,常以 mg/L 表示。无土栽培尤其是水培,氧气供应是否充分和及时往

往成为测定植物能否正常生长的限制因素。生长在营养液中的根系,其呼吸所用的氧,主要依靠根系对营养液中溶存氧的吸收。若营养液的溶解氧含量低于正常水平,就会影响根系呼吸和吸收营养,植物就表现出各种异常,甚至死亡。

(一)水培对营养液溶存氧浓度的要求

在水培营养液中,溶存氧的浓度一般要求保持在饱和溶解度的50%以上,这相当于在适合多数植物生长的液温范围(15～18℃)内4～5 mg/L的含氧量。这种要求是对栽培不耐淹浸的植物而言的。对耐淹浸的植物(即体内可以形成氧气输导组织的植物),如水芹,这个要求可以降低。

(二)影响营养液氧气含量的因素

营养液中溶存氧的多少,一方面与温度和大气压力有关,温度越高、大气压力越小,营养液的溶存氧含量就越低;反之,温度越低、大气压力越大,其溶存氧的含量就越高。而且液温越高,植物根系和微生物的呼吸加强,呼吸消耗营养液中的溶存氧越多,这就是为什么在夏季高温季节水培植物根系容易产生缺氧的原因。例如,30℃下溶液中饱和溶解氧含量为7.63 mg/L,植物的呼吸耗氧量是0.2～0.3 mg/(h·g根),如每升营养液中长有10 g根,则在不补给氧的情况下,营养液中的氧2～3 h就消耗完了。另一方面,溶存氧的消耗速度还取决于植物种类、生育阶段及单株占有营养液量。一般瓜类、茄果类作物的耗氧量较大,叶菜类的耗氧量较小。植物处于生长茂盛阶段、占有营养液量少的情况下,溶存氧的消耗速度快;反之则慢。日本山崎肯哉资料:夏种网纹甜瓜白天每株每小时耗氧量,始花期为12.6 mg/(株·h);结果网纹期为40 mg/(株·h)。若设每株用营养液15 L,在25℃时饱和含氧量为8.38×15=125.7 mg,则在始花期经6 h后可将含氧量消耗到饱和含氧量的50%以下;在结果网纹期只经2 h即将含氧量降到饱和含氧量的50%以下。

(三)增氧措施

溶存氧的补充来源,一是从空气中自然向溶液中扩散;二是人工增氧。自然扩散的速度较慢,增量少,只适宜苗期使用,水培及多数基质培中都采用人工增氧的方法。

人工增氧措施主要是采用机械和物理的方法来增加营养液与空气的接触机会,增加氧在营养液中的扩散能力,从而提高营养液中氧气的含量。具体的增氧方法有落差、喷雾、搅拌、压缩空气、循环流动、间歇供液、滴灌供液、夏季降低液温、降低营养液浓度、使用增氧器和化学增氧剂等。多种增氧方法结合使用,增氧效果更明显。营养液循环流动有利于带入大量氧气,此法效果很好,是生产上普遍采用的办法。循环时落差大、溅泼面较分散、增加一定压力形成射流等都有利于增大补氧效果。

三、营养液pH

(一)营养液pH对植物生长的影响

营养液的pH对植物生长的影响有直接的和间接的两方面。直接的影响是,当溶液pH过高或过低时,都会伤害植物的根系。据Hewitt概括历史资料认为:明显的伤害范围在pH 4～9之外。有些特别耐碱或耐酸的植物可以在这范围之外正常生长。例如,蕹菜在pH 3时仍可生长良好。在pH 4～9范围内各种植物还有其较适应的范围。间接的影响是,使营养液中的营养元素有效性降低以至失效。pH>7时,P、Ca、Mg、Fe、Mn、B、Zn等的有效性都会降低，特别是Fe最突出；$pH<5$时，由于H^+浓度过高而对Ca^{2+}产生显著的拮抗，使植物吸收不足Ca^{2+}而出现缺Ca症。有时营养液的pH虽然处在不会伤害植物根系的范围（pH在4～9之间），仍会出现由于营养失调而生长不良的情况。所以，除了一些特别嗜酸或嗜碱的植物外，一般将营养液pH控制在5.5～6.5。

（二）营养液pH发生变化的原因

营养液的pH变化主要受营养液配方中生理酸性盐和生理碱性盐的用量和比例、栽培作物种类、每株植物根系占有的营养液体积大小、营养液的更换速率等多种因素的影响。生产上选用生理酸碱变化平衡的营养液配方，可减少调节pH的次数。植株根系占有营养液的体积越大，则其pH的变化速率就越慢、变化幅度越小。营养液更换频率越高，则pH变化速度延缓、变化幅度也小。但更换营养液不控制pH变化不经济，费力费时，也不切实际。

四、光照与液温

（一）光照管理

营养液受阳光直照时，对无土栽培是不利的。因为阳光直射使溶液中的铁产生沉淀，另外，阳光下的营养液表面会产生藻类，与栽培作物竞争养分和氧气。因此在无土栽培中，营养液应避免阳光直射。

（二）营养液温度管理

1. 营养液温度对植物的影响

营养液温度即液温直接影响到根系对养分的吸收、呼吸和作物生长，以及微生物活动。植物对低液温或高液温其适宜范围都是比较窄的。温度的波动会引起病原菌的滋生和生理障碍的产生，同时会降低营养液中氧的溶解度。稳定的液温可以减少过低或过高的气温对植物造成的不良影响。例如，冬季气温降到10℃以下，如果液温仍保持在16℃，则对番茄的果实发育没有影响，在夏季气温升到32～35℃时，如果液温仍保持不超过28℃，则黄瓜的产量不受影响，而且显著减少劣果数。即使是喜低温的鸭儿芹，如能保持液温在25℃以下，也能使夏季栽培的产量正常。

一般来说，夏季的液温保持不超过28℃，冬季的液温保持不低于15℃，对适应于该季栽培的大多数作物都是适合的。

2. 营养液温度的调整

除大规模的现代化无土栽培基地外，我国多数无土栽培设施中没有专门的营养液温度调控设备，多数是在建造时采用各种保温措施。具体做法是：

(1)种植槽采用隔热性能高的材料建造，如泡沫塑料板块、水泥砖块等；

(2)加大每株的用液量，提高营养液对温度的缓冲能力；

(3)设深埋地下的贮液池。

营养液加温可采取在贮液池中安装不锈钢螺纹管，通过循环于其中的热水加温或用电热管加温。热水来源于锅炉加热、地热或厂矿余热加温。最经济的强制冷却降温方法是抽取井水或冷泉水通过贮液池中的螺纹管进行循环降温。

无土栽培中应综合考虑营养液的光、温状况，光照强度高，温度也应该高；光照强度低，温度也要低，强光低温不好，弱光高温也不好。

五、供液时间与供液次数

营养液的供液时间与供液次数，主要依据栽培形式、植物长势长相、环境条件等方面而定。在栽培过程中应考虑适时供液，保证根系得到营养液的充分供应，从经济用液考虑，最好采取定时供液。掌握供液的原则是：根系得到充分的营养供应，但又能达到节约能源和经济用肥的要求。一般在用基质栽培的条件下，每天供液 2～4 次即可，如果基质层较厚，供液次数可少些，基质层较薄，供液次数可多些。NFT 培每日要多次供液，果菜每分钟供液量为 2 L，而叶菜仅需 1 L。作物生长盛期，对养分和水分的需要量大，因此，供液次数应多，每次供液的时间也应长。供液主要集中在白天进行，夜间不供液或少供液。晴天供液次数多些，阴雨天可少些；气温高光线强时供液多些；温度低、光线弱时供液少些。应因时因地制宜，灵活掌握。

六、营养液的更换

循环使用的营养液在使用一段时间以后，需要配制新的营养液将其全部更换。更换的时间主要决定于有碍作物正常生长的物质在营养液中累积的程度。这些物质主要来源于：营养液配方所带的非营养成分（$NaNO_3$ 中的 Na、$CaCl_2$ 中的 Cl 等）；中和生理酸碱性所产生的盐；使用硬水作水源时所带的盐分；植物根系的分泌物和脱落物以及由此引起的微生物分解产物等。积累多了，造成总盐浓度过高而抑制作物生长，也干扰对营养液养分浓度的准确测量。判断营养液是否需更换的方法有：

（1）经过连续测量，营养液的电导率值居高不降。

（2）经仪器分析，营养液中的大量元素含量低而电导率值高。

（3）营养液有大量病菌而致作物发病，且病害难以用农药控制。

（4）营养液混浊。

（5）如无检测仪器，可考虑用种植时间来决定营养液的更换时间。一般在软水地区，生长期较长的作物（每茬 3～6 个月），如果菜类可在生长中期更换 1 次或不换液，只补充消耗的养分和水分，调节 pH。生长期较短的作物（每茬 1～2 个月），如叶菜类可连续种 3～4 茬更换 1 次。每茬收获时，要将脱落的残根滤去，可在回水口安置网袋或用活动网袋打捞，然后补足所欠的营养成分（以总剂量计算）。硬水地区，生长期较短的蔬菜一般每茬更换 1 次，生长期较长的果菜每 1～2 个月更换 1 次营养液。

七、经验管理法

营养液管理不同于土壤施肥，营养液只是配制好的溶液，特别是蔬菜专业户，缺少检测手段，更难以管理。沈阳农业大学杨家书教授根据多年积累的经验，提出“三看两测”的管理办法。一看营养液是否混浊及漂浮物的含量；二看栽培作物生长状况，生长点发育是否正常，叶片的颜色是否老健清秀；三看栽培作物新根发育生长状况和根系的颜色。两测为每日检测营养液的 pH 两次，每 2 日测 1 次营养液的电导率。根据“三看两测”进行综合分析，然后对营养液进行科学的管理。

八、废液处理与再利用

无土栽培系统中排出的废液，并非含有大量的有毒物质而不能排放。主要是因为大面积栽培时，大量排出的废液将会影响地下水水质。如大量排向河流或湖泊将会引起水的富营养化。另外，即使有基质栽培的排出废液量少，但随着时间的推移也将对环境产生不良的影响。因此，经过处理后重复循环利用或回用作肥料等是比较经济且环保的方法。处理方法有杀菌和除菌、除去有害物质、调整离子组成等。营养液杀菌和除菌的方法有紫外线照射、高温加热、砂石过滤器过滤、药剂杀菌等。除去有害物质可采用砂石过滤器过滤或膜分离法。

经过处理的废液收集起来，用于同种作物或其他作物的栽培或用作土壤栽培的肥料，但需与有机肥合理搭配使用。

任务实施

一、营养液浓度管理

这里采用营养液的电导率测定来进行管理。测定前，首先观看贮液池内营养液水位刻度线，当低于划定的刻度线，将水位调整到这一刻度。然后利用便携式电导率仪测定电导率，将这一数值与植物生长这一阶段需要的目标电导率进行比较，决定是否补充养分。如番茄在结果盛期适宜的电导率为 1.5～2.0 mS/cm，而此时测定为 0.5 mS/cm，低于目标值，根据配方中各化合物用量比例，结合经验公式：营养液的总盐分（g/L）＝1.0×EC（mS/cm），进行整体补充，而非营养液中某一种化合物的补充。补充之后，再测定一次电导率，以确认是否符合目标值范围。

二、营养液中溶存氧的管理

营养液的溶存氧可以用溶氧仪（测氧仪）来测得，此法简便、快捷。溶氧仪来测定溶液的溶存氧时，一般测定溶液的空气饱和百分数，然后通过溶液的液温与氧气含量的关系表（表 2-11）中查出该溶液液温下的氧含量，并用下列公式计算出此时营养液中实际的氧含量。

表 2-11　不同温度下氧的饱和溶解度

温度/℃	溶存氧/(mg/L)	温度/℃	溶存氧/(mg/L)	温度/℃	溶存氧/(mg/L)
0	14.62	14	10.37	28	7.92
1	14.23	15	10.15	29	7.77
2	13.84	16	9.95	30	7.63
3	13.48	17	9.74	31	7.50
4	13.13	18	9.54	32	7.40
5	12.80	19	9.35	33	7.30
6	12.48	20	9.17	34	7.20
7	12.17	21	8.99	35	7.10
8	11.87	22	8.83	36	7.00
9	11.59	23	8.68	37	6.90
10	11.33	24	8.53	38	6.80
11	11.08	25	8.38	39	6.70
12	10.83	26	8.22	40	6.60
13	10.60	27	8.07		

$$M_0 = M \times A$$

式中：M_0——在一定温度和大气压力下营养液的实际溶解氧含量(mg/L)；

M——在一定温度和大气压力下营养液中的饱和溶解氧含量(mg/L)；

A——在一定温度和大气压力下营养液中的空气饱和百分数(%)。

三、营养液酸碱度的控制

(一)营养液 pH 的检测方法

检测营养液 pH 的常用方法有试纸测定法和电位法两种：

1. 试纸测定法

取一条试纸浸入营养液样品中，0.5 s 后取出与标准色板比较，即可知营养液的 pH。试纸最好选用 pH 4.5～8 的精密试纸。

2. 电位法

电位法是采用 pH 计测定营养液 pH 的方法。在无土栽培中，应用 pH 计测试 pH，方法简便、快速、准确，适合于大型无土栽培基地使用。

(二)营养液 pH 的控制

pH 控制有两种含义：

1. 治标

即 pH 不断变化时采取酸碱中和的办法进行调节。

pH 上升时，用稀酸溶液如 H_2SO_4 或 HNO_3 溶液中和。H_2SO_4 溶液的 SO_4^{2-} 虽属营养成分，但植物吸收较少，常会造成盐分的累积。NO_3^- 植物吸收较多，盐分累积的程度较轻，但要注意植物吸收过多的氮而造成体内营养失调。生产上多用 H_2SO_4 调节 pH。中和的用酸量不能用 pH 作理论计算来确定。因营养液中有高价弱酸与强碱形成的盐类存在，例如 K_2HPO_4、$Ca(HCO_3)_2$ 等，其离解是逐步的，会对酸起缓冲作用。因此，必须用实际滴定曲线的办法来确定用酸量。具体做法是取出定量体积的营养液，用已知浓度的稀酸逐滴加入，随时测其 pH 的变化，达到要求值后计算出其用酸量，然后推算出整个栽培系统的总用酸量。应加入的酸要先用水稀释，以浓度为 1～2 mol/L 为宜，然后慢慢注入贮液池中，随注随搅拌或开启水泵进行循环，避免加入速度过快或溶液过浓而造成的局部过酸而产生 $CaSO_4$ 的沉淀。

pH 下降时，用稀碱溶液如 NaOH 或 KOH 中和。Na^+ 不是营养成分，会造成总盐浓度的升高。K^+ 是营养成分，盐分累积程度较轻，但其价格比较贵，且多吸收了也会引起营养失调。生产上最常用的还是 NaOH。具体操作可仿照以酸中和碱性的做法。这里要注意的是局部过碱会产生 $Mg(OH)_2$、$Ca(OH)_2$ 等沉淀。

2. 治本

即在营养液配方的组成上，使用适当比例的生理酸性盐和生理碱性盐，使营养液内部酸碱变化稳定在一定范围内。

营养液的 pH 因盐类的生理反应而发生变化，其变化方向视营养液配方而定。选用生理平衡的配方能够使 pH 变化比较平稳，可以减少调整的麻烦，达到治本的目的。

任务小结

在对营养液的浓度进行管理时，应该注意营养液浓度的测定要在营养液补充足够水分使其恢复到原来体积时取样，而且一般生产上不作个别营养元素的测定，也不作个别营养元素的单独补充，要全面补充营养元素。

任务小练

一、填空题

1. 不同作物对营养液的 pH 要求不同，但总体 pH 在________范围内，作物均可较好的生长。

2. 营养液浓度表示方法可分为：________表示法，如________；________表示法，如________。

3. 营养液人工增氧的方法主要有________、________、________、________等，其中，________方法在生产上较为常用。

4. 营养液的酸碱性常会使某些营养元素的有效性降低以致失效，例如，在 pH＞7 时，________、________、________、________、________、________等元素的有效性将会降低。

二、简答题

1. 如何调控液温和营养液的 pH？营养液的供液时间和次数有何要求？

2. 营养液经多次补充养分后，作物虽然正常生长，但电导率却居高不降，这种现象说明什么？

项目3

固体基质的选择与处理

基质是无土栽培的基础，不仅固体基质培利用它，水培在育苗期间和定植时也需要少量基质来固定和支持作物。常用的基质有砂、石砾、蛭石、珍珠岩、岩棉、草炭、锯木屑、炭化稻壳、陶粒等。它们的作用主要有以下几点：

1. 固定支撑植物的作用

这是无土栽培中所有的固体基质最主要的一个作用。固体基质的使用是使得植物能够保持直立，同时为植物根系提供一个良好的生长环境。

2. 持水作用

任何固体基质都有保持一定水分的能力，只是不同基质的持水能力有差异，而这种持水能力可因基质的不同而差别很大。例如，颗粒粗大的石砾其持水能力较差，只能吸持相当于其体积10%～15%的水分；而泥炭则可吸持相当于其本身重量10倍以上的水分；珍珠岩也可以吸持相当于本身重量3～4倍的水分。不同吸水能力的基质可以适应不同种植设施和不同作物类别生长的要求。一般要求固体基质所吸持的水分要能够维持在2次灌溉间歇期间作物不会因失水而受害，否则将需要缩短两次灌溉的间歇时间，但这样可能会造成管理上的不便。

3. 透气作用

固体基质的另一个重要作用是透气。因为植物根系的生长过程的呼吸作用需要有充足的氧气供应。因此，保证固体基质中有充足的氧气供应对于植物的正常生长起着举足轻重的作用。如果基质过于紧实、颗粒过细，可能造成基质中透气性不良。固体基质中持水性和透气性之间存在着对立统一的关系，即固体基质中水分含量高时，空气含量就低；反之，空气含量高时，水分含量就低。因此，良好的固体基质必须是能够较好地协调空气和水分两者之间的关系，也即在保证有足够的水分供应给植物生长的同时也要有充足的空气空间，这样才能够让植物生长良好。

4. 缓冲作用

缓冲作用是指固体基质能够给植物根系的生长提供一个较为稳定环境的能力，即当根系生长过程中产生的一些有害物质或外加物质可能会危害到植物正常生长时，固体基质会通过其本身的一些理化性质将这些危害减轻甚至化解的能力。并非任何一种固体基质都具有缓冲作用，有相当一部分固体基质是不具备缓冲作用的。作为无土栽培使用的固体基质并不要求具有缓冲作用。

具有物理化学吸收能力的固体基质都有缓冲作用，这类固体基质称为活性基质。例如泥炭、蛭石等就具有缓冲作用。而没有物理化学吸收能力的固体基质就不具有缓冲能力，这类固体基质称为惰性基质。例如河沙、石砾、岩棉等就不具有缓冲作用。生长在固体基质中的根系在生长过程中会不断地分泌出有机酸，根表细胞的脱落和死亡以及根系吸收释放出的CO_2，如果在基质中大量累积，会影响到根系的生长。营养液中生理酸性或生理碱性盐的比例搭配不完全合理的情况下，由于植物根系的选择吸收而产生较强的生理酸性或生理碱性，从而影响植物根系的生长。而具有缓冲作用的基质就可以通过基质的物理的或化学的吸收能力将上述的这些危害植物生长的物质吸附起来，没有缓冲作用的固体基质就没有此功能，因此，根系的生长环境的稳定性就较差，这就需要种植者密切关注基质中理化性质在种植过程中的变化，特别是选用生理酸碱性盐类搭配合适的营养液配方，使其保持较好的稳定性。

具有缓冲作用的固体基质在生产上的另一个好处是可以在基质中加入较多的养分，让养分较为平缓地供给植物生长所需，即使加入基质中的养分数量较多也不至于引起植物烧苗的现象，这就给生产上带来了一定的方便。但具有缓冲作用的固体基质也有一个弊端，即加入基质中的养分由于被基质所吸附，究竟这些被吸附的养分何时释放出来供植物吸收、释放出来的数量究竟有多少，这些都无从了解。因此，在定量控制植物营养需求时就存在一定的困难。但总的来说，具有缓冲作用的固体基质要比无缓冲作用的好些，在使用上较为方便，种植过程的管理也简单一些。

5.部分基质提供营养

有机固体基质（如泥炭、锯木屑、椰糠、作物秸秆等）和个别无机固体基质（蛭石、炉渣等），可为植物苗期或生长期间提供一定的矿物质营养元素。

任务3.1　固体基质的理化性质测定

能力目标

会检测固体基质的理化性质。

知识目标

掌握固体基质的理化性质包括的内容。

德育目标

培养学生严格、认真、细致的工作态度。

任务描述

固体基质理化性质的好坏直接影响作物的生长发育质量和速度。采用简易方法测定基质的容重、气水比、酸碱性和缓冲能力等，对于更好地掌握基质的理化性质、选配基质以及进行基质栽培都是十分重要的。

相关知识

固体基质所具有的作用,是其本身所具有的理化性质所决定的。不同固体基质的物理性质和化学性质不一样,只有较为深刻地认识它们,才能够根据某一基质的性质进行合理利用。

一、固体基质的物理性质

在无土栽培中,对作物生长影响较大的固体基质物理性质主要包括容重、密度、总孔隙度、持水量、大小孔隙比以及颗粒粒径大小等。

1. 容重

容重指单位体积干基质的质量,单位为 g/L、g/cm^3 或 kg/m^3。具体测定某一种固体基质的容重时可用一个已知体积的容器(如量筒或带刻度的烧杯等)装上待测定的基质,再将基质倒出后称其质量,以基质的质量除以容器的体积即可得到这种基质的容重。为了比较几种不同基质的容重,应将这些基质预先放在阴凉通风的地方风干水分后再测定。因为含水量不同,基质的容重存在很大的差异。不同基质的组成不同,因此在容重上有很大的差异(表 3-1)。同一种基质由于受到颗粒粒径大小、紧实程度等影响,其容重也有一定的差别。

基质的容重可以反映基质的疏松、紧实程度。容重过大,则基质过于紧实,通气透水性能较差,易产生基质内渍水;而容重过小,则表示基质过于疏松,通气透水性能较好,有利于作物根系伸展,但不易固定植物。但如果基质的物理性能较好,如岩棉的纤维较牢固,不易折断,而且高大的植株采用引绳缠蔓的方式使植株向上生长,则容重可小一些。一般地,基质的容重在 0.1～0.8 g/cm^3 范围内,作物的生长效果较好。

表 3-1 几种常用固体基质的容重

基质种类	容重/(g/cm^3)	基质种类	容重/(g/cm^3)
土壤	1.10～1.70	岩棉	0.04～0.11
沙	1.30～1.50	泥炭	0.05～0.20
蛭石	0.08～0.13	蔗渣	0.12～0.28
珍珠岩	0.03～0.16		

2. 总孔隙度

总孔隙度是指基质中通气孔隙度和持水孔隙度的总和。它以孔隙体积占基质体积的百分数(%)来表示。总孔隙度大的基质,其水和空气的容纳空间就大,反之则小。

基质的总孔隙度可以下列公式来计算。

$$总孔隙度=(1-容重/密度)\times 100\%$$

由于基质的密度测定较为麻烦,总孔隙度可按下列方法进行粗略估测:

取一已知体积(V)的容器,称其质量(W_1),在此容器中加满待测的基质,再称重(W_2),然后将装有基质的容器放在水中浸泡一昼夜,(加水浸泡时要让水位高于容器顶部,如果基质较轻,可在容器顶部用一块纱布包扎好,称重时把包扎的纱布取掉),称重(W_3),然后通过下式来计算这种基质的总孔隙度(质量以 g 为单位,体积以 cm^3 为单位)。

$$总孔隙度=\frac{(W_3-W_1)-(W_2-W_1)}{V}\times 100\%$$

总孔隙度大的基质较轻，基质疏松，有利于作物根系生长，但固定和支撑作物的效果较差，容易造成植物倒伏。例如，岩棉、蛭石、蔗渣等的总孔隙度在90%～95%及以上。而总孔隙度小的基质较重，水、气的总容量较小，如沙的总孔隙度约为30%。因此，为了克服某一种单一基质总孔隙度过大或过小所产生的弊病，在实际应用时常将2～3种不同颗粒大小的基质混合制成复合基质来使用。

3. 大小孔隙比

基质的总孔隙度只能反映一种基质中水分和空气占据的空间的总和，它不能反映基质中水分和空气各自占据的空间大小。

大孔隙是指基质中空气所占据的空间，也称通气孔隙；而小孔隙是指基质中水分所占据的空间，也称持水孔隙。通气孔隙和持水孔隙分别占基质体积的比例(%)的比值称为大小孔隙比。用下式表示。

$$大小孔隙比=\frac{通气孔隙所占比例(\%)}{持水孔隙所占比例(\%)}$$

要测定大小孔隙比就要先测定基质中大孔隙和小孔隙在基质中各自所占的比例，其测定方法如下：

取一已知体积(V)的容器，装入固体基质后按照上述的方法测定其总孔隙度后，将容器上口用一已知质量的湿润纱布(W_4)包住，把容器倒置，让容器中的水分流出，放置2 h左右，直至容器中没有水分渗出为止，称其质量(W_5)，通过下式计算通气孔隙度和持水孔隙度(质量以g为单位，体积以cm^3为单位)。

$$通气孔隙度=\frac{W_3+W_4-W_5}{V}\times 100\%$$

$$持水孔隙度=\frac{W_5-W_2-W_4}{V}\times 100\%$$

一般地，通气孔隙是指孔隙直径在0.1 mm以上，灌溉后的水分不能被基质的毛细管吸持在这些孔隙中，而是在重力的作用下流出基质的那部分空间。而持水孔隙是指孔隙直径在0.001～0.1 mm范围内的孔隙，水分在这些孔隙中会由于毛细管作用而被吸持在基质中，因此，也称毛管孔隙。存在于这些孔隙中的水分称为毛管水。

固体基质的大小孔隙比能够反映出基质中水、气之间的状况，即如果大小孔隙比大，则说明基质中空气容积大而持水容积较小；反之，如果大小孔隙比小，则空气容积小而持水容积大。大小孔隙比过大，则说明通气过盛而持水不足，基质过于疏松，种植作物时每天的淋水次数要增加，这给管理上带来不便。而如果大小孔隙比过小，则持水过多而通气不足，作物根系生长不良，严重时根系腐烂死亡。而有机基质中的氧化还原电位(Eh)下降，更加剧了对根系生长的不良影响。一般来说，固体基质的大小孔隙比在1：(1.5～4)的范围内作物均能较好地生长。

4. 颗粒大小

固体基质颗粒的大小(即粗细程度)是以颗粒直径(mm)来表示的。它直接影响到其容重、总孔隙度、大小孔隙度及大小孔隙比等其他物理性状。同一种固体基质其颗粒越细，则容重越大，总孔隙度越小，大孔隙容量越小，小孔隙容量越大，大小孔隙比越小，这种基质持水性较好，通气性较差，容易造成基质内通气不良，水分过多，影响根系生长。反之，如果颗粒越粗，则容重越小，总孔隙度越大，大孔隙容量越大，小孔隙容量越小，大小孔隙比越大，这样的基质持水性较差，栽培时要增加浇水次数。因此，为了使基质既能够有足够大的通气孔隙以满足植物根系吸收氧气的要求，又能吸持一定量的水分供植物根系需要，同时又能满足方便管理的要求，基质的颗粒不能太粗大，也不能过于细小，应适中为度。也就是说，如果不能够选择一个颗粒粗细适中的基质，就要尽量选择不同粗细的基质互相搭配，以保证基质中通气和持水容量均保持在一个较为适中的水平。

由于不同的固体基质性质各异，同一种基质颗粒粗细程度不一，其物理性状也有很大的不同，在具体使用时应根据实际情况来选用。表 3-2 为几种常用固体基质的物理性状，供参考。

表 3-2　几种常用固体基质的物理性状

基质种类	容重/(g/cm³)	总孔隙度/%	通气孔隙度/%	持水孔隙度/%	大小孔隙比
菜园土	1.10	66.0	21.0	45.0	0.47
河沙	1.49	30.5	29.5	1.0	29.50
煤渣	0.70	54.7	21.7	33.0	0.64
蛭石	0.13	95.0	30.0	65.0	0.46
珍珠岩	0.16	93.2	53.0	40.0	1.33
岩棉	0.11	96.0	2.0	94.0	0.02
泥炭	0.21	84.4	7.1	77.3	0.09
锯木屑	0.19	78.3	34.5	43.8	0.79
炭化稻壳	0.15	82.5	57.5	25.0	2.30
蔗渣(堆沤 6 个月)	0.12	90.8	44.5	46.3	0.96

二、固体基质的化学性质

固体基质的化学性质主要有基质的化学组成和由此所产生的基质的化学稳定性、酸碱度、物理化学吸附能力(阳离子代换量)、pH 缓冲能力和电导率等。

1. 基质的化学稳定性

固体基质的化学稳定性是指固体基质发生化学变化的难易程度。化学变化会引起基质中的化学组成以及原有的比例或浓度发生改变，从而影响到基质的物理性状和化学性状，同时也有可能影响加入基质中的营养液的组成和浓度的变化，影响到原先化学平衡的营养液，进而影响作物的生长。因此，无土栽培所用的固体基质一般要求有较强的化学稳定性，以避免对外加营养液的干扰，保证作物生长的正常进行。

固体基质的化学稳定性因其化学组成的不同有很大的差异。由无机矿物构成的基质，如果其组分由长石、云母、石英等矿物组成，则化学稳定性较强；而如果是由角闪石、辉绿石等矿物组成的，则次之；而以白云石、石灰石等碳酸盐矿物组成的，则化学稳定性最差。前两类基质用于无土栽培作物时，性质较为稳定，一般不会影响到营养液的化学平衡，而由石灰石和白云石等碳酸盐矿物为主组成的基质，常会在加入营养液之后，矿物中的碳酸盐溶解出来，pH 升高，同时溶解出来的 CO_3^{2-}、HCO_3^- 与营养液中的 Ca^{2+}、Mg^{2+}、Fe^{2+} 等离子作用而产生沉淀，从而严重影响到营养液中的元素平衡。

由有机的植物残体构成的基质，如泥炭、锯木屑、甘蔗渣、炭化稻壳等，由于其化学组分很复杂，往往会对营养液的组成有一定的影响，同时也会影响到植物对营养液中某些元素的吸收。从有机残体内存在的物质影响其化学稳定性来划分其化学组成的类型，大致可分为三大类：一是易被微生物分解的物质，如碳水化合物中的单糖、双糖、淀粉、半纤维素和纤维素以及有机酸等；二是对植物生长有毒害作用的物质，如酚类、单宁和某些有机酸等；三是难以被微生物分解的物质，如木质素、腐殖质等。含有上述第一类物质较多的有机残体（如新鲜蔗渣、稻秆等）作为基质时，在使用初期会由于微生物活动而引起剧烈的生物化学变化，从而严重影响到营养液的化学平衡，最为明显的是引起植物氮素的严重缺乏。含有第二类物质多的有机残体（如松树的锯木屑等）作为基质时，这些基质中所含有的对植物有毒害作用的物质会直接伤害根系。而含有上述第三类物质的有机残体作为基质时，其化学稳定性最强，使用时一般不会对植物有不良影响，如泥炭以及经过一段时间堆沤之后的蔗渣、锯木屑、树皮等。因此，在使用上述第一、二类物质较多的有机残体作为基质时要经过堆沤处理之后才可以使用。堆沤的目的就是为了使原先在基质中易分解的或是有毒的物质转变为微生物难分解的、无毒的物质。

有机残体中易被微生物分解的物质如果含量较高，在作为基质使用时，会由于微生物的活动而很快地把原有的物质结构破坏，在物理性状上表现出基质结构变差、通气不良、持水过盛等现象。因此，在选用时也要注意。

2.基质的酸碱度(pH)

不同化学组成的基质，其酸碱性可能各不相同，既有酸性的，也有碱性和中性的。例如，石灰质矿物含量高的基质，其 pH 较高，泥炭一般为酸性的。基质的过酸或过碱一方面可能直接影响到作物根系的生长；另一方面可能会影响到营养元素的平衡、稳定性和对作物的有效性。因此，在使用一种材料作为基质前必须先测定其酸碱度（pH），如发现其过酸（$pH<5.5$）或过碱（$pH>7.5$）时则需采取适当的措施来调节。

3.阳离子代换量

基质的阳离子代换量（Cation Exchange Capacity, CEC）是以每 100 g 基质能够代换吸收阳离子的毫摩尔数（mmol/100 g）来表示。不同的基质其阳离子代换量有很大的差异，有些基质的阳离子代换量可能很大，而有些基质几乎没有阳离子代换量。阳离子代换量大的基质由于会对阳离子产生较强烈的吸附，所以对所加入的营养物质的组成和比例会产生很大的影响，影响到营养液的平衡，这样所加入的营养物质的组成和浓度会在基质中未被作物吸收前就产生了较大的变化，使得人们难以了解基质中易被植物吸收的那部分养分的实际数量，也就较难对所需的养分浓度和组成进行有效地控制，这是其不利的一面。但它也有其有利的一面，即可以在基质中保存较多的养分，减少养分随灌溉水而损失，提高养分的利用效率，同时可以缓冲基质中由于营养液的酸碱反应或由于作物根系对离子的选择性吸收而产生的生理酸碱性变化，另外还可缓冲由于根系分泌的酸碱性或由于基质本身的变化而产生的酸碱性变化。因此，在使用某种基质之前必须对该基质的阳离子代换能力有所了解。表 3-3 是几种常用固体基质的阳离子代换量。

表 3-3 常用固体基质的阳离子代换量

基质种类	阳离子代换量/(mmol/100 g)
高位泥炭	140～160
中位泥炭	70～80
蛭石	100～150
树皮	70～80
河沙、石砾、岩棉等惰性基质	0.1～1

4. 基质的 pH 缓冲能力

基质的 pH 缓冲能力是指在基质中加入酸碱物质后，基质所具有缓和酸碱(pH)变化的能力。不同基质具有不同的缓冲能力，基质缓冲能力的大小主要受到基质阳离子代换量大小和基质中的化学组成的影响。如果基质的阳离子代换量大，其缓冲能力就较强。反之，则缓冲能力就较弱。如果基质含有较多的腐殖质，则缓冲能力也较强，当基质含有较多的有机酸，则对碱的缓冲能力较强，对酸性没有缓冲能力。如果基质含有较多的钙盐和镁盐，则对酸的缓冲能力较大，但对碱没有缓冲能力。一般来说，植物性残体为基质的都有一定的缓冲能力，但因材料不同而有很大差异，如泥炭的缓冲能力要比堆沤的蔗渣强。矿物性基质有些有很强的缓冲能力如蛭石，但大多数矿物性基质没有缓冲能力或缓冲能力很小。

5. 基质的电导率

基质的电导率是指在未加入营养液前基质原有的电导率。它反映了基质中所含有的可溶性盐分浓度的大小，它直接影响到营养液的组成和浓度，也可能影响到作物的生长。有些植物性残体的基质含有较高的盐分，例如砻糠灰、某些树种的树皮等，海沙也含有较多的氯化钠，故电导率较高。

6. 基质的碳氮比

基质的碳氮比是指基质中碳和氮的相对比值。碳氮比高的基质，由于微生物生命活动对氮的争夺，会导致植物缺氮。所以碳氮比高的基质，在混配混合基质时，用量不超过 20%，或者每立方米加 8 kg 氮肥，堆沤 2～3 个月再使用。另外，同一种有机基质，大颗粒基质其表面积小于其体积，分解速度较慢，有效碳氮比小于细颗粒的基质，如细颗粒锯末的碳氮比为 1 000：1，直径为 0.5 cm 的粗颗粒锯末碳氮比为 500：1。所以要尽可能使用粗颗粒、碳氮比值低的基质。碳氮比为 30：1 左右比较适合作物的生长。

任务实施

一、材料、用品准备

珍珠岩、炉渣、蛭石、木屑等风干基质若干。托盘天平 4 台(或电子分析天平 1 台)、杆秤 1 台、pH 计 4 个、电导率仪 1 台、500 mL 烧杯 12 个、50 mL 烧杯 4 只、50 mL 量筒 8 支、精细 pH 试纸一套、纱布 1 kg、1 mol/L HNO_3 溶液 500 mL、1 mol/L NaOH 溶液 500 mL、饱和氯化钙溶液 500 mL。

二、实施步骤

1. 容重（g/L 或 g/cm^3）测定

取一个已知体积的容器（如带刻度的烧杯），装满待测的基质，然后称其质量，用质量除以容器的体积就得到基质的容重。

2. 总孔隙度（%）测定

取一个已知体积和质量的容器，体积记为 V，质量记为 W_1。装满待测基质，称其总质量，记为 W_2。然后将装满基质的容器浸入水中 1 h，再称吸足水分后的基质及容器的质量，记为 W_3。最后用下列公式计算基质的总孔隙度。

$$总孔隙度=\frac{(W_3-W_1)-(W_2-W_1)}{V}\times 100\%$$

3. 大小孔隙度测定

取一个已知体积 V 的容器，按上述方法测得总孔隙度后，将容器用一块湿润纱布（重量记为 W_4）包住，然后将容器倒置，让基质中的水分向外渗出，放置 2 h 后，直到容器中没有水分渗出为止，称重，记为 W_5。最后用下列公式分别计算通气孔隙度和持水孔隙度。

$$通气孔隙度=\frac{W_3+W_4-W_5}{V}\times 100\%$$

$$持水孔隙度=\frac{W_5-W_2-W_4}{V}\times 100\%$$

4. 基质酸碱度的测定

分别称取风干基质 10 g 于 50 mL 烧杯中，加 25 mL 蒸馏水后振荡 5 min，再静止 30 min，然后用 pH 计或精细广谱 pH 试纸测定基质浸提液的酸碱度。

5. pH 缓冲能力的测定

向上述不同的基质浸提液中分别加入 1 mL 的 1 mol/L 的硝酸或 1 mol/L 的氢氧化钠溶液，30 min 后用 pH 计或精细广谱 pH 试纸测定不同浸提液的 pH，从而比较不同基质 pH 缓冲能力的大小。

6. 电导率的测定

取风干基质 10 g，加入饱和氯化钙溶液 25 mL，振荡浸提 10 min，过滤，取其滤液测其电导率（mS/cm）。

任务小结

在测定基质的理化性质时，基质必须处于风干状态。在测大小孔隙度时一定做到水分彻底渗出再测定。另外，在使用酸或碱来测定基质的 pH 缓冲能力时，一定要注意安全。

任务小练

一、填空题

1. 固体基质中的孔隙包括________、________。

2. 新鲜有机物料如稻秆、蔗渣等作为无土栽培的基质时，常会因________过高而使作物生长不良，这时，可通过________和________的途径来克服其不良影响。

3. 基质通气孔隙是指孔隙直径在________ mm 以上，持水孔隙直径在________ mm。

4. 同一种固体基质其颗粒越粗，则容重越________，总孔隙度越________，大孔隙容量越________，小孔隙容量越________，大小孔隙比越________，这样的基质持水性较________。

二、简答题

1. 固体基质的作用有哪些？

2. 如何测定固体基质的 pH 和电导率？

3. 怎样理解基质的阳离子代换量大小在基质培养过程中对营养液的影响？

任务 3.2　固体基质的分类与特性

能力目标

能够识别常见的固体基质并进行分类。

知识目标

掌握常用固体基质的主要特性。

德育目标

培养学生严格、认真、细致的工作态度。

任务描述

无土栽培的固体基质种类繁多，其中包括河沙、石砾、蛭石、珍珠岩、岩棉、泥炭、锯木屑、炭化稻壳（砻糠灰）、多孔陶粒、泡沫塑料等。本任务是进行常见固体基质的识别，并掌握其主要特性。

相关知识

从无土栽培的基质来源分类，可以分为天然基质、人工合成基质。如沙、石砾等为天然基质，而岩棉、泡沫塑料、多孔陶粒等则为人工合成基质。

从基质的组成来分类，可以分为无机基质和有机基质。沙、泡沫塑料、岩棉、蛭石和珍珠岩等都是以无机物组成的，为无机基质；而泥炭、树皮、蔗渣、砻糠灰等是以有机残体组成的，为有机基质。

从基质的性质来分类，可以分为活性基质和惰性基质。例如，泥炭、蛭石、蔗渣等基质本身含有植物可吸收利用的养分并且具有较高的阳离子代换量，属于活性基质；而沙、石砾、岩棉、泡沫塑料等基质本身不含有养分也不具有阳离子代换量，属于惰性基质。

从基质使用时组分的不同来分类，可以分为单一基质和复合基质两类。单一基质是指使用的基质是以单一一种基质作为植物的生长介质的，如沙培、砾培、岩棉培使用的沙、石砾和岩棉，都属于单一基质。复合基质是指由两种或两种以上的单一基质按一定的比例混合制成的基质，例如，蔗渣-沙混合基质培中所使用的基质是由蔗渣和沙按一定的比例混合而成的。现在，无土栽培生产上为了克服单一基质可能造成的容重过小、过大、通气不良或通气过盛等弊端，常将几种基质混合制成复合基质来使用。一般在配制复合基质时，以两种或三种单一基质复合而成为宜。

一、沙

沙的来源广泛，在河流、大海、湖泊的岸边以及沙漠等地均有大量的分布。

不同地方、不同来源的沙，其组成成分差异很大。一般含二氧化硅在50%以上。沙没有阳离子代换量，容重为1.5～1.8 g/cm^3。使用时以选用粒径为0.5～3 mm的沙为宜。粒径大小应相互配合适当，如太粗易产生基质中通气过盛、保水能力较低，植株易缺水，营养液的管理麻烦；而如果沙太细，则易在沙中储水，造成植株根际的涝害。较为理想的沙粒粒径大小的组成应为：>4.7 mm的占1%，2.4～4.7 mm的占10%，1.2～2.4 mm的占20%，0.3～0.6 mm的占25%，0.1～0.3 mm的占15%，0.07～0.12 mm的占2%，<0.01 mm的占1%。

用作无土栽培的沙应确保不含有有毒物质。例如，海滨的沙子通常含有较多的氯化钠，在种植前应用大量清水冲洗干净后才可使用。在石灰性地区的沙子往往含有较多的石灰质，使用时应特别注意。一般地，碳酸钙的含量不应超过20%，但如果碳酸钙含量高达50%以上，而又没有其他基质可供选择时，可采用较高浓度的磷酸钙溶液进行处理。具体的处理方法为：将含有45%～50% P_2O_5 的重过磷酸钙[$CaH_4(PO_4)_2 \cdot H_2O$]2 kg溶解于1 000 L水中，然后用此溶液来浸泡所要处理的沙子，如果溶液中的磷含量降低很快，可再加入重过磷酸钙，一直加至溶液中的磷含量稳定在不低于10 mg/L时为止。此时将浸泡沙子的重过磷酸钙溶液排掉并用清水冲洗干净即可使用了。如果没有重过磷酸钙，也可以用4 kg的过磷酸钙溶解在1 000 L水中，将沉淀部分去除，取上清液来浸泡处理。也可以用0.1%～0.2%的磷酸二氢钾（其他的磷酸盐也可用）水溶液来处理，但成本较高。用磷酸盐处理石灰质沙子主要是利用磷酸盐中的磷酸根与石灰质沙子表面形成一层溶解度很低的磷酸钙包膜而封闭沙子表面，以防止沙子在作物生长过程中释放出较大量的石灰质物质而使作物生长环境的pH过高。在经过一段时间的使用之后，包被在沙子表面的磷酸钙膜可能会受到破坏而使石灰质物质溶解出来，这时应重新用磷酸盐溶液再次处理。

用沙作为基质的主要优点在于其来源容易，价格低廉，作物生长良好，但由于沙的容重大，给搬运、消毒和更换等管理措施带来了很大的不便。

二、石砾

石砾的来源主要是河边石子或石矿场的岩石碎屑。由于其来源不同，化学组成和性质差异很大。一般在无土栽培中应选用非石灰质的石砾，如花岗岩等的石砾。如万不得已要用石灰质石砾，可用上述介绍的磷酸盐处理的方法来进行石砾的表面处理。

石砾的粒径应选在1.6～20 mm的范围内，其中总体积的一半的石砾直径为13 mm左右。石砾应较坚硬，不易破碎。选用的石砾最好为棱角不太锋利的，特别是株型高的植物或在露天风大的地方更应选用棱角较钝的石砾，否则会使植物茎部受到划伤。石砾本身不具有阳离子代换量，通气排水性能良好，但持水能力较差。

由于石砾的容重大（1.5～1.8 g/cm³），给搬运、清理和消毒等日常管理工作带来很大的麻烦，而且用石砾进行无土栽培时需建一个坚固的水槽（一般用水泥砖砌而成）来进行营养液的循环。正是这些缺点，使石砾栽培在现代无土栽培中用得越来越少。特别是近二三十年来，一些轻质的人工合成基质如岩棉、多孔陶粒等广泛应用，逐渐代替了沙、石砾作为基质，但石砾在早期无土栽培生产上起过重要作用，且在当今深液流水培技术中，用作定植杯中固定植株的物体还是很适宜的。

三、蛭石

蛭石为云母类硅质矿物，它的颗粒由许多平行的片状物组成，片层之间含有少量的水分。当蛭石在 1 000℃的炉中加热时，片层中的水分变成水蒸气，把片层爆裂开来，形成小的、多孔的海绵状的核。经高温膨胀后的蛭石其体积为原矿物的 16 倍左右，容重很小（0.09～0.16 g/cm³），孔隙度大（达 95%）。无土栽培用的蛭石都应是经过上述高温膨胀处理过的，否则它的吸水能力将大大降低。

蛭石的 pH 因产地不同、组成成分不同而稍有差异。一般均为中性至微碱性，也有些是碱性的（pH 在 9.0 以上）。当其与酸性基质如泥炭等混合使用时不会出现问题。如单独使用，因 pH 太高，需加入少量酸进行中和后才可使用。

蛭石的阳离子代换量（CEC）很高，达 100 mmol/100 g，并且含有较多的钾、钙、镁等营养元素，这些养分是作物可以吸收利用的，属于速效养分。

蛭石的吸收能力很强，每立方米的蛭石可以吸收 100～650 kg 的水。无土栽培用的蛭石的粒径应在 3 mm 以上，用作育苗的蛭石可稍细些（0.75～1.0 mm）。但蛭石较容易破碎，而使其结构受到破坏，孔隙度减少，因此在运输、种植过程中不能受到重压。蛭石一般使用 1～2 次之后，其结构就变差了，需重新更换。

四、珍珠岩

珍珠岩是由一种灰色火山岩（铝硅酸盐）加热至 1 000℃左右时，岩石颗粒膨胀而形成的。它是一种封闭的轻质团聚体，容重小（0.03～0.16 g/cm³），孔隙度约为 93%，其中空气容积约为 53%，持水容积约为 40%。

珍珠岩没有吸收性能，阳离子代换量<1.5 mmol/100 g，pH 为 7.0～7.5。珍珠岩中的养分多为植物不能吸收利用的形态。

珍珠岩是一种较易破碎的基质，在使用时主要有两个问题值得注意：①珍珠岩粉尘污染较大，使用前最好先用水喷湿，以免粉尘纷飞；②珍珠岩在种植槽或与其他基质组成混合基质时，在淋水较多时会浮在水面上，这个问题没有办法解决。

五、火山熔岩

火山熔岩是火山喷发出的熔岩经冷却凝固而成。外表为灰褐色或黑色，多为多孔蜂窝状的块状物，经打碎之后即可使用。其容重为 0.7～1.0 g/cm³，粒径为 3～15 mm 时，其孔隙度为 27%，持水容积为 19%。火山熔岩结构良好、不易破碎，但持水能力较差。

六、岩棉

岩棉用于工业的保温、隔热和消音材料已有很长的历史了。用于无土栽培则是始于1969年丹麦的Hornum Research Station。从此以后应用岩棉种植植物的技术就先后传入瑞典、荷兰。现在荷兰约3 500 hm^2 蔬菜无土栽培中有80%是利用岩棉作为基质的。当今世界上许多国家已广泛应用岩棉栽培技术，不仅在蔬菜、苗木、花卉的育苗和栽培上使用，而且在组织培养试管苗的繁殖上也有使用。使用育苗基质对于出口盆景、花卉尤其有好处，因为许多国家海关不允许带有土壤的植物进口，用岩棉就可以保证不带或少带土传病虫害。我国生产的岩棉主要是工业用的，现在南京、沈阳等地已试生产农用岩棉。现在世界上使用最广泛的一种岩棉是丹麦Grodenia公司生产的，商品名为格罗丹(Groden)。

岩棉是一种由60%的辉绿石、20%的石灰石和20%的焦炭混合，然后在1 500～2 000℃的高温炉中熔化，将熔融物喷成直径为0.005 mm的细丝，再将其压成容重为80～100 kg/m^3 的片，然后在冷却至200℃左右时，加入一种酚醛树脂以减少岩棉丝状体的表面张力，使生产出的岩棉能够较好地吸持水分。因岩棉制造过程是在高温条件下进行的，因此，它是进行过完全消毒的，不含病菌和其他有机物。经压制成形的岩棉块在种植作物的整个生长过程中不会产生形态上的变化。它的主要成分多数是植物不能吸收利用的。

岩棉的外观是白色或浅绿色的丝状体，孔隙度大，可达96%，吸收力很强。岩棉吸水后，岩棉会依厚度的不同，含水量从下至上而递减；相反，空气含量则自上而下递增。岩棉块水分垂直分布情况如表3-4所示。

表3-4 岩棉块中水分和空气的垂直分布状况

自下而上的高度/cm	孔隙容积/%	持水容积/%	空气容积/%
1.0	96	92	4
5.0	96	85	11
7.5	96	78	18
10.0	96	74	22
15.0	96	74	42

未使用过的新岩棉的pH较高，一般在pH 7.0以上，但在灌水时加入少量的酸，1～2 d之后pH就会很快降下来。在使用前也可用较多的清水灌入岩棉中，把碱性物质冲洗掉，使pH降低。pH较高的原因是岩棉中含有少量碱金属和碱土金属氧化物(Na_2O、K_2O、MgO等)。岩棉在中性或弱酸弱碱条件下是稳定的，但在强酸强碱下岩棉的纤维会逐渐溶解。而且岩棉同天然石棉是不同的，它不像石棉那样会对人体健康产生危害。据欧洲隔热材料制造协会(ETMA)报道，石棉对人体有害是由于石棉纤维由非单纤维组成，可以纵向分裂成许多更为细长的纤维，被人体吸入后不易分解排除而累积。而岩棉纤维为单纤维，较为粗短，只能横向断裂，不会纵向分裂为更细的纤维，即使人体吸入也易排出。至今还未发现岩棉有害健康的报道。

岩棉在无土栽培中主要有三方面的用途：①用岩棉进行育苗；②用在循环营养液栽培中，如营养液膜技术(NFT)中植株的固定；③用在岩棉基质的袋培滴灌技术中。

七、膨胀陶粒

膨胀陶粒又称多孔陶粒、轻质陶粒或海氏砾石(Hydite),它是用陶土在1 100℃的陶窑中加热制成的,容重为1.0 g/cm³。膨胀陶粒坚硬,不易破碎。陶粒最早是作为隔热保温材料来使用的,后由于其通透性好而应用于无土栽培中。

膨胀陶粒的化学组成和性质受陶土成分的影响,其pH变化在4.9～9.0,有一定的阳离子代换量(CEC为6～21 mmol/100 g)。例如,有一种由凹凸棒石(一种矿物)发育的黏土制成的、商品名为卢索尔(Lusol)的膨胀陶粒,其pH为7.5～9.0,阳离子代换量为21 mmol/100 g。

膨胀陶粒作为基质其排水通气性能良好,而且每个颗粒中间有很多小孔可以持水。常与其他基质混用,单独使用时多用在循环营养液的种植系统中,也有用来种植需要通气较好的花卉,如兰花等。

膨胀陶粒在较为长期的连续使用之后,颗粒内部及表面吸收的盐分会造成通气和养分供应上的困难,且难以用水洗涤干净。另外,由于膨胀陶粒的多孔性,长期使用之后有可能造成病菌在颗粒内部积累,而且在清洗和消毒上较为麻烦。

八、煤渣

煤渣为烧煤之后的残渣。工矿企业的锅炉、食堂以及北方地区居民的取暖等,都有大量的煤渣,其来源丰富。

煤渣容重约为0.70 g/cm³,总孔隙度为55.0%,其中通气孔隙容积占基质总体积的22%,持水孔隙容积占基质总体积的33.0%。含氮0.18%,速效磷23 mg/kg,速效钾204 mg/kg,pH为6.8。

煤渣如未受污染,不带病菌,不易产生病害,含有较多的微量元素,如与其他基质混合使用,种植时可以不加微量元素。煤渣容重适中,种植作物时不易倒伏,但使用时必须经过适当的粉碎,并过5 mm筛。适宜的煤渣基质应有80%的颗粒在1～5 mm。

九、树皮

树皮是木材加工过程的副产品。在盛产木材的地方常用来代替泥炭作为无土栽培的基质。

树皮的化学组成随树种的不同而差异很大。一种松树皮的化学组成为:有机质含量为98%,其中,蜡树脂为3.9%、单宁木质素为3.3%、淀粉果胶4.4%、纤维素2.3%、半纤维素19.1%、木质素46.3%、灰分2%。这种松树皮的C/N值为135,pH为4.2～4.5。

有些树皮含有有毒物质,不能直接使用。大多数树皮中含有较多的酚类物质,这对于植物生长是有害的,而且树皮的C/N值都较高,直接使用会引起微生物对速效氮的竞争作用。为了解决这些问题,必须将新鲜的树皮进行堆沤处理,堆沤处理的时间至少应在1个月以上,最好有2～3个月的堆沤处理。因为有毒的酚类物质的分解至少需30 d以上才行。

经过堆沤处理的树皮,不仅可使有毒的酚类物质分解,本身的C/N值降低,而且可以增加树皮的阳离子代换量,CEC可以从堆沤前的8 mmol/100 g提高到堆沤之后的60 mmol/100 g。经过堆沤后的树皮,其原先含有的病原菌、线虫和杂草种籽等大多会被杀死,在使用时不需进行额外的消毒。

树皮的容重为0.4～0.5 g/cm³。树皮作为基质使用时，在使用过程中会因有机物质的分解而使其容重增加，体积变小，结构受到破坏，造成通气不良，易积水于基质中。这时，应更换基质。但基质结构变差往往需要1年或1年以上的时间。

利用树皮作为无土栽培的基质时，如果树皮中氯化物含量超过2.5%，锰含量超过20 mg/kg，则不宜使用，否则可能对植物生长产生不良影响。

十、锯木屑(木糠)

锯木屑是木材加工的下脚料。各种树木的锯木屑成分差异很大。一种锯木屑的化学成分为：含碳48%～54%、戊聚糖14%、纤维44%～45%、树脂1%～7%、灰分0.4%～2%、含氮0.18%，pH 4.2～6.0。

锯木屑的许多性质与树皮相似，但通常锯木屑的树脂、单宁和松节油等有害物质含量较高，而且C/N值很高，因此锯木屑在使用前一定要经过堆沤处理，堆沤时可加入较多的速效氮混合到锯木屑中共同堆沤，堆沤的时间需要较长(至少需要2～3个月及以上)。

锯木屑作为无土栽培的基质，在使用过程中的分解较慢，结构性较好，一般可连续使用2～6茬，每茬使用后应加以消毒。作为基质的锯木屑不应太细，小于3 mm的锯木屑所占的比例不应超过10%，一般应有80%的颗粒在3.0～7.0 mm。

十一、甘蔗渣

甘蔗渣来源于甘蔗制糖业的副产品。在我国南方如广东、海南、福建、广西等省、自治区有大量来源。以往的甘蔗渣多作为糖厂燃料烧掉，现在利用蔗渣作为造纸、蔗渣纤维板、糠醛生产上的原料用量在逐年增加，但仍以燃烧掉的数量最多。但作为燃料不能够消耗糖厂所有的蔗渣，因此，用其作为无土栽培基质的来源很丰富。

新鲜蔗渣的C/N值很高，可达170左右，不能直接作为基质使用，必须经过堆沤处理后才能够使用。堆沤时可采用两种方法：①将蔗渣淋水至最大持水量的70%～80%(用手握住一把蔗渣刚有少量水从手指缝渗出为宜)，然后将其堆成一堆并用塑料薄膜覆盖即可；②称取相当于需要堆沤处理蔗渣干重的0.5%～1.0%的尿素等速效氮肥，溶解后均匀地洒入蔗渣中，再加水至蔗渣最大持水量的70%～80%，然后堆成一堆并覆盖塑料薄膜即可。加入尿素等速效氮肥可以加速蔗渣的分解速度，加快其C/N值的降低，经过一段时间堆沤的蔗渣，其C/N值以及物理性状都发生了很大的变化(表3-5)。在堆沤过程中应将覆盖的塑料薄膜打开、翻堆后重新覆盖塑料薄膜，使其堆沤分解均匀。

表3-5　蔗渣堆沤之后物理化学性质的变化

堆沤时间	全碳/%	全氮/%	C/N值	容重/(g/L)	通气孔隙/%	持水孔隙/%	大小孔隙比	pH
新鲜蔗渣	45.26	0.268 0	169	127.0	53.5	39.3	1.36	4.68
3个月	44.01	0.310 5	142	118.5	45.2	46.2	0.98	4.86
6个月	42.96	0.361 3	119	115.5	44.5	46.3	0.96	5.30
9个月	34.30	0.605 8	56	205.0	26.9	60.3	0.45	5.67
12个月	31.33	0.607 5	49	278.5	19.0	63.5	0.30	5.42

蔗渣堆沤时间太长(超过6个月以上),蔗渣会由于分解过度而产生通气不良的现象,所以在实际使用时以堆沤3~6个月为好。经过堆沤和增施氮肥处理,蔗渣可以变成与泥炭基质种植效果相当的良好基质。

如果用蔗渣作为育苗基质,蔗渣应较细,最大粒径不应超过5 mm,用作袋培或槽培的蔗渣,其粒径可稍粗大,但最大也不宜超过15 mm。

十二、泥炭

泥炭是迄今为止世界各国普遍认为最好的一种无土栽培基质。特别是工厂化无土育苗中,以泥炭为主体,配合沙、蛭石、珍珠岩等基质,制成含有养分的泥炭钵(小块),或直接放在育苗穴盘中育苗,效果更好。除用于育苗之外,在袋培营养液滴灌中或在槽培滴灌中,泥炭也常作为基质,植物生长良好。

泥炭在世界上几乎各个国家都有分布,但分布得很不均匀。我国主要以北方的分布为多,南方只是在一些山谷的低洼地表土层下有零星分布。

我国北方出产的泥炭质量较好,这与北方的地理和气候条件有关。因为北方雨水较少,气温较低,植物残体分解速度较慢;相反,南方高温多雨,植物残体分解较快,只在低洼地有少量形成,很少有大面积的泥炭蕴藏。

根据泥炭形成的地理条件、植物种类和分解程度的不同,可将泥炭分为低位泥炭、高位泥炭和中位泥炭三大类。

(1)低位泥炭　分布于低洼积水的沼泽地带,以苔藓、芦苇等植物为主。其分解程度高,氮和灰分元素含量较少,酸性不强,养分有效性较高,风干粉碎后可直接作肥料使用。低位泥炭容重较大,吸水、通气性较差,有时还含有较多的土壤成分。这类泥炭宜直接作为肥料来施用,而不宜作为无土栽培的基质。

(2)高位泥炭　分布于低位泥炭形成的地形的高处,以水藓植物为主。其分解程度低,氮和灰分元素含量较少,酸性较强(pH为4~5)。高位泥炭容重较小,吸水、通气性较好,一般可吸持相当于其自身重量10倍以上的水分。此类泥炭不宜作肥料直接使用,宜作肥料的吸持物,如作为畜舍垫栏材料。在无土栽培中可作为混合基质的原料。

(3)中位泥炭　介于高位泥炭与低位泥炭之间的过渡类型泥炭。其性状介于高位泥炭与低位泥炭之间,可用于无土栽培中。

以上三类泥炭的一些物理性状见表3-6。泥炭的容重较小,生产上常与沙、煤渣、蛭石等基质混合使用,以增加容重,改善结构。

表3-6　不同类型泥炭的一些物理性状

泥炭类型	容重/(g/L)	总孔隙度/%	空气容积/%	易利用水容积/%	吸水力/(g/100 g)
高位泥炭(藓类泥炭)	42	97.1	72.6	7.5	992
	58	95.9	37.2	26.8	1 159
	62	95.6	25.5	34.6	1 383
	73	94.9	22.2	35.1	1 001

续表 3-6

泥炭类型	容重/(g/L)	总孔隙度/%	空气容积/%	易利用水容积/%	吸水力/(g/100 g)
中位泥炭（白泥炭）	71	95.1	57.3	18.3	869
	92	93.6	44.7	22.2	722
	93	93.6	31.5	27.3	754
	96	93.4	44.2	21.0	694
低位泥炭（黑泥炭）	165	88.2	9.9	37.7	519
	199	88.5	7.2	40.1	582
	214	84.7	7.1	35.9	487
	265	79.9	4.5	41.2	467

十三、砻糠灰(炭化稻壳、炭化砻糠)

砻糠灰是将稻壳进行炭化之后形成的，也称为炭化稻壳或炭化砻糠。

炭化稻壳容重为 0.15 g/cm^3，总孔隙度为 82.5%，其中大孔隙容积为 57.5%，小孔隙容积为 25%，含氮 0.54%，速效磷 66 mg/kg，速效钾 0.66%，pH 为 6.5。如果炭化稻壳使用前没有经过水洗，炭化形成的碳酸钾(K_2CO_3)会使其 pH 升至 9.0 以上，因此使用前宜用水冲洗。

炭化稻壳因经过高温炭化，如不受外来污染，则不带病菌。炭化稻壳的营养含量丰富，价格低廉，通透性良好，但持水孔隙度小，持水能力差，使用时需经常淋水。另外，在砻糠灰制作过程中稻壳的炭化不能过度，否则受压时极易破碎。

十四、菇渣

菇渣是种植草菇、香菇、蘑菇等食用菌后废弃的培养基质。刚种植过食用菌的菇渣一般不能够直接使用，要将菇渣加水至其最大持水量的 70%～80%，再堆成一堆，盖上塑料薄膜，堆沤 3～4 个月之后，摊开风干，然后打碎，过 5 mm 筛，筛去菇渣中粗大的植物残体、石块和棉花等即可使用了。

菇渣容重约为 0.41 g/cm^3，持水量为 60.8%，菇渣含氮 1.83%，含磷 0.84%，含钾 1.77%。菇渣中含有较多石灰，pH 为 6.9(未堆沤的更高)。

菇渣的氮、磷含量较高，不宜直接作为基质使用，应与泥炭、蔗渣、沙等基质按一定的比例混合制成复合基质后使用。混合时菇渣的比例不应超过 40%～60%(以体积计算)。如果菇渣的养分含量较低，可适当提高其比例。

十五、复合基质

复合基质是指两种或两种以上的单一基质按一定的比例混合而成。一般以 2～3 种为宜。制成的复合基质应达到容重适宜，增加了孔隙度，提高了水分和空气含量的要求。在配制复合基质中可以预先混入一定量的肥料。肥料用量为：三元复合肥料(15-15-15，N-P_2O_5-K_2O)以 0.25%的比例兑水混入，或用硫酸钾 0.5 g/L、硝酸铵 0.26 g/L、过磷酸钙 1.5 g/L、硫酸镁

0.25 g/L 加入,也可以按其他营养配方加入。

配制好的复合基质,在使用时必须测定其盐分含量,以确定该基质是否会产生肥害。基质盐分含量可通过电导率仪测定基质中溶液的电导率来测得。具体方法为:取风干的复合基质 10 g,加入饱和磷酸钙溶液 25 mL,振荡浸提 10 min,过滤,取其滤液来测电导率。将测定的电导率值与下列的安全临界值比较,以判断所配制的复合基质的安全性(表 3-7)。

表 3-7　基质电导率对作物生长的影响

电导率/(mS/cm)	对植物的安全程度
<2.6	各种作物均无害
2.6～2.7	某些作物(菊花等)会受轻害
2.7～2.8	所有植物根受害,生长受阻
2.8～3.0 及以上	植物不能生长

如果需要进一步证明配制的复合基质的安全性,可用该基质种植作物,从作物生长的外观上来判断基质是否对作物产生危害。如在种植过程中发现在正常供水情况下作物叶片出现凋萎现象,则说明该基质中的盐分可能太高,不能使用。

任务实施

课前给学生下发任务单,并到实训基地搜集各种基质实物,课上学生通过观看图片及真实基质,结合本任务相关知识及任务 3.1 理化性质测定,各小组内进行讨论,组间分享,现场纠错与点评,完成任务单(表 3-8)。

表 3-8　常用基质分类与特性

基质名称	类型 (有机基质/无机基质)	容重大小	总孔隙度	阳离子代换量	pH
沙					
炉渣					
蛭石					
珍珠岩					
岩棉					
陶粒					
草炭					
甘蔗渣					
锯木屑					

任务小结

基质种类尽可能丰富，让学生来识别，并掌握各基质的基本性能，为基质混配和栽培提供重要依据。

任务小练

一、填空题

1. 无土栽培固体基质种类繁多，其中包括________)、________、________、________等。

2. 蛭石来源于________类矿物质。

二、选择题

1. 下列基质中具有较小的阳离子代换量的是________。

A. 椰糠　　B. 草炭　　C. 沙　　D. 锯末

2. 下列基质中属于惰性基质的是(　　)。

A. 椰糠　　B. 草炭　　C. 沙　　D. 锯末

3. 草炭具有较高的阳离子代换量，属于(　　)。

A. 活性基质　　B. 惰性基质　　C. 复合基质　　D. 无机基质

4. 下列基质中，缓冲能力最强的是(　　)。

A. 沙　　B. 陶粒　　C. 草炭　　D. 珍珠岩

三、简答题

1. 新的岩棉块栽培时，为什么不能直接使用？要如何处理？

2. 珍珠岩和蛭石使用时注意事项有哪些？

任务3.3　固体基质的选用及处理

能力目标

能够熟练地对使用过的基质进行消毒处理。

知识目标

掌握固体基质的选用及配制原则、固体基质的消毒方法。

德育目标

培养学生热爱劳动、文明操作的良好习惯。

任务描述

无土栽培要求基质不但能为植物根系提供良好的根际环境，而且能为改善和提高管理措施提供方便条件。因此，基质的选用非常重要。本任务主要进行基质的选用与消毒处理。

相关知识

一、基质的选用原则

(一)适用性

适用性是指选用的基质是否适合所要种植的植物。基质是否适用可从以下几方面考虑:

(1)总体要求是所选用的基质的总孔隙度在60%左右,气水比在0.5左右、化学稳定性强、酸碱度适中、无有毒物质。

(2)如果基质的某些性状阻碍作物生长,但可以通过经济有效的措施予以消除的,则这些基质也是适用的。基质的适用性还依据具体情况而定,例如,泥炭的粒径较小,对于育苗是适用的,但在基质袋培时却因太细而不适用,必须与珍珠岩、蛭石等配制成复合基质后方可使用。

(3)必须考虑栽培形式和设备条件。如设备和技术条件较差时,可采用槽培或钵栽,选用沙子或蛭石作为基质;如用袋栽、柱状栽培时,可选用木屑或草炭加沙的混合基质;在滴灌设备好的情况下,可采用岩棉作基质。

(4)必须考虑植物根系的适应性、气候条件、水质条件等。如气生根、肉质根需要很好的透气性,根系周围湿度要大。在空气湿度大的地区,透气性良好的基质如松针、锯末非常适合,北方水质呈碱性,选用泥炭混合基质的效果较好。另外,有针对性地进行栽培试验,可提高基质选择的准确性。

(5)立足本国实际。世界各国均应立足本国实际来选择无土栽培的基质。如加拿大采用锯末栽培;西欧各国岩棉培居多;南非蛭石栽培居多。

(二)经济性

经济效益决定无土栽培发展的规模与速度。基质培技术简单,投资小,但各种基质的价格相差很大。应根据当地的资源状况,尽量选择廉价优质、来源广泛、不污染环境、使用方便、可利用时间长、经济效益高的基质,最好能就地取材,从而降低无土栽培的成本,减少投入,体现经济性。

(三)市场性

目前,市场上对绿色食品的需要量日益加大,市场前景好,销售价格也远高于普通食品。以无机营养液为基础的无土栽培方式只能生产出优质的无公害蔬菜,而采用有机生态型无土栽培方式才能生产出绿色食品蔬菜。基质营养全面、不含生理毒素、不妨碍植物生长、具有较强的缓冲性能的以有机基质为主要成分的复合基质才能满足有机生态型无土栽培要求,从而生产出绿色食品蔬菜。

(四)环保性

随着无土栽培面积的日益扩大,所涉及的环境问题也逐渐引起人们的重视。这些环境问题主要有:环境法规的限制,草炭资源问题以及废弃物可能引起的重金属污染。

西方国家都制定了相应的制度法规,禁止多余或废弃的营养液排到土壤或水中,避免造成土壤的次生污染和地区水体富营养化。荷兰是世界上无土栽培面积最大、技术最先进的国家,1989年规定温室无土栽培应逐步改为封闭系统,不能造成土壤的次生污染。这就要求选用的基质具有良好的理化性质，具有较强的 pH 缓冲性能和合适的养分含量，但目前荷兰面积最大的岩棉栽培是不能满足此要求的。

草炭是世界上应用最广泛、效果较理想的一种栽培基质。同时也是一种短期内不可再生的资源，不能无限制地开采，应尽量减少草炭的用量或寻找草炭替代品。

用有机废弃物作栽培基质不仅可解决废弃物对环境的污染问题，而且还可以利用有机物中丰富的养分供应植物生长所需，但应考虑到有机物的盐分含量、有无生理毒素和生物稳定性。而且必须对有机废弃物特别是城市生活垃圾及工业垃圾的重金属含量进行检测。

总之，如果仅从基质的理化性质、生物学性质的角度考虑的话，可用的基质材料很多，如果再考虑经济效益、市场需要、环境要求，则基质的选用范围大大减少，各地应因地制宜地选择基质。

二、基质的混合原则与配方

(一)基质混合的总原则

每种基质用于无土栽培都有其自身的优缺点，故单一基质栽培就存在这样那样的问题，混合基质由于它们相互之间能够优势互补，使得基质的各个性能指标都比较理想。由两种或两种以上基质按一定的比例混合，即可配成复合基质(混合基质)。美国加州大学、康奈尔大学从20世纪50年代开始，用草炭、蛭石、沙、珍珠岩等为原料，制成复合基质出售。我国较少以商品形式出售复合基质，生产上根据作物种类和基质特性自行配制复合基质，这样也可降低栽培成本。

基质混合总的原则是容重适宜，增加孔隙度，提高水分和空气的含量。同时在栽培上要注意根据混合基质的特性，与作物营养液配方相结合，才有可能充分发挥其丰产、优质的潜能。理论上讲，混合的基质种类越多效果越好，但生产实践上基质的混合使用以 2～3 种混合为宜。一般不同作物其复合基质组成不同，但比较好的混合基质应适用于各种作物，不能只适用于某一种作物。如 1∶1 的草炭、蛭石；1∶1 的草炭、锯末；1∶1∶1 的草炭、蛭石、锯末或 1∶1∶1 的草炭、蛭石、珍珠岩；6∶4 的炉渣、草炭等混合基质，均在我国无土栽培生产上获得了较好的应用效果。

(二)混合基质配方

1. 以下是国内外常用的一些混合基质配方

配方 1　1 份草炭、1 份珍珠岩、1 份沙。

配方 2　1 份草炭、1 份珍珠岩。

配方 3　1 份草炭、1 份沙。

配方 4　1 份草炭、3 份沙或 3 份草炭、1 份沙。

配方 5　1 份草炭、1 份蛭石。

配方 6　4 份草炭、3 份蛭石、3 份珍珠岩。

配方 7　2 份草炭、2 份火山岩、5 份沙。

配方 8　2 份草炭、1 份蛭石、5 份珍珠岩；3 份草炭、1 份珍珠岩。

配方 9　1 份草炭、1 份珍珠岩、1 份树皮。

配方 10　1 份刨花、1 份炉渣。

配方 11　2 份草炭、1 份树皮、1 份刨花。

配方 12　1 份草炭、1 份树皮。

配方 13　3 份玉米秸、2 份炉渣灰；3 份向日葵秆、2 份炉渣灰；3 份玉米芯、2 份炉渣灰。

配方 14　1 份玉米秸、1 份草炭、3 份炉渣灰。

配方 15　1 份草炭、1 份锯木。

配方 16　1 份草炭、1 份蛭石、1 份锯末；4 份草炭、1 份蛭石、1 份珍珠岩。

配方 17　2 份草炭、3 份炉渣。

配方 18　1 份椰子壳、1 份沙。

配方 19　5 份向日葵秆、2 份炉渣、3 份锯末。

配方 20　7 份草炭、3 份珍珠岩。

2. 育苗、盆栽混合基质配方

育苗基质中一般加入草炭，当植株从育苗钵(盘)取出时，植株根部的基质就不易散开。当混合基质中无草炭或草炭含量很少时，植株根部的基质将易于脱落。因而在移植时，小心操作以防损伤根系。如果用其他基质代替草炭，则混合基质中就不用添加石灰石。因为石灰石主要是用来提高基质的 pH。为了使所育的苗长得壮实，育苗和盆栽基质在混合时应加入适量的氮、磷、钾养分。以下是常用的育苗和盆栽基质配方：

(1)加州大学混合基质

0.5 m^3 细沙(0.05～0.5 mm)　　0.5 m^3 粉碎草炭

145 g 硝酸钾　　4.5 kg 白云石或石灰石

145 g 硫酸钾　　1.5 kg 钙石灰石

1.5 kg 20%过磷酸钙

(2)康乃尔混合基质

0.5 m^3 粉碎草炭　　0.5 m^3 蛭石或珍珠岩

3.0 kg 石灰石(最好是白云石)　　1.2 kg 过磷酸钙(20%五氧化二磷)

3.0 kg 复合肥(氮、磷、钾含量 5-10-5)

(3)中国农科院蔬菜花卉所无土栽培盆栽基质

0.75 m^3 草炭　　0.13 m^3 蛭石　　0.12 m^3 珍珠岩

3.0 kg 石灰石　　1.0 kg 过磷酸钙(20%五氧化二磷)

1.5 kg 复合肥(氮、磷、钾含量 5-15-15)　　10.0 kg 消毒干鸡粪

(4)草炭矿物质混合基质

0.5 m^3 草炭　　700 g 过磷酸钙(20%五氧化二磷)

0.5 m^3 蛭石　　3.5 kg 磨碎的石灰石或白云石

700 g 硝酸铵

三、基质的混合方法

混合基质用量小时，可在水泥地面上用铲子搅拌；用量大时，应用混凝土搅拌器。干的草炭一般不易弄湿，需提前一天喷水或加入非离子润湿剂，每 40 L 水中加 50 g 次氯酸钠配成溶液，能把 1 m^3 的混合物弄湿。注意混合时要将草炭块尽量弄碎，否则不利于植物根系生长。

另外，在配制混合基质时，可预先混入一定的肥料，肥料可用 N、P、K 三元复合肥(15-15-15)以 0.25%比例加水混入，或按硫酸钾 0.5 g/L、硝酸铵 0.25 g/L、硫酸镁 0.25 g/L 的量加入，也可按其他营养液配方加入。

四、基质的处理

无土栽培生产的基质在经过一段时间的使用之后，由于空气、灌溉水、前作种植过程滋生的病菌会逐渐增多而使后作植物产生病害，严重时会影响后作植物的生长，甚至造成大面积的传播以至整个种植过程的失败。因此，固体基质在使用一段时间之后要进行基质的消毒处理或更换。

（一）基质的消毒处理

目前，国内外对固体基质的消毒处理的方法主要采用蒸汽消毒、化学药剂消毒、太阳能消毒三大类方法。

1.蒸汽消毒

利用高温的蒸汽（80～95℃）通入基质中以达到杀灭病原菌的方法。在有蒸汽加温的温室栽培条件可利用锅炉产生的蒸汽来进行基质消毒。消毒时将基质放在专门的消毒柜中，通过高温的蒸汽管道通入蒸汽，密闭 20～40 min，即可杀灭大多数病原菌和虫卵。在进行蒸汽消毒时要注意每次进行消毒的基质体积不可过多，否则可能造成基质内部有部分基质在消毒过程中温度未能达到杀灭病虫害所要求的高温而降低消毒的效果。另外还要注意的是，进行蒸汽消毒时基质含水量为 35%～45%为宜。过湿或过干都可能降低消毒的效果。蒸汽消毒的方法简便，但在大规模生产中的消毒过程较麻烦。

2.化学药剂消毒

利用一些对病原菌和虫卵有杀灭作用的化学药剂来进行基质消毒的方法。一般而言，化学药剂消毒的效果不及蒸汽消毒的效果好，而且对操作人员有一定的副作用。但由于化学药剂消毒方法较为简便，特别是大规模生产上使用较方便，因此使用得很广泛。现介绍几种常用的化学药剂消毒方法：

（1）甲醛消毒　甲醛俗称福尔马林。进行基质消毒时将浓度为 40%左右的甲醛溶液稀释50～100 倍，把待消毒的基质在干净的、垫有一层塑料薄膜的地面上平铺一层约 10 cm 厚，然后用花洒或喷雾器将已稀释的甲醛溶液将这层基质喷湿，接着再铺上第二层，再用甲醛溶液喷湿，直至所有要消毒的基质均喷湿甲醛溶液为止，最后用塑料薄膜覆盖封闭 1～2 昼夜后，将消毒的基质摊开，暴晒至少 2 d 以上，直至基质中没有甲醛气味方可使用。利用甲醛消毒时由于甲醛有挥发性的强烈刺鼻性气味，因此，在操作时工作人员必须戴上口罩做好防护性工作。

（2）溴甲烷消毒　溴甲烷在常温下为气态，作为消毒用的溴甲烷为贮藏在特制钢瓶中、经加压液化了的液体。它对于病原菌、线虫和许多虫卵具有很好的杀灭效果。槽式基质培可在原种植槽中进行。方法是：将种植槽中的基质稍加翻动，挑除植物残根，然后在基质面上铺上一根管壁上开有小孔的塑料施药管道（可利用基质培原有的滴灌管道），盖上塑料薄膜，用黄泥或其他重物将薄膜四周密闭，用特别的施入器将溴甲烷通过施药管道施入基质中，以每 1 m^3 基质用溴甲烷 100～200 g 的用量施入，封闭塑料薄膜 3～5 d 之后，打开塑料薄膜让基质暴露于空气中 4～5 d，以使基质中残留的溴甲烷全部挥发后才可使用。袋式基质栽培在消毒时要将种植袋中的基质倒出来，剔除植物残根后将基质堆层一堆，然后在堆体的不同高度用施药的塑料管插入基质中施入溴甲烷，施完所需的用量之后立即用塑料薄膜覆盖，密闭 3～5 d之后，将基质摊开，暴晒4～5 d后方可使用。

使用溴甲烷进行消毒时基质的湿度要求控制在30%～40%，太干或过湿都将影响到消毒的效果。溴甲烷具有强烈刺激性气味，并且有一定的毒性，使用时如手脚和面部不慎沾上溴甲烷，要立刻用大量清水冲洗，否则可能会造成皮肤红肿，甚至溃烂。这一点要特别注意。

(3)氯化苦消毒　氯化苦是一种对病虫有较好杀灭效果的药物，外观为液体。消毒时可将基质逐层堆放，然后加入氯化苦溶液的方法进行，即将基质先堆成大约30 cm厚，堆体的长和宽可随意，然后在基质上每隔30～40 cm的距离打一个深10～15 cm的小孔，每孔注入5～10 mL的氯化苦，然后用一些基质塞住这些放药孔，等第一层放完药之后，再在其上堆放第二层基质，然后再打孔放药，如此堆放3～4层之后用塑料薄膜将基质盖好，经过1～2周的熏蒸之后，揭去塑料薄膜，把基质摊开晾晒4～5 d后即可使用。

(4)高锰酸钾消毒　高锰酸钾是一种强氧化剂，只能用在石砾、粗沙等没有吸附能力且较容易用清水清洗干净的惰性基质的消毒上，而不能用于泥炭、木屑、岩棉、蔗渣和陶粒等有较大吸附能力的活性基质或者难以用清水冲洗干净的基质上。因为这些有较大的吸附能力或难以用清水冲洗的基质在用高锰酸钾溶液消毒后，由基质吸附的高锰酸钾不易被清水冲洗出来而积累在基质中，这样有可能造成植物的锰中毒，或高锰酸钾对植物的直接伤害。用高锰酸钾进行惰性或易冲洗基质的消毒时，先配制好浓度为0.1%～0.5%的溶液，将要消毒的基质浸泡在此溶液10～30 min后，将高锰酸钾溶液排掉，用大量清水反复冲洗干净即可。高锰酸钾溶液也可用于其他易清洗的无土栽培设施、设备的消毒中，如种植槽、管道、定植板和定植杯等。消毒时也是先浸泡，然后用清水冲洗干净即可。用高锰酸钾浸泡消毒时要注意其浓度不可过高或过低，否则其消毒效果均不好，而且浸泡的时间不要过久，否则会在消毒的物品上留下黑褐色的锰的沉淀物，这些沉淀物再经营养液浸泡之后会逐渐溶解出来影响植物生长。一般浸泡的时间控制在不超过40 min至1 h。

(5)次氯酸钠或次氯酸钙消毒　这两种消毒剂是利用它们溶解在水中时产生的氯气来杀灭病菌的。

次氯酸钙是一种白色固体，俗称漂白粉。次氯酸钙在使用时用含有有效氯0.3%～1.0%的溶液浸泡需消毒的物品(无吸附能力或易用清水冲洗的基质或其他水培设施和设备)0.5 h以上，浸泡消毒后要用清水冲洗干净。次氯酸钙也可用于种子消毒，消毒浸泡时间不要超过20 min。但不可用于具有较强吸附能力或难以用清水冲洗干净的基质上。

次氯酸钠的消毒效果与次氯酸钙相似，但它的性质不稳定，没有固体的商品出售，一般可利用大电流电解饱和氯化钠(食盐)的次氯酸钠发生器来制得次氯酸钠溶液，每次使用前现制现用。使用方法与次氯酸钙溶液消毒相似。

3. 太阳能消毒

太阳能消毒是一种简单、实用、安全、廉价的基质消毒方法，而且这种方法也适用于日光温室的消毒。夏季或大棚休闲季节，将基质堆成20～25 cm高，长度依情况而定。在基质堆放的同时，使其含水量超过80%，然后覆盖塑料布封闭，暴晒10～15 d，即可达到消毒效果。

(二)基质的更换

当固体基质使用了一段时间之后，积累了大量病原菌、根系分泌物和烂根，另外基质使用了一段时间以后基质的物理性状变差，特别是有机残体为主体材料的基质，由于微生物的分解作用使得这些有机残体的纤维断裂，从而造成基质的通气性下降、保水性过高等不利因素的产生而影响到作物生长时，要进行基质的更换。

更换掉的旧基质要妥善处理以防止对环境产生二次污染。难以分解的基质如岩棉、陶粒等可进行填埋处理，而较易分解的基质如泥炭、蔗渣、木屑等，可经消毒处理后，配以一定量的新材料后反复使用，也可施到农田中作为改良土壤之用。

任务实施

1. 基质的混配

(1)预先将各种有机和无机基质倒在塑料盆中，挑选出杂质和杂物，做到基质颗粒大小均匀，纯度、净度高。

(2)学生分组来混合两种基质，复合基质配方参考本任务中的内容。

2. 基质药剂消毒

0.1%～1%高锰酸钾溶液，40%的甲醛 50 倍液，作为消毒液。将单一基质或复合基质放入塑料盆中或铺有塑料膜的水泥地面上，边混拌边用喷壶向基质喷洒消毒液，要求喷洒全面彻底。采用高锰酸钾消毒时，在喷完消毒液后用塑料膜覆盖 20～30 min 后可直接使用或暂时装袋备用。采用甲醛消毒时，将 40%的甲醛 50 倍液，按 20～40 L/m^3 的药液量用喷壶均匀喷湿基质，然后用塑料薄膜覆盖封闭 12～24 h。使用前揭膜，将基质风干两周或暴晒 2 d，以避免残留药剂危害。

3. 基质太阳能消毒

在温室、塑料大棚内地面或室外铺有塑料膜水泥地面上将基质堆成高 25 cm、宽 2 m 左右、长度不限的基质堆。在堆放的同时喷湿基质，使其含水量超过 80%，然后覆膜。如果是槽培，可在槽内直接浇水后覆膜。覆膜后封闭温室或大棚，暴晒 10～15 d，中间翻堆摊晒一次。基质消毒结束后及时装袋备用。

任务小结

基质在选用时，一定要考虑到基质的选用原则，遵循混配原则来进行混配。混配时最好有机和无机的基质搭配混合。消毒时，针对不同的基质类型选用适宜的消毒方式，如吸附能力强的基质不要用高锰酸钾、漂白剂这类强氧化剂来进行消毒。太阳能消毒最好选在高温季节进行。

任务小练

一、填空题

1. 固体基质消毒处理的方法，主要采用________、________和________。

2. 固体基质在使用一段时间之后要进行________处理或________。

二、选择题

1. 在使用高锰酸钾消毒用具和基质时，其浓度是（　　）。

A. 1%～5%　　B. 0.1%～0.5%　　C. 40%　　D. 10%

2. 采用蒸汽消毒基质时，基质的含水量控制在（　　）。

A. 35%～45%　　B. 60%～70%　　C. 80%～90%　　D. 不含水

3. 采用太阳能消毒基质时，基质的含水量控制在（　　）。

A. 35%～45%　　B. 60%～70%　　C. 80%～90%　　D. 不含水

三、简答题

1. 试比较基质的三种主要消毒方法的优缺点。

2. 为什么进行蒸汽消毒时基质要有一定的含水量？

3. 利用高锰酸钾给基质消毒时，应注意哪些问题？

项目4

无土育苗

无土育苗是无土栽培中不可缺少的环节，并且随着无土栽培的发展而发展。目前，发达国家的无土育苗已发展到较高水平，实现了多种蔬菜和花卉的工厂化、商品化、专业化生产。我国20世纪80年代中期从美国引进一项新的育苗技术，即工厂化无土育苗技术。本项目包括两个任务，即无土育苗的播种育苗操作和无土育苗的管理。

相关知识

一、无土育苗的含义及特点

(一)含义

不用土壤，而用基质及营养液或单纯用营养液进行育苗的方法，称为无土育苗。根据是否利用基质材料，无土育苗可分为基质育苗和营养液育苗两类。前者是利用蛭石、珍珠岩、岩棉等代替土壤并浇灌营养液进行育苗，后者不用任何材料作基质，而是利用一定装置和营养液进行育苗。

(二)特点

1. 优点

①降低劳动强度，节水省肥，减轻土传病虫害。无土育苗按需供应营养和水分，省去了大量的床土和底肥，既隔绝了苗期土传病虫害的发生，又降低了劳动强度。

②便于运输、销售。无土育苗所用的基质一般容重轻，体积小，保水保肥性好，便于秧苗长距离运输和进入流通领域。

③提高空间利用率。无土育苗所用的设施设备规范化、标准化，可进行多层立体培育，大大提高了空间利用率，增加了单位面积育苗数量，节省了土地面积。

④幼苗素质高，苗齐、苗全、苗壮。由于设施形式、环境条件及技术条件的改善，无土育苗所培育的秧苗素质优于常规土壤育苗，表现为幼苗整齐一致，生长速度快，育苗周期缩短，病虫害减少，壮苗指数提高。由于幼苗素质好，抗逆性强，根系发达、健壮，定植之后缓苗期短或无缓苗期，为后期生长奠定了良好的基础。

⑤便于集约化、科学化、规范化管理和实现育苗工厂化、机械化与专业化。

2. 缺点

无土育苗较有土育苗要求更好的育苗设备和更高的技术条件，成本相对较高。而且无土育苗根毛发生数量少，基质的缓冲能力差，病害一旦发生容易蔓延。

二、无土育苗的主要方式

无土育苗根据作物种类不同，主要采取播种育苗、扦插育苗和组织培养育苗。下面是播种育苗的几种主要方式。

(一)育苗钵(营养钵)育苗

育苗钵目前主要用聚乙烯制成的单个软质圆形钵(图 4-1)，上口直径和钵高 8～14 cm，下口直径为 6～12 cm，底部有一个或多个渗水孔利于排水。育苗时根据作物种类、苗期长短和苗大小选用不同规格的钵，蔬菜育苗多使用上口直径 8～10 cm 的育苗钵，花卉和林木育苗可选用较大口径的，填装基质后播种或移苗。一次成苗的作物可直接播种；需要分苗的作物则先在播种床上播种，待幼苗长至一定大小后再分苗至育苗钵中。单一基质或混合基质均可。营养液从上部浇灌或从底部渗灌。

(二)泡沫小方块育苗

适用于深液流水培或营养液膜栽培。用一种育苗专用的聚氨酯泡沫小方块平铺于育苗盘中，育苗块大小约 4 cm 见方，高约 3 cm，每一小块中央切一“×”形缝隙，将已催芽的种子逐个嵌入缝隙中，并在育苗盘中加入营养液，让种子出苗、生长，待成苗后一块块分离，定植到种植槽中(图 4-2)。

图 4-1　育苗钵

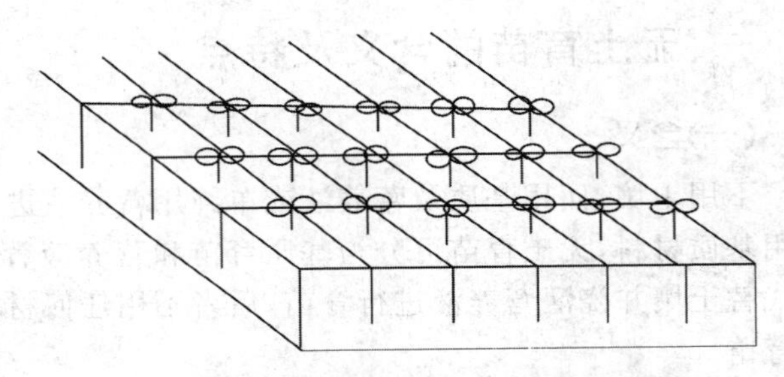

图 4-2　聚氨酯泡沫育苗块

(三)稻壳熏炭育苗

将播种床(装有砾石、沙或熏炭等基质)上播种的幼苗，在第一真叶期移植到熏炭钵中(一般钵径为 9 cm，内装稻壳熏炭)，然后排列在不漏水且具有浅水层的育苗床上，进行浸液育苗即可。

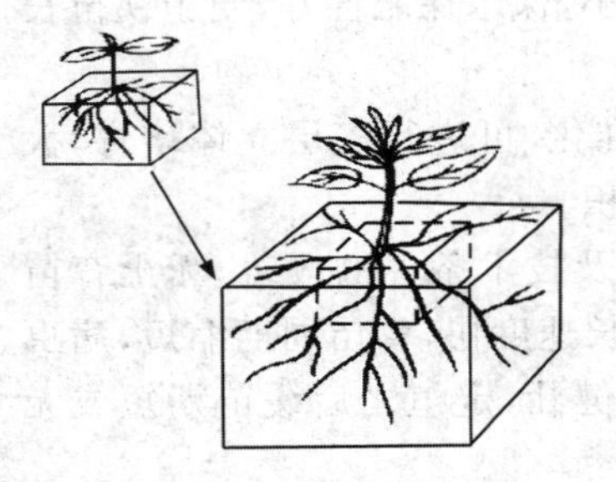

图 4-3　岩棉块“钵中钵”育苗

(四)岩棉块育苗

岩棉块的规格主要有 3 cm×3 cm×3 cm、4 cm×4 cm×4 cm、5 cm×5 cm×5 cm、7.5 cm×7.5 cm×7.5 cm、10 cm×10 cm×5 cm 等。较大的方块面中央开有一个小方洞，用以嵌入一块小方块，小方洞的大小刚好与嵌入的小方块相吻合，称为“钵中钵”(图 4-3)。岩棉块除上下两个面外，四周用乳白色不透光的塑料薄膜包裹，以防止水分蒸发、四周积盐及滋生藻类。育苗时先用小岩棉块，在面上割一小缝，嵌入已催芽的种子后密集置于可装营养液的箱、盘或槽中。开始时先用稀释的营养液浇湿，保持岩棉块湿润；出苗后，在盘、槽底部维持0.5 cm厚以下的液层，靠底部毛管作用供水供肥；后期再将小岩棉块移入大育苗块中，然后排在一起，并随着幼苗的长大逐渐拉开育苗块距离，避免幼苗之间互相遮光。移入大育苗块后，营养液层可维持1 cm深度。另外一种供液方法是将育苗块底部的营养液层用一条2 mm厚的无纺布代替，无纺布垫在育苗块底部1 cm左右的一边，并通过滴灌向无纺布供液，利用无纺布的毛管作用将营养液传送到岩棉块中。此法的效果较浇液法和浸液法好。

（五）压缩营养块育苗

利用制钵机将营养基质压制成方型小块，中间有孔，供播种或移苗。常见的有泥炭营养块，如基菲（Jiffy）育苗小块，是由挪威最早生产的一种由30%纸浆、70%泥炭和混入一些肥料及胶粘剂压缩成圆饼状的育苗小块（图4-4）。外面包有弹性的尼龙网（也有一些没有），呈圆柱形，高度为15～25 mm，直径为30～50 mm，使用时，先把它放入盘中喷水，或从底面吸水使之膨胀，每一块育苗块可膨胀至4～5 cm高，然后在育苗块中播入种子或移苗。育苗块中混有的肥料一般可维持整个苗期生长所需。待苗长得足够大、根系伸出尼龙网之后就可将小苗连同育苗块一起定植了。这种育苗方法很简单，但只适用于育瓜果类作物，叶菜类的育苗则不够经济。

图4-4 压缩营养块育苗

（六）穴盘育苗

育苗穴盘是按照一定的规格制成的带有很多小型钵状穴的塑料盘，分为聚乙烯薄板吸塑而成的穴盘和聚苯乙烯或聚氨酯泡沫塑料模塑而成的穴盘。普通无土育苗和工厂化育苗均可使用。用于机械化、工厂化播种的穴盘规格一般是按自动精播生产线的规格要求制作，国际上使用的穴盘外形多为27.8 cm×54.9 cm，小穴深度视孔大小而异，3～10 cm不等。根据穴盘孔穴数目和孔径大小，穴盘分为50、72、105、128、200、288、392、512、648孔等不同规格（图4-5），其中72、105、128、288孔穴盘较常用。穴盘的规格及制作材料不同，如在形状上可制成方锥穴盘、圆锥穴盘、可分离式穴盘等；在制作材料上有纸格穴盘、聚乙烯穴盘、聚苯乙烯穴盘等。依据育苗的用途和作物种类，可选择不同规格的穴盘，一次成苗或培育小苗供移苗用。使用时先在孔穴中装满基质，然后进行播种，播种时一穴1～2粒，成苗时一穴一株。

图4-5 育苗穴盘

（七）基质育苗床育苗

基质育苗床育苗是指用砖、木板等材料做成育苗床框，内铺塑料薄膜，然后放入厚5～8 cm的育苗基质，播种后覆盖0.5～1 cm厚的基质，浇水即可。如果在气温较低时育苗，在苗床下部铺设电热线，保证苗床的温度，以免低温导致幼苗冷害。

无土育苗方式也可采用育苗盘和育苗箱育苗，生产上可根据具体情况灵活选择育苗方式。

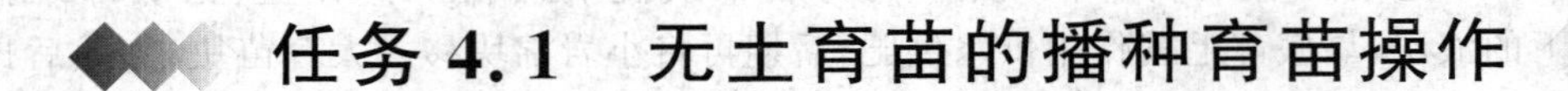

任务4.1 无土育苗的播种育苗操作

能力目标

能够进行播种育苗的无土育苗操作技术。

知识目标

掌握无土育苗的含义、优点、操作与管理技术，了解无土育苗的主要方式，理解工厂化育苗与普通无土育苗之间的区别。

德育目标

积极参加育苗实践，在实践中消化理论知识，提高技能。

任务描述

播种育苗根据育苗的规模和技术水平，分为普通无土育苗和工厂化无土育苗两种。普通无土育苗一般规模小，育苗成本较低，但育苗条件差，主要靠人工操作管理，影响秧苗的质量和整齐度。工厂化穴盘育苗是在完全或基本上人工控制的环境条件下，按照一定的工艺流程和标准化技术进行秧苗的规模化生产，具有效率高、规模大，育苗条件好，秧苗质量和规格化程度高等特点，但育苗成本较高。本任务以播种育苗为例介绍无土育苗的操作技术。

相关知识

一、播前准备

（一）选择育苗设备

育苗设备可根据育苗要求、目的以及自身条件综合加以考虑。对于大规模专业化育苗来说，无土育苗的设备应当是先进的、完整配套的。如工厂化穴盘育苗要求具有完善的育苗设施、设备和仪器以及现代化的测控技术，一般在连栋温室内进行。而局部小面积的普通无土育苗，可因地制宜地选择育苗设备，主要在日光温室、塑料大棚等设施内进行。此外，根据条件也可设置其他无土育苗设备。主要育苗设备包括以下几方面：

1. 催芽室

大规模进行无土育苗应设立催芽室。催芽室是专供蔬菜种子催芽、出苗所使用的设备，要具备自动调温、调湿的作用。催芽室一般用砖和水泥砌成30 cm厚砖墙，高190 cm，宽74 cm，长224 cm。催芽室的体积根据育苗量确定，至少可容纳1～2辆育苗车。或设多层育苗架，上下间距15 cm。室内设置增温设备，多采用地下增温式，在距地面5 cm处，安装500 W电热丝两根，均匀固定分布在地面，上面盖上带孔铁板，以便热气上升。一般室内增温、增湿应设有控温、控湿仪表，加以自控。室内设有自动喷雾调湿装置，在室内上部安装1.5 W小型排风扇一台,使空气对流。

将种子催芽后再播种的,无需催芽室,可用普通恒温箱、或在温室内搭盖塑料小拱棚、市售电热毯催芽即可。

2. 绿化室

种子萌芽出土后,要立即置于绿化室内见光绿化,否则会影响幼苗的生长和质量。绿化室一般是指用于育苗的温室或塑料大棚。作为绿化室使用的温室应当具有良好的透光性及保温性,以使幼苗出土后能按预定要求的指标管理。用塑料大棚作绿化室时,往往会出现地温不足问题。因此,在大棚内增设电热温床,在温床内播种育苗,以保证育苗床内有足够的温度条件。

3. 电热温床

电热温床是无土育苗的辅助加温设施,普通无土育苗应用较多。在电源充分的地区,不论土壤育苗或无土育苗,电热温床是一种十分实用而方便的育苗形式。其组成主要包括床体、电热线、控温仪、控温继电器等。

4. 自动精播生产线

穴盘自动精播生产线,是工厂化育苗的核心设备。它由穴盘摆放机、送料及基质装盘机、压穴及精播机、覆土机和喷淋机等五大部分组成,主要完成从基质装盘、压孔、播种、覆盖、镇压到喷水等一系列作业。这五大部分连在一起是自动生产线,拆开后每一部分又可独立作业(图4-6)。

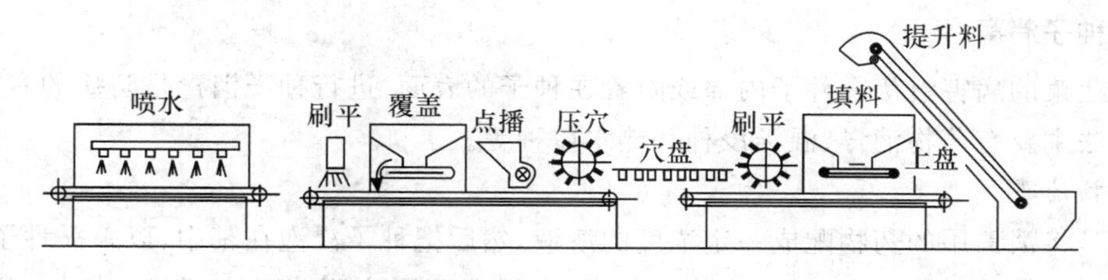

图 4-6 穴盘育苗精播生产线

5. 基质消毒机、基质搅拌机、行走式喷水系统、CO_2 发生机等

这些也是工厂化育苗的关键设备,生产中可根据规模大小灵活选用不同规格型号的设备。除上述基本设备之外,还有育苗车、育苗钵、育苗盘等。

(二)选用育苗基质

选用适宜的基质是无土育苗的重要环节和培育壮苗的基础。无土育苗基质要求具有较大的孔隙度,适宜的气水比,稳定的化学性质,且对秧苗无毒害。为了降低育苗成本,选择基质还应注重就地取材、经济实用的原则,充分利用当地资源。

无土育苗常用的基质种类很多,主要有泥炭、蛭石、岩棉、珍珠岩、炭化稻壳、炉渣、木屑、沙子等。这些基质可以单独使用,也可以按比例混合使用,一般混合基质育苗的效果更好。有些基质如草炭和蛭石本身含有一定量的微量元素,可被幼苗吸收利用,但对苗期较长的作物,基质中的营养并不能完全满足幼苗生长的需要。因此,除了浇灌营养液之外,常常在配制基质时添加不同的肥料(如无机化肥、沼渣、沼液、消毒鸡粪等),并在生长后期酌情适当追肥,平时只浇清水,操作方便。由表 4-1 可以看出,配制基质时加入一定量的有机肥和化肥,不但对出苗有促进作用,而且幼苗的各项生理指标都优于基质中单施化肥或有机肥的幼苗。

表 4-1 复合基质的育苗效果

处理	株高/cm	茎粗/cm	叶片数/片	叶面积/cm^2	全株干重/g	壮苗指数
氮、磷、钾复合肥	14.2	3.1	4.5	27.96	0.124	0.121
尿素＋磷酸二氢钾＋脱味鸡粪	17.6	3.6	4.9	39.58	0.180	0.181
脱味鸡粪	12.5	2.9	4.1	19.12	0.110	0.104

(三)营养液配制

无土育苗过程中养分的供应，除将肥料先行加入育苗基质外，主要通过定期浇灌营养液的方法解决。对营养液的总体要求是养分齐全、均衡，使用安全，配制方便。因此，在实际配制过程中应合理选择肥料种类，尽量降低成本，并将营养液的酸碱度调整到 5.5～6.8。营养液中铵态氮浓度过高容易对秧苗产生危害，抑制秧苗生长，严重时导致幼根腐烂，幼苗萎蔫死亡。因此，在氮源的选择上应以硝态氮为主，铵态氮占总氮的比例最高不宜超过 30%。

二、种子处理

(一)种子消毒

许多蔬菜的病害潜伏在种子内部或附着在种子的表面，进行种子消毒是防病的有效措施。消毒的方法主要有药物消毒、温汤浸种和热水烫种等。

1. 药物消毒

方法是将消毒用的药物配成一定浓度的溶液，然后把种子浸泡在其中，以杀灭种子所带的病菌。种子消毒的药物很多，需要用什么药剂，应根据不同病原菌对症下药。例如，防治茄果类蔬菜苗期细菌性病害，可用 0.1%～0.3%升汞溶液浸泡 5 min，再用 1%的高锰酸钾溶液浸泡 10 min；防治番茄、黄瓜立枯病，可用 70%敌克松药剂拌种(用种量的 0.3%)；防治茄果类早疫病，可用 1%福尔马林溶液浸泡 15～20 min，然后取出用湿布覆盖，闷 12 h，可收到良好的效果；用 10%～20%的磷酸三钠或 20%的氢氧化钠水溶液，浸种 15 min 后捞出，用清水冲洗，有钝化番茄花叶病毒的效果。

2. 温汤浸种和热水烫种

温汤浸种和热水烫种可借助热能杀死种子所带的病菌，而且还有促进种子呼吸作用，缩短浸种时间，达到发芽迅速而整齐的效果。方法是先把种子放到凉水中浸泡一下，然后将种子放到热水中浸泡，烫种所需要的水温，茄子、丝瓜、冬瓜等种皮较厚的种子可用 75℃热水使其自然冷凉至 35℃浸种；茄果类、黄瓜、甘蓝可用 55～60℃热水，温汤浸种 10～15 min，一般用水量为种子的 5 倍。

(二)浸种催芽

浸种催芽是为了缩短种子萌发的时间，达到出苗整齐和健壮的目的。

1. 浸种

浸种方法是把消过毒的种子泡在一定水温的清水中，经过一段时间，使其吸足水分，同时洗净附着在种皮上的黏质，以利于种子吸水和呼吸。若种子贮藏前未经发酵的种皮上黏质多，难以洗净，可用0.2%～0.5%的碱液先清洗一下。搓洗种子过程中要不断换水，一直到种皮洗净无黏液、无气味。种皮坚硬而厚难以吸水的种子，如西瓜、苦瓜、丝瓜等，可将胚端的种壳破开以助吸水。

浸种的水量以水层浸过种子层2～3 cm为宜。种子厚度不超过15 cm，水层和种子层不能太厚，以利于种子呼吸作用，防止胚芽窒息死亡。浸种适宜的温度为25～30℃，时间见表4-2。

表4-2　几种蔬菜种子适宜的浸种时间

h

种类	番茄	辣椒	茄子	甘蓝	芹菜	冬瓜	西瓜	黄瓜	西葫芦
时间	6	12	24	4	12	12	12	4	8

2.催芽

将浸种后的种子，置于适宜的温度条件下，促使种子迅速整齐发芽。催芽的具体方法有以下几种：

(1)恒温箱或催芽箱催芽　先把裹有种子的纱布袋置于催芽盘内，然后放入温箱或催芽箱中催芽。这是目前比较理想的催芽方法，其温度、光照、变温处理都可自动控制。工厂化育苗时可将处理后的种子播于育苗车上的穴盘后，将育苗车直接推进催芽室进行催芽。

(2)常规催芽　先把浸种后的种子，装入洗净的粗布或纱布里，放在底部垫有潮湿秸秆的木箱或瓦盆里，上面覆盖洗净的麻袋片，然后放在温室火道或火墙附近催芽。注意种子在袋内不宜装得太满，最好装6～7成满，使种子在袋内有松动余地。对于一些不易出芽的种子，也可采用掺沙催芽，使之干湿温度均匀，出芽整齐。催芽过程中每隔4～5 h将种子翻动一次，使种子受热一致，并有利于通气和发芽整齐。

(3)锯末催芽　为改善催芽温度、空气湿度条件，对一些难以发芽的种子，如茄子、辣椒等，用锯末催芽效果较好。方法是，先在木箱内装10～12 cm厚经过蒸煮消毒的新鲜锯末洒上水，待水渗下后，用粗纱布袋装半袋种子，平摊在锯末上，种子厚度以1.5～2 cm为宜，然后在上面盖3 cm厚经过蒸煮的湿锯末，将木箱放在火道或火墙附近或火坑上，保持适宜温度。这种方法在催芽过程中，不需要经常翻动种子，发芽快且整齐，在适温下4～5 d即可发芽。

此外还有低温催芽、激素处理催芽、变温处理催芽等方法。几种蔬菜种子催芽的温度和需要的时间参见表4-3。

三、播种

(一)播种期

蔬菜育苗的适宜播种期，应根据当地的气候条件、苗床设备、育苗方法、蔬菜种类及品种特性等具体情况来确定。根据育苗需要的天数和定植期，便可推算出播种期。计算公式如下：

育苗需要天数＝苗龄天数＋幼苗锻炼天数(7～10 d)＋机动天数(3～5 d)

表 4-3　几种蔬菜种子催芽温度和时间表

蔬菜种类	最适温度/℃	前期温度/℃	后期温度/℃	需要天数/d	控芽温度/℃
番茄	24～25	25～30	22～24	2～3	5
辣椒	25～28	30～35	25～30	3～5	5
茄子	25～30	30～32	25～28	4～6	5
西葫芦	25～36	26～27	20～25	2～3	5
黄瓜	25～28	27～28	20～25	2～3	8
甘蓝	20～22	20～22	15～20	2～3	3
芹菜	18～20	15～20	13～18	5～8	3
莴笋	20	20～25	18～20	2～3	3
花椰菜	20	20～25	18～20	2	3
韭菜	20	20～25	18～20	3～4	4
洋葱	20	20～25	18～20	3	4

(二)播种量和播种面积

1. 播种量

播种量可按以下公式计算：

播种量＝(每公顷定植苗数×栽培总面积)/(每克种子粒数×发芽率)×安全系数(2～4)

2. 苗床面积

包括播种床面积和分苗床面积。其计算公式为：

(1)播种床面积(m^2)＝[播种量(g)×每克种子粒数×(3～4)]/10 000

说明：3～4 为每粒种子平均占 3～4 cm^2 面积，辣椒、早甘蓝、花椰菜等可取 3，番茄可取 3.5，茄子可取 4。瓜类作物一般不分苗，可按苗床面积计算。

表 4-4　几种蔬菜育苗播种量和需要苗床面积表(每 667 m^2)

蔬菜种类	用种量/g	需播种面积/m^2	需分苗床面积/m^2	备注
番茄	40～50	6～8	40～50	
辣椒	100～150	6～8	40～50	
茄子	50～80	3～4	20～25	
黄瓜	150～200		40～50	一般不分苗
西葫芦	200～250		25～30	一般不分苗
早甘蓝	20～30	4～5	40～50	
花椰菜	20～30	3～4	20～25	
芹菜	50	25		不分苗
莴笋	20	2.5～3	24～28	

(2)分苗床面积(m^2)=[分苗总株数×每株营养面积(cm^2)]/10 000

说明:每株营养面积一般是:辣椒(双株)、黄瓜、西瓜、西葫芦、茄子、番茄为(10×10) cm^2,花椰菜为(8×6) cm^2。

表4-4是几种蔬菜育苗单位面积播种量、播种床面积、分苗床面积,可供参考。

(三)播种方法

播种要选在无风、晴朗的天气,午前播种。无土育苗的播种工作是在事先准备好的苗床内进行,播前用清水喷透基质。瓜类、豆类作物,按8~10 cm株行距播种(一般每穴播2粒),茄果类、叶菜类作物需进行分苗者,可行撒播,苗距1~2 cm,待苗1~2片真叶后分苗。苗床撒播后,覆1~2 cm厚基质,然后轻浇1次水。

工厂化穴盘育苗时,采用自动精量播种生产线,实现自动播种。

任务实施

1. 材料、仪器、用具准备

番茄种子;泥炭、珍珠岩、蛭石;高锰酸钾;3 mmol/L氢氧化钠或氢氧化钾的稀溶液、3 mmol/L硫酸或磷酸的稀溶液;穴盘(50穴);喷壶;镊子;天平;100 mL量筒;pH计;电导率仪;1 000 mL烧杯;塑料盆;标签等。

2. 营养液准备

选用日本园试通用配方。

3. 步骤

(1)选种 选择饱满、整齐无病虫害的种子。

(2)工具消毒 用千分之一的高锰酸钾浸泡工具0.5 h之后,用清水冲洗干净。

(3)基质消毒 新的泥炭、珍珠岩等,可以拌入适量的杀菌剂即可。

(4)基质装盘 将泥炭、珍珠岩按2∶1的比例混合,均匀装盘,浇透水。

(5)种子处理 种子采用温汤浸或药剂消毒处理后,再浸种6~8 h之后,放在25℃条件下进行催芽。

(6)播种 将已露白的种子用镊子小心放入穴盘,每穴1粒,然后覆上一薄层基质,并覆盖上保温保湿材料。

(7)撤覆盖物 当种子拱出基质表面,撤掉覆盖物,保持基质湿润。

(8)营养液管理 种子发芽前不浇营养液,只浇清水。真叶长出后,初期可浇1/3剂量的营养液,中期和后期可浇1/2剂量的营养液,每2~3 d浇一次营养液。

(9)苗期环境管理 不同的植株幼苗,按照各自的适宜环境进行光、温、水、气的管理。

任务小结

本任务主要从播种前准备、种子处理及播种三个环节来进行,每一个环节都需要认真完成,才能为培育健壮秧苗打下良好的基础。

任务小练

一、填空题

1. 不用土壤，而用基质及营养液或单纯用营养液进行育苗的方法，称为无________。

2. 岩棉块育苗时，四周用乳白色不透光的塑料薄膜包裹，以防止________、________及________。

3. 温汤浸种的温度是________，浸种时间是________。

4. 对种子进行消毒时，所用高锰酸钾的浓度是________。

二、简答题

1. 无土育苗有哪些特点？
2. 种子消毒一般有几种方法？
3. 播种前都需做哪些考虑和具体的工作？
4. 概括穴盘育苗的技术要求。
5. 普通无土育苗与工厂化穴盘育苗有何区别？
6. 工厂化育苗需要哪些育苗设备？

任务 4.2　无土育苗的管理

能力目标

能够对育苗所需的营养液进行管理，并能对育苗期的环境进行调控，培育健壮秧苗。

知识目标

掌握不同幼苗对环境条件的要求。

德育目标

在幼苗生长期，培养学生积极参加育苗管理，在实践中消化理论知识，提高技能。

任务描述

无土育苗播种后，对幼苗管理尤为重要，健壮的秧苗是定植移栽后缓苗、成活的关键。因此本任务是对所育的秧苗进行科学合理的管理。

相关知识

一、营养液管理

育苗营养液可根据具体作物种类确定，常用配方如日本园试配方和山崎配方，使用标准浓度的 1/3～1/2 剂量，也可使用育苗专用配方。

根据试验，供液早晚对幼苗生长有明显影响。从幼苗出土时开始供液与子叶展平期或第一片真叶期开始供液比较，其生长量显著增加。这说明，幼苗出土后，在异养生长向自养生长的过渡阶段，适当提前供液是必要的。一般在幼苗出土进入绿化室后即开始浇灌或喷施营养液，每天1次或两天1次。浇灌供液时必须注意防止育苗容器内积液过多，每次供液后在苗床的底部保留0.5～1 cm深的液层。夏季育苗，浇液次数要适当增加，而且苗床要经常喷水保湿。不同作物秧苗对营养液浓度要求不同，同一作物在不同生育时期也不一样。总体说来，幼龄苗的营养液浓度应稍低一些，随着秧苗生长，浓度逐渐提高。日本有不少资料认为，幼苗期的营养液浓度应比成株期略低一些，为成株或标准浓度的1/2或1/3。但也有人认为苗期也应使用配方的标准浓度。多年无土育苗的实践证明，营养液浓度比成株期略低，对果菜类幼苗的正常生育无妨。

营养液供给要与供水相结合，采用浇1～2次营养液后浇1次清水的办法可以避免因基质内盐分积累浓度过高而抑制幼苗生育。工厂化育苗，面积大的可采用双臂悬挂式行走喷水喷肥车，每个喷水管道臂长5 m，悬挂在温室顶架上，来回移动和喷液。也可采用轨道式行走喷水喷肥车。夏天高温季节，每天喷水2～3次，每隔1天施肥1次；冬季气温低，2～3 d喷1次，喷水和施肥交替进行。

另外一种供液方式是从底部供液。把水或营养液蓄在育苗床内，苗床一般用塑料板或泡沫板围成槽状，长10～20 m，宽1.2～1.5 m，深10 cm左右，床底平且不漏水，底部铺一层厚0.2～0.5 mm黑色聚乙烯塑料薄膜作衬垫，保持营养液厚度在2 cm左右，通过营养液循环流动增加氧气含量。冬季育苗需要加温时，先在底部铺一层稻草或聚苯乙烯泡沫作为隔热层，上面再盖2 cm厚的砂层，在砂层中安放电热线，功率密度为70～80 W/m^2，最后在其上设置育苗床。

二、育苗期的环境调控

培育壮苗是育苗的目的。为此，要创造适宜作物育苗的环境条件，这样才能达到培育壮苗的目的。无土育苗与土壤育苗一样，必须严格控制光、温、水、气等环境因素。

(一)温度

温度是影响幼苗素质的最重要的因素。温度高低以及适宜与否，不仅直接影响到种子发芽和幼苗生长的速度，而且也左右着秧苗的发育进程。温度太低，秧苗生长发育延迟，生长势弱，容易产生弱苗或僵化苗，极端条件下还会造成冷害或冻害；温度太高，易形成徒长苗。

基质温度影响根系生长和根毛发生，从而影响幼苗对水分、养分的吸收。在适宜温度范围内，根的伸长速度随温度的升高而增加，但超过该范围后，尽管其伸长速度加快，但是根系细弱，寿命缩短。早春育苗中经常遇到的问题是基质温度偏低，导致根系生长缓慢或产生生理障碍。夏秋季节则要防止高温伤害。

保持一定的昼夜温差对于培育壮苗至关重要，低夜温是控制幼苗节间过分伸长的有效措施。白天维持秧苗生长的适温，增加光合作用和物质生产，夜间温度则应比白天降低8～10℃，以促进光合产物的运转，减少呼吸消耗。在自动化调控水平较高的设施内育苗可以实行“变温管理”。阴雨天白天气温较低，夜间气温也应相应降低。不同作物种类、不同生育阶段对温度的要求不同。总体说来，整个育苗期中播种后、出苗前，移植后、缓苗前温度应高；出苗后、缓苗后和炼苗阶段温度应低。前期的气温高，中期以后温度渐低，定植前7～10 d，进行低温锻炼，以增强对定植以后环境条件的适应性。嫁接以后、成活之前也应维持较高的温度。

一般情况下，喜温性的茄果类、豆类和瓜类蔬菜最适宜的发芽温度为25～30℃；较耐寒的白菜类、根菜类蔬菜，最适宜的发芽温度为15～25℃。出苗至子叶展平前后，胚轴对温度的反应敏感，尤其是夜温过高时极易徒长，因此需要降低温度。茄果类、瓜类蔬菜白天控制在20～25℃左右，夜间12～16℃，喜冷凉蔬菜稍低。真叶展开以后，保持喜温果菜类白天气温25～28℃，夜间13～18℃；耐寒半耐寒蔬菜白天18～22℃，夜间8～12℃。需分苗的蔬菜，分苗之前2～3 d适当降低苗床温度，保持在适温的下限，分苗后尽量提高温度。成苗期间，喜温果菜类白天23～30℃，夜间12～18℃；喜冷凉蔬菜温度管理比喜温类降低3～5℃。几种蔬菜育苗的适宜温度见表4-5。

表4-5 几种蔬菜育苗的适宜温度 ℃

蔬菜种类	适宜气温		适宜土温
	昼温	夜温	
番茄	20～25	12～16	20～23
茄子	23～28	16～20	23～25
辣椒	23～28	17～20	23～25
黄瓜	22～28	15～18	20～25
南瓜	23～30	18～20	20～25
西瓜	25～30	20	23～25
甜瓜	25～30	20	23～25
菜豆	18～26	13～18	18～23
白菜	15～22	8～15	15～18
甘蓝	15～22	8～15	15～18
草莓	15～22	8～15	15～18
莴苣	15～22	8～15	15～18
芹菜	15～22	8～15	15～18

花卉种子萌发的适宜温度，依种类和原产地不同而异，一般比其生育适温高3～5℃。原产温带的花卉多数种类的萌发适温为20～25℃，耐寒性宿根花卉及露地两年生花卉种子发芽适温大体在15～20℃，一些热带花卉种子则要在较高的温度下（32℃）才能萌发。播种时的基质温度最好保持相对稳定，变化幅度不超过3～5℃。花卉出苗后的温度应随着幼苗生长逐渐降低，一般白天15～30℃，夜间10～18℃，基质或营养液温度15～22℃，其中喜凉耐寒花卉较低，喜温耐热花卉较高。

严冬季节育苗，温度明显偏低，应采取各种措施提高温度。电热温床最能有效地提高和控制基质温度。当充分利用了太阳能和保温措施仍不能将气温升高到秧苗生育的适宜温度时，应该利用加温设备提高气温。燃煤火炉加温成本虽低，管理也简单，但热效率低，污染严重。供暖锅炉清洁干净，容易控制，主要有煤炉和油炉两种，采暖分热水循环和蒸汽循环两种形式。热风炉也是常用的加温设备，以煤、煤油或液化石油气为燃料。首先将空气加热，然后通过鼓风机送入温室内部。此外，还可利用地热、太阳能和工厂余热加温。

夏季育苗温度高，育苗设施需要降温。当外界气温较低时，主要的降温措施是自然通风。另外，还有强制通风降温、遮阳网、无纺布、竹帘外遮阳降温、湿帘风机降温、透明覆盖物表面喷淋、涂白降温、室内喷水喷雾降温等。试验证明，湿帘风机降温系统可降低室温 5～6℃。喷雾降温只适用于耐高空气湿度的蔬菜或花卉作物。

（二）光照

光照对于蔬菜、花卉种子的发芽并非都是必需的，如莴苣、芹菜、报春花等需要一定的光照条件下才能萌发，而韭菜、洋葱、雁来红等在光照下却发芽不良。

秧苗干物质的 90%～95%来自光合作用，而光合作用的强弱主要受光照条件的制约。而且，光照强度也直接影响环境温度和叶温。苗期管理的中心是设法提高光能利用率，尤其在冬春季节育苗，光照时间短，强度弱，应采取各种措施，改善秧苗受光条件，这是育成壮苗的重要前提之一。

育苗期间如果光照不足，可人工补光，作为光合作用的能源，或用来抑制、促进花芽分化，调节花期。补光的光源有很多，需要根据补光的目的来选择。从降低育苗成本角度考虑，一般选用荧光灯。补充照明的功率密度因光源的种类而异，一般为 50～150 W/m^2。

（三）水分

水分是幼苗生长发育不可缺少的条件。育苗期间，控制适宜的水分是增加幼苗物质积累，培育壮苗的有效途径。

适于各种秧苗生长的基质相对含水量一般为 60%～80%。播种之后出苗之前应保持较高的基质湿度，以 80%～90%为宜。定植之前 7～10 d，适当控制水分。作物苗期适宜的空气湿度一般为白天 60%～80%，夜间 90%左右。出苗之前和分苗初期的空气湿度适当提高。蔬菜不同生育阶段基质水分含量见表 4-6。

苗床水分管理的总体要求保证适宜的基质含水量，适当降低空气温度，应根据作物种类、育苗阶段、育苗方式、苗床设施条件等灵活掌握。工厂化育苗应设置喷雾装置，实现浇水的机械化、自动化。苗床浇营养液或水应选择晴天上午进行，低温季节育苗，水或营养液最好经过加温。采用喷雾法浇水可以同时提高基质和空气的湿度。降低苗床湿度的措施主要有合理灌溉、通风、提高温度等。

表 4-6　不同生育阶段基质水分含量(相当于最大持水量的%)　　%

蔬菜种类	播种至出苗	子叶展开至 2 叶 1 心	3 叶 1 心至成苗
茄子	85～90	70～75	65～70
甜椒	85～90	70～75	65～70
番茄	75～85	65～70	60～65
黄瓜	85～90	75～80	75
芹菜	85～90	75～80	70～75
生菜	85～90	75～80	70～75
甘蓝	75～85	70～75	55～60

(四)气体

在育苗过程中,对秧苗生长发育影响较大的气体主要是 CO_2 和 O_2,此外还包括有毒气体。

CO_2 是植物光合作用的原料。外界大气中的 CO_2 浓度约为 330 μL/L,日变化幅度较小。但在相对密闭的温室、大棚等育苗设施内,CO_2 浓度变化远比外界要强烈得多。室内 CO_2 浓度在早晨日出之前最高,日出后随光温条件的改善,植物光合作用不断增强,CO_2 浓度迅速降低,甚至低于外界水平呈现亏缺。冬春季节育苗,由于外界气温低,通风少或不通风,内部 CO_2 含量更显不足,限制幼苗光合作用和正常生育。苗期 CO_2 施肥是现代育苗技术的特点之一,无土育苗更为重要。试验表明:冬季每天上午 CO_2 施肥 3 h 可显著促进幼苗的生长,增加株高、茎粗、叶面积、鲜重和干重,降低植株体内水分含量,有利于壮苗形成。而且,苗期 CO_2 施肥可提高前期产量和总产量。

基质中 O_2 含量对幼苗生长同样重要。O_2 充足,根系才能产生大量根毛,形成强大的根系;O_2 不足则会引起根系缺氧窒息,地上部萎蔫,停止生长。基质总孔限度以 60%左右为宜。

三、无土育苗过程中应注意的问题

(一)与有土育苗相比,随着秧苗的快速生长,秧苗颜色有些变黄

这时应注意观察,如果秧苗生长发育均正常,没有其他生长障碍发生,就算正常。因为无土育苗所配制的营养液是以硝态氮为主,甚至全部都是硝态氮,与有土育苗时所施用的铵态氮比较,秧苗色泽就浅一些,表现出黄绿色,这是由于氮素形态的不同而造成的,并不影响秧苗质量。如果把这种现象误认为是缺肥而增加营养液的供应,不但苗色变不过来,反而容易产生过量施肥的不正常现象,降低秧苗质量。

(二)无土育苗秧苗生长速度较快,幼苗容易出现徒长现象,因此应适当加以控制

控制秧苗徒长,主要是适当降低温度,而不应过于控制营养液的供给。如果像有土育苗那样进行蹲苗,很长时间不给营养液,虽然秧苗徒长得到控制,但由于营养与水分不足降低了秧苗质量。如果在气温较高的时期育苗,温度难以控制,对番茄这样容易徒长的秧苗可在营养液中适当加点生长抑制剂进行控制。应该注意,浓度不能太大,且不能连续使用,以免过分抑制而降低秧苗质量。蔬菜无土育苗也和有土育苗一样,不是靠降温,而单纯靠水分控制来"蹲苗",很容易使秧苗"老化"。而且无土育苗中停液时间太长所造成的后果可能比有土育苗更为严重。因为这不仅是水分控制,且营养供给中断,"缺水"再加上"断养"使幼苗质量明显下降。一般来说,停液时间不能超过一周,而且还应看当时的气温、光照及空气湿度状况而定,只要秧苗稍有萎蔫且恢复缓慢就应及时供液。

(三)在无土育苗中有时也出现烂根或根系发育不良的现象

无土育苗的根系发育应该比有土育苗的强。在多数情况下,根系发育不好甚至有烂根现象是由于基质通气不良造成的。如果基质选择与使用上没有什么问题,就可能是供液量过大造成的,即多数是在盘(床)底长期出现积液时,根系泡在营养液中时间较长就容易烂根或根系发锈而发育不良。这种现象尤其在应用吸湿性强的基质育苗时更易发生,如岩棉块育苗、炭化稻壳育苗等。因此,采用这些基质育苗时更应注意营养液的控制。

(四)在正常营养液管理情况下,如果发现秧苗生长停滞,生长点小,叶色泽发暗,甚至有的苗萎缩死亡,首先应该想到的营养液本身的问题

其原因可能是营养液中铵态氮的比例过大而产生铵离子为害。如果是这个原因,应尽快将其比例降低,铵离子的浓度不能超过总氮的30%。另外,也可能是连续喷浇营养液后,由于基质水分蒸发较快,盐分在基质中积累,逐渐出现盐害症状。如果是因为这个原因,就应停液浇水,稀释后症状即可得到缓解。这种情况尤其在高温强光时容易发生,应引起注意。

四、苗期病虫害防治

蔬菜苗期病害主要有猝倒病、立枯病、沤根等,早春育苗时发生普遍,严重时导致成片死苗,甚至毁种重播。

(一)病害

1.症状

猝倒病,又叫绵腐病,主要发生在苗床育苗初期,以1~2片真叶前受害重,死苗快。种子发芽到幼苗出土前即可染病,造成烂种、烂芽。出土不久的幼苗最易发病,先是幼茎基部出现水渍状黄褐色病斑,然后迅速扩展使病部缢缩成线状,倒伏贴地不能挺立。开始只是个别幼苗零星发病,数日内即可以此为中心迅速向四周扩展蔓延,引起成片死苗。潮湿时,病苗表面及附近床面长出一层白色棉絮状菌丝。最后病苗多腐烂或干枯。

立枯病,多发生于苗床育苗的中后期,死苗较慢。初在茎基部产生椭圆形褐色病斑,以后逐渐扩大、凹陷、绕茎一周,使茎基收缩,病苗萎蔫,最终枯死。枯死幼苗多直立而不倒伏,故称之为立枯病。潮湿时,病苗附近床面上可见到稀疏的淡褐色蛛丝状霉。

沤根,刚出土幼苗到大苗均能发病。幼苗发生沤根时,不发新根,根皮发黄呈锈褐色,最后腐烂。地上部茎叶生长受抑制,叶色发黄,白天中午多呈萎蔫状,病苗易从土中拔出。严重时可致幼苗枯死。

2.防治方法

防治蔬菜苗期病害应采取改进育苗技术、加强栽培管理、控制发病条件、培育抗病壮苗,同时配合基质消毒、消灭病原等措施进行综合防治。

①选用无病菌基质,基质必须进行消毒处理。

②种子处理。播种前用55~60℃热水浸种15 min,也可选用50%多菌灵可湿性粉剂或50%福美双可湿性粉剂拌种,用药量为种子重量的0.2%~0.3%。

③苗床管理。播前浇足底水。适量播种,及时分苗。果菜类蔬菜育苗要搞好苗床保温工作,白天床温不能低于20℃,北方寒冷地区可采用电热温床育苗,以保证幼苗对土温的要求。出苗后抓紧无风晴天早揭晚盖,增加光照,适当通风换气炼苗。遇寒流降温天气则应晚揭早盖防寒物,注意防寒保温。芹菜、甘蓝等蔬菜幼苗要防止23℃以上的高温,气温较高时,可在中午盖遮阳网遮阴。苗床洒水不宜过多过勤,以防床内湿度过大。发现病苗,立即拔除,并撒上一层草木灰消毒。

④药剂防治。一旦苗床发病,应及时喷药。出现猝倒病苗可选用25%瑞毒霉可湿性粉剂800倍液,或58%甲霜灵锰锌可湿性粉剂500倍液,或40%乙磷铝可湿性粉剂200倍液,或72.2%普力克水剂400倍液。出现立枯病苗,可选用50%多菌灵可湿性粉剂500倍液,或20%甲基立枯灵乳油1 000倍液,或5%井冈霉素水剂1 500倍液。两种病害同时发生时,可

用50%福美双可湿性粉剂800倍液混加72.2%普力克水剂800倍液喷雾防治。喷雾时连同床面一起喷布，喷过后撒上干基质或草木灰降低苗床基质湿度。发现轻微沤根时，苗床要加强覆盖增温，适当施用增根剂以促使病苗尽快发出新根。

(二)虫害

虫害主要有菜青虫和潜叶蝇，分别用抑太保2 500倍、灭蝇胺6 000倍喷施防治。

任务实施

课前给学生下发任务单，并到实训基地对上一个任务番茄无土育苗进行管理，并做好跟踪记录，结合本任务相关知识，各小组内进行讨论，组间分享，现场纠错与点评，完成任务单(表4-7)。

表4-7　番茄无土育苗管理

作物名称(番茄)	温度	光照	水分	肥料
出苗期				
小苗期				
中苗期				
成苗期				

任务小结

种子播种长出幼苗后，我们通过对营养液的管理及光、温、水、气等环境调控来给幼苗一个适宜的环境，使其健壮成长。

任务小练

一、填空题

1.无土育苗与土壤育苗一样，必须严格控制______、______、______、气等环境因素。

2.保持一定的______对于培育壮苗至关重要，______是控制幼苗节间过分伸长的有效措施。

3.基质______影响根系生长和根毛发生，从而影响幼苗对水分、养分的吸收。

4.采用喷雾法浇水可以同时提高______和______的湿度。

5.降低苗床湿度的措施主要有______、______、______等。

二、简答题

1.无土育苗对光照、温度条件有何要求？如何调控？

2.无土育苗对营养液配方、供液浓度、供液量、供液方法有何要求？

3.请分析无土育苗过程中发生烂根或根系发育不良的现象是哪些原因造成的。

项目5

水培与雾培

任务5.1 深液流水培

能力目标

能够熟练进行深液流水培。

知识目标

掌握深液流技术的特征、设施结构与栽培管理要点。

德育目标

培养学生严格、认真、细致的工作态度。

任务描述

深液流技术简称DFT(Deep Flow Technique),是最早开发成可以进行农作物商品生产的无土栽培技术。从20世纪30年代至今,通过改进,DFT在我国的台湾、广东、山东、福建、上海、湖北、四川等省市已有一定的推广面积,成功地生产出番茄、黄瓜等果菜类和莴苣、茼蒿等叶菜类蔬菜。目前,由于建造材料不同和设计上的差异,已有多种类型问世。例如,日本就有两大类型,一种是全用塑料制造,由专业工厂生产成套设备投放市场供用户购买使用,用户不能自制(日本的M式及协和式等);另一种是水泥构件制成,用户可以自制(日本神园式)。实践中试用,认为神园式比较适合中国国情。本任务将改进型神园式深液流水培技术作一介绍(图5-1)。

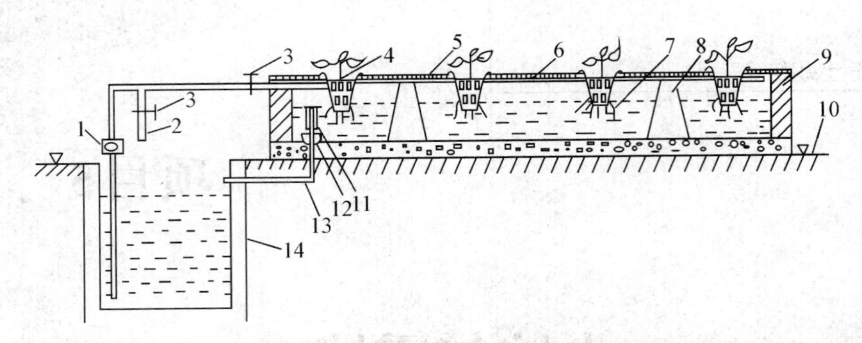

图 5-1　改进型神园式深液流水培设施组成纵切面示意图

1.水泵　2.充氧支管　3.流量控制阀　4.定植杯　5.定植板　6.供液管　7.营养液　8.支撑墩
9.种植槽　10.地面　11.液层控制管　12.橡皮塞　13.回流管　14.贮液池

相关知识

一、设施结构

深液流水培设施一般由种植槽、定植板(或定植网框)、贮液池、营养液循环流动系统等四大部分组成。

(一)种植槽

种植槽一般宽度为 80～100 cm,槽深 15～20 cm,槽长 10～20 m。原来神园式种植槽是用水泥预制板块加塑料薄膜构成,为半固定的设施,现将其改成水泥砖结构永久固定的设施(华南改进型)。槽底用 5 cm 厚的水泥混凝土制成,然后在槽底的基础上用水泥砂浆将火砖结合成槽周框,再用高标号耐酸抗腐蚀的水泥砂浆抹面,以达防渗防蚀的效果,种植槽结构见图 5-2。

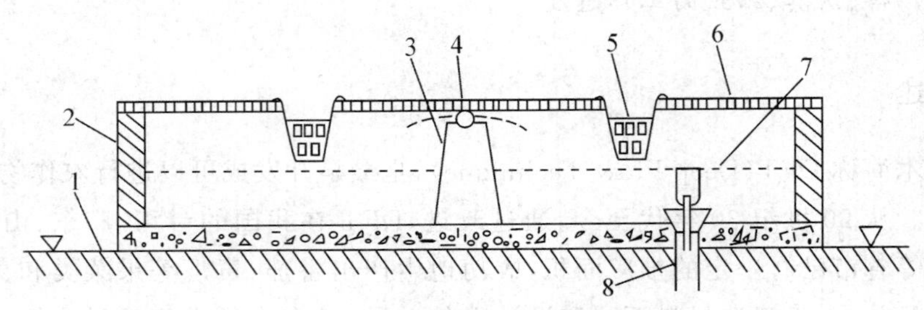

图 5-2　种植槽横切面示意图

1.地面　2.种植槽　3.支撑墩　4.供液管　5.定植杯　6.定植板
7.液面　8.回流及液层控制装置

这种槽不用内垫塑料薄膜,直接盛载营养液进行栽培。但能否成功的关键在于选用耐酸抗腐蚀的水泥材料。这种槽的优点是农户可自行建造,管理方便,耐用性强,造价低。其缺点是不能拆卸搬迁,是永久性建筑,槽体比较沉重,必须建在坚实的地基上,否则会因地基下陷造成断裂渗漏。

(二)定植板

定植板(图 5-3)用硬泡沫聚苯乙烯板块制成,厚 2～3 cm,板面开若干个定植孔,孔径为 5～6 cm,种果菜和叶菜都可通用。定植孔内嵌一只塑料定植杯(图 5-4),高 7.5～8.0 cm,杯口的直径与定植孔相同,杯口外沿有一宽约 5 mm 的边儿,以卡在定植孔上,不掉进槽底。杯的下半部及底部开有许多 ø3 mm 的孔。定植板的宽度与种植槽外沿宽度一致,使定植板的两边能架在种植槽的槽壁上,这样可使定植板连同嵌入板孔中的定植杯悬挂起来(图 5-2)。定植板的长度一般为 150 cm,视工作方便而伸缩,定植板一块接一块地将整条种植槽盖住,使光线透不进槽内。

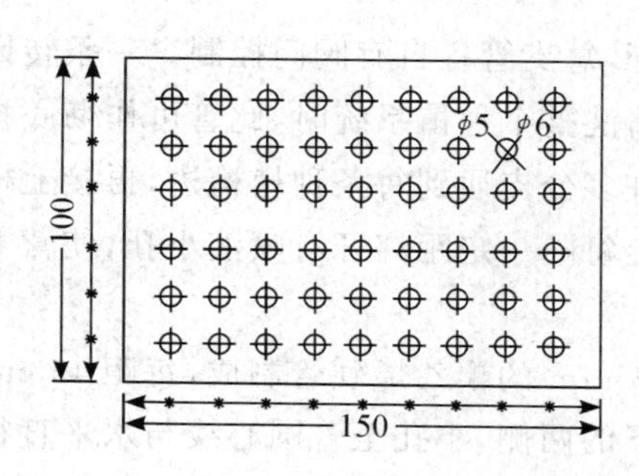

图 5-3　定植板平面图(单位:cm)

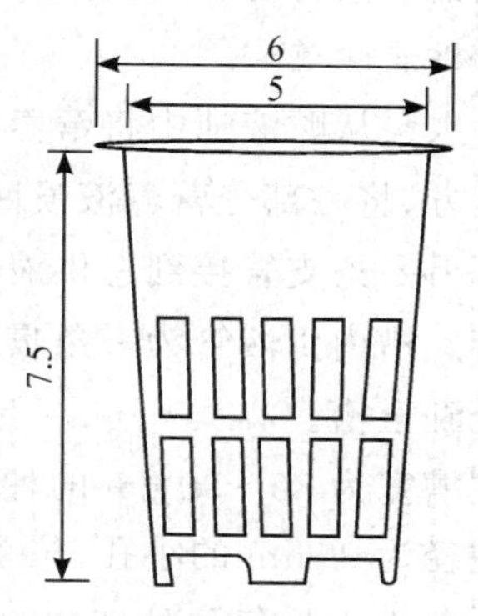

图 5-4　定植杯(单位:cm)

悬杯定植板定植方式,植株的重量为定植板和槽壁所承担。当槽内液面低于槽壁顶部时,定植板底与液面之间形成一段空间,为空气中的氧向营养液中扩散创造了条件。在槽宽 80～100 cm,而定植板的厚度维持 2.0～2.5 cm 不变时,需在槽的宽度中央架设支承物以支持定植板的重量,使定植板不会由于植株长大增重而向下弯成孤形。支持物可用截锥体水泥墩制成,沿槽的宽度中线每隔 70 cm 左右设置 1 个,墩上架一条硬塑料供液管,一方面起供液作用,同时起支持定植板重量的作用(图 5-1、图 5-2)。水泥墩的截锥底面直径为 10 cm,顶面直径为 5 cm,墩的高度加上供液管的直径应等于种植槽内壁的高度,墩顶面要有一小凹坑,使供液管放置其上时不会滑落。架在墩上的供液管应紧贴于定植板底,以承受定植板的重力而保持其水平状态。在槽壁顶面保证是水平状态下,定植板的板底连同定植杯的杯底与液面之间各点都应是等距的,以使每个植株接触到液面的机会均等。要避免有些植物的根系已触到营养液,而另一些则仍然悬在空间而造成生长不均。

(三)地下贮液池

地下贮液池是作为增大营养液的缓冲能力,为根系创造一个较稳定的生存环境而设的。有些类型的深液流水培设施不设地下贮液池,而直接从种植槽底部抽出营养液进行循环,日本 M 式水培设施就是这样。这无疑可以节省用地和费用,但也失去了地下贮液池所具有的许多优点。例如,增大每株占有营养液量而又不致使种植槽的深度建得太深。因为有贮液池的存在,植株生长所需的营养液浓度、pH、溶解氧、温度等都可较长时间的保持稳定。还可方便调节营养液的各项指标,即可在贮液池内调节养分浓度、液温等。

采取循环供液的方式时，贮液池应建在供液系统的最低点，一般用砖、水泥砂浆和细钢筋建成。贮液池的容积可根据栽培形式、栽培作物的种类和面积确定，注意它所容纳的营养液一定要满足整个种植面积循环供液所需。一般可按每 667 m^2 需贮液池体积为 20～25 m^3 的比例进行设置。贮液池要防止渗漏，且要加盖。池内设置水位标记，以便于控制营养液水位。回水槽的管口位置要高于营养液液面，利用落差将营养液注入，溅起的水泡可为营养液加氧。贮液池内安装不锈钢螺旋管，用于循环热、冷水，调节营养液的温度。

(四)循环供液系统

包括供液管道、回流管道、水泵及定时器，所有管道均用塑料制成。

1.供液管道

由水泵从贮液池中将营养液抽起后，分成两条支管，每支管各自有阀门控制。一条转回贮液池上方，将一部分营养液喷回池中作增氧用。若要清洗整个种植系统时，此管可作彻底排水之用。另一条支管接到总供液管上，总供液管再分出许多分支通到每条种植槽边，再接上槽内供液管。槽内供液管为一条贯通全槽的长塑料管，其上每隔一定距离开有喷液小孔，使营养液均匀分到全槽。

在槽宽为 80～90 cm 的种植槽内的供液管，用 ø25 mm 的聚乙烯硬管制成，每距 45 cm 开一对孔径为 2 mm 的小孔，位置在管的水平直径线以下的两侧，小孔至管圆心线与水平直径之间的夹角为 45°，每条种植槽的供液管在其进槽前设有控制阀门，以便调节流量。

2.回流管道及种植槽内液位调节装置

回流管道与种植槽内液位调节装置(图 5-1、图 5-2、图 5-5)。在种植槽的一端底部设一回流管，管口与槽底面持平，管下段埋于地下外接到总回流管上去。槽内回流管口如无塞子塞住，进入槽内的营养液可彻底流回贮液池中。为使槽内存留一定深度的营养液，要用一段带橡胶塞的液面控制管(图 5-6)塞住回流管口。当液面由于供液管不断供液而升高，超过液面控制管的管口时，便通过管口回流。另可在液面控制管的上段再套上一段活动的胶管，将其提高，液面随之升高，将其压低，液面随之下降。液面控制管外再套上一个宽松的围堰圆筒(用塑料制成，筒内径比液面控制管大 1 倍即可)，筒高要超过液面控制管管口，筒脚有锯齿状缺刻，使营养液回流时不能从液面流入回流管口，迫使营养液从围堰脚下缺刻通过才转上回流管口，这样可使供液管喷射出来的富氧营养液驱赶槽底原有的比较缺氧的营养液回流，同时围堰也可阻止根系长入回流管口。若将整个带胶塞的液面控制管拔去，槽内的营养液便可彻底排净。

每条槽的回流管道与总回流管道的直径，应根据进液量来确定。回流管的直径应大到足以及时排走需回流的液量，以避免槽内进液大于回液而泛滥。

3.水泵和定时器

水泵配以定时控制器，按需控制水泵的工作时间。大面积栽培时，可将温室内全部种植槽分为四组，每组有一供液控制阀，分组轮流供液，以保证供液时从小孔中射出的小液流有足够的压力，提高增氧效果。

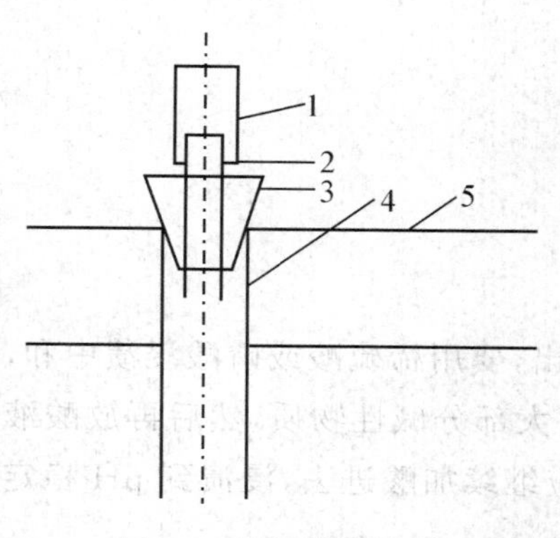

图 5-5　液层控制装置

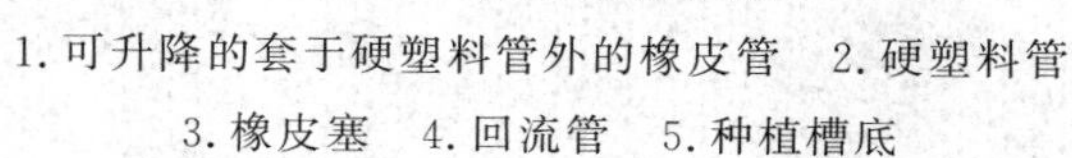
1. 可升降的套于硬塑料管外的橡皮管　2. 硬塑料管
3. 橡皮塞　4. 回流管　5. 种植槽底

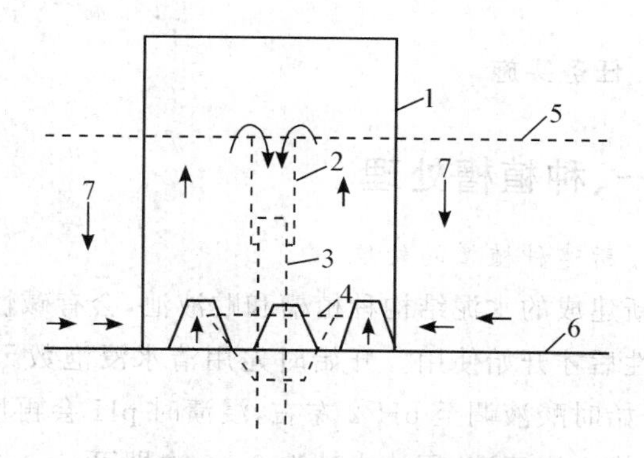

图 5-6　罩住液位调节装置的塑料管

1. 带缺刻的硬塑料管　2. 液位调节管　3. PVC 硬管
4. 橡胶塞　5. 液面　6. 槽底　7. 营养液及其液向(箭头表示)

二、深液流水培的特点

(一)优点

1. 液层深

根系伸展到较深的液层中,单株占液量较多。由于液量多而深,营养液的浓度(包括总盐分、各养分)、溶存氧、酸碱度、温度以及水分等都不易发生急剧变动,为根系提供了一个较稳定的生长环境。这是深液流水培的突出优点。

2. 悬挂栽培

植株悬挂于定植板,有半水培、半气培的性质,较易解决根系的水气矛盾。

3. 营养液循环流动

营养液循环流动能增加营养液中的溶存氧;消除根表有害代谢产物(最明显的是生理酸碱性)的局部累积;消除根表与根外营养液的养分浓度差,使养分能及时送到根表,更充分地满足植物的需要;促使因沉淀而失效的营养物重新溶解,以阻止缺素症的发生。所以即使是栽培沼泽性植物或能形成氧气输导组织的植物,也有必要使营养液循环流动。

4. 适宜栽培的作物种类多

除块根、块茎类作物之外,几乎所有的果菜类和叶菜类都可栽培。

5. 养分利用率高

可达 90%～95%,不会或很少污染周围环境。

(二)缺点

(1)投资较大,成本高,特别是永久式的深液流水培设施比拼装式的更高。

(2)技术要求较高。深液流水培的技术比基质栽培要求高,但比营养液膜技术要求低。

(3)病害易蔓延。由于深液流水培是在一个相对封闭的环境下进行,营养液循环使用,一旦发生根系病害,易造成相互传染甚至导致栽培失败。

任务实施

一、种植槽处理

1. 新建种植槽的处理

新建成的水泥结构种植槽和贮液池，会有碱性物质渗出，要用稀硫酸或磷酸浸渍中和，除去碱性后才开始使用。开始时先用清水浸泡数天，洗刷去大部分碱性物质，然后再放酸液浸渍，开始时酸液调至 pH 2 左右，浸渍时 pH 会再度升高，应继续加酸进去，浸渍到 pH 稳定在 6～7，排去浸渍液，用清水冲洗 2～3 次即可。

2. 换茬阶段的清洗与消毒

换茬时对设施系统消毒后方可种植下茬作物。

(1)定植杯的清洗与消毒　将定植板上的定植杯捡出，集中到清洗池中，将杯中的残茬和石砾脱出，从石砾中清去残茬，再用水冲洗石砾和定植杯，尽量将细碎的残根冲走，然后用含 0.3%～0.5%有效氯的次氯酸钠或次氯酸钙溶液浸泡消毒，浸泡 1 d 后将石砾及杯捞起，用清水冲洗掉消毒液待用。如当地小石砾价格很便宜，用过的小石砾可弃去，以省清洗消毒费用，只捡回定植杯重新使用。

(2)定植板的清洗与消毒　用刷子在水中将贴在板上的残根冲刷掉，然后将定植板浸泡于含 0.3%～0.5%有效氯的次氯酸钠或次氯酸钙溶液中，使其湿透后捞起，一块块叠起，再用塑料薄膜盖住，保持湿润 30 min 以上，然后用清水冲洗待用。

(3)种植槽、贮液池及循环管道的消毒　用含 0.3%～0.5%有效氯的次氯酸钠或次氯酸钙溶液喷洒槽、池内外所有部位使湿透(每 1 m^2 面积约用 250 mL)，再用定植板和池盖板盖住保持湿润 30 min 以上，然后用清水洗去消毒液待用。全部循环管道内部用含 0.3%～0.5%有效氯的次氯酸钠或次氯酸钙溶液循环流过 30 min，循环时不必在槽内留液层，让溶液喷出后即全部回流，并可分组进行，以节省用液量。

二、栽培管理

1. 栽培作物种类的选定

初进行水培生产时，应选用一些较适应水培的作物种类来种植，如番茄、节瓜、直叶莴苣、蕹菜、鸭儿芹、菊花等，以取得水培的成功。在没有控温的大棚内种植，要选用完全适应当季生长的作物来种植，切忌不顾条件地去搞反季节种植，不要误解无土栽培技术有反季节的功能。

2. 秧苗准备与定植

(1)育苗　用穴盘育苗法(见育苗内容)育出幼苗(育苗穴盘的穴孔应比定植杯口径略小)。

(2)移苗入定植杯　准备好稳苗用的非石灰质的小石砾(粒径以大于定植杯下部小孔为宜)，在定植杯底部先垫入 1～2 cm 的小石砾，以防幼苗的根颈直压到杯底，然后从育苗穴盘中将幼苗带基质拔出移入定植杯中(不必除去结在根上的基质)，再在幼苗根团上覆盖一层小石砾稳住幼苗。稳苗材料必须用小石砾，因其没有毛管作用，可防营养液上升而结成盐霜之弊(盐霜可致茎基部坏死)。不能用毛管作用很强的材料(很细碎的泥炭、植物残体等)来稳定幼苗，因这类材料易结成盐霜。

(3)过渡槽内集中寄养　幼苗移入定植杯后，本可随即移入种植槽上的定植板孔中，成为正式定植，但定植板的孔距是按植株长大后需占的空间而定的，遇上幼苗太细，很久才长满空间。为了提高温室及水培设施的利用率，将已移入定植杯内的很细小的幼苗，密集置于一条过渡槽内，不用定植板直接置于槽底，作过渡性寄养。槽底放入营养液1～2 cm深，使能浸住杯脚，幼苗即可吸到水分和养分，迅速长大并有一部分根伸出杯外，待长到有足够大的株形时，才正式移植到种植槽的定植板上。移入后很快就长满空间(封行)达到可以收获的程度，大大缩短了占用种植槽的时间。这种集中寄养的方法，对生长期较短的叶菜类是很有用的，对生长期很长的果菜类用处不大。

(4)正式定植后槽内液面的要求　将有幼苗的定植杯移入种植槽上的定植板上以后，即为正式定植。当定植初期根系未伸出杯外或只有几条伸出时，要求液面能浸住杯底1～2 cm，以使每一株幼苗有同等机会及时吸到水分和养分。这是保证植株生长均匀，不致出现大小苗现象的关键措施。但也不能将液面调得太高以致贴住定植板底，妨碍氧向液中扩散，同时也会浸住植株的根颈使其窒息死亡。当植株发出大量根群深入营养液后，液面随之调低，空间得以扩大，露于湿润空气中的根段就较长，这对解决根系呼吸需氧是相当有用的。由于悬挂栽培，植株和根系的绝大部分重量不是压在种植槽的底部，而是许多根系漂浮于液中，不会形成厚实的根垫阻塞根系底部的营养液的流通，同时避免了因形成厚实的根垫以致根垫内部严重缺氧而坏死，彻底克服了营养液膜技术(NFT)的这一突出缺点。

3.营养液的配制与管理

关于营养液的配制在前面已作详细介绍。在营养液管理方面需要在强调一点：种植槽内液面的调节，这是悬杯式深液流水培技术中十分重要的技术环节，搞得不好会造成伤害根系，应十分注意。

在定植开始时，液面要浸住定植杯底1～2 cm，当根系大量深入营养液后，液面应随之调低，使有较多根段露于空气中，以利于呼吸而节省循环流动充氧的能耗。在这种情况下，露于潮湿空气中的根段会重新发生许多根毛，这些有许多根毛的根段不能再被营养液淹浸太久，否则就会坏死而伤及整个根系，所以液面不能无规则地任意升降。原则上液面降低以后，若上部的根段已产生大量根毛时，液面就稳定在这个水平。还要注意使存留于槽底的液量有足够植株2～3 d吸水的需要，不能降得很浅维持不了植株1 d的吸水量。生产上还应注意水泵出了故障或电源中断不能供液的问题。

4.建立科学高效的管理制度

每个技术部门和每项技术措施都要有专人负责，明确岗位责任，建立管理档案，列出需要记录的项目，制成表格和工作日记，逐项进行登记。这样才能对生产中出现的问题作科学的分析，从而使其得到有效的解决。

任务小结

深液流水培技术需要注意的几个关键问题是：营养液的液层不要太深，保持5～8 cm；在定植时，营养液的液面要没过杯脚1～2 cm；固定根系的材料不要用吸附能力强的基质，可以选用非石灰质的石砾；新建的种植槽和贮液池，会有碱性物质渗出，要用稀硫酸或磷酸浸渍中和，除去碱性后才开始使用。

任务小练

一、填空题

1. 深液流水培主要特点是________、________、________。

2. 新建的种植槽，会有________物质渗出，要用稀硫酸或磷酸浸渍中和处理后才可使用。

3. 深液流水培，对定植板和供液管道等设施消毒时可用含________有效氯的次氯酸钠或次氯酸钙溶液处理。

4. 深液流水培正式定植后，槽内液面要求能浸住杯底________ cm，当根系大量深入营养液后，液面应随之调低。

二、简答题

1. 新建的水泥、砖结构的种植槽能马上使用吗？如不能，应怎样进行处理？

2. 贮液池有何功能？如何建造？

任务 5.2 营养液膜水培

能力目标

能够进行营养液膜水培。

知识目标

掌握营养液膜水培技术的特征、设施结构与栽培管理要点。

德育目标

培养了学生严格、认真、细致的工作态度。

任务描述

营养液膜技术简称 NFT(Nutrient Film Technique)，是一种将植物种植在浅层流动的营养液中的水培方法。它是由英国温室作物研究所库柏(A. J. Cooper)于 1973 年发明。1979 年以后，该技术迅速在世界范围内推广应用。我国从 1984 年开始开展这种无土栽培技术的研究和应用工作，效果良好。本任务对营养液膜水培的设施结构及栽培管理进行介绍。

相关知识

一、设施结构

NFT 的设施主要由种植槽、贮液池、营养液循环流动装置三个部分组成。此外，还可以根据生产实际和资金的可能性，选择配置一些其他辅助设施，如浓缩营养液贮备罐及自动投放装置、营养液加温、冷却装置等。

(一)种植槽

NFT 的种植槽按种植作物种类的不同可分为两类：一是栽培大株型作物用的(图 5-7)；二是栽培小株型作物用的(图 5-8)。

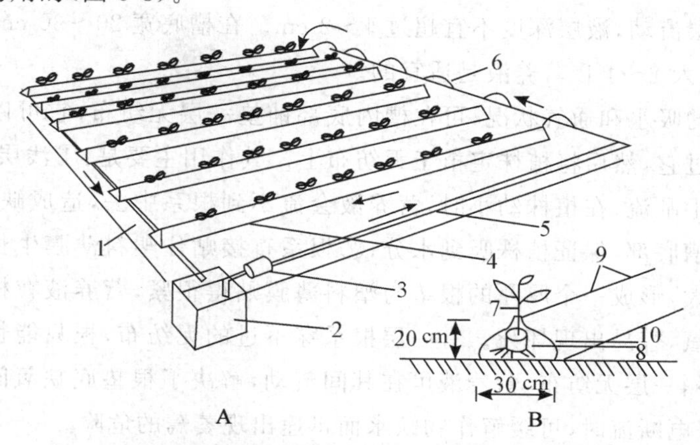

图 5-7　大株型作物用 NFT 设施组成示意图

A. 全系统示意图　B. 种植槽剖视图

1. 回流管　2. 贮液池　3. 泵　4. 种植槽　5. 供液主管　6. 供液支管　7. 苗　8. 育苗钵　9. 夹子　10. 聚乙烯薄膜

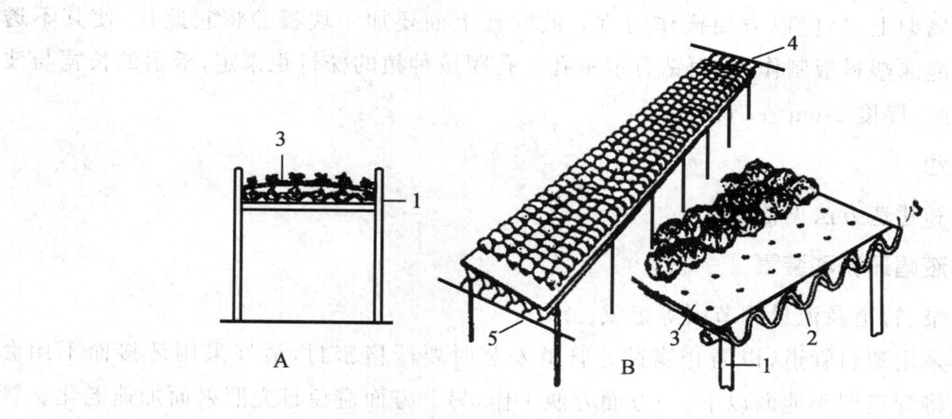

图 5-8　小株型作物用 NFT 种植槽

A. 横切面　　B. 侧俯视

1. 支架　2. 塑料波纹瓦　3. 定植板盖　4. 供液　5. 回流

1. 栽培大株型作物用的种植槽

这种槽是用 0.1～0.2 mm 厚的面白底黑的聚乙烯薄膜临时围合起来的等腰三角形槽，槽长 20～25 m，槽底宽 25～30 cm，槽高 20 cm。即取一幅宽 75～80 cm，长 21～26 m 的上述薄膜，铺在预先平整压实的、且有一定坡降的(1∶75 左右)地面上，长边与坡降方向平行。定植时将带有苗钵的幼苗置于膜宽幅的中央排成一行，然后将膜的两边拉起，使膜幅中央有20～30 cm的宽度紧贴地面，拉起的两边合拢起来用夹子夹住，成为一条高20 cm的等腰三角形槽。植株的茎叶从槽顶的夹缝中伸出槽外，根部置于不透光的槽内底部。

营养液要从高端流向低端，故槽底下的地面不能有坑洼，以免槽内积水。用硬板（木材或塑料）垫槽，可调整坡降，坡降不要太小，也不要太大，以营养液能在槽内流动顺畅为好。营养液在槽内要以浅层流动，液层深度不宜超过1～2 cm。在槽底宽20～30 cm，槽长不超过25 m的槽内，每分钟注入2～4 L营养液是适宜的。

为改善作物的吸水和通气状况，可在槽内底部铺垫一层无纺布，它可以吸水并使水扩散，而根系又不能穿过它，然后将植株定植于无纺布上。其作用主要是：①浅层营养液直接在塑料薄膜上流动会产生乱流，在植株幼小时，营养液会流不到根系中去，造成缺水。无纺布可使营养液扩散到整个槽底部，保证植株吸到水分；②根系直接贴住塑料薄膜生长，植株长到足够大时，根量多，重量大，形成一个厚厚的根垫与塑料薄膜贴得很紧，营养液在根的底部流动不畅，造成根垫底下缺氧，容易出现坏死。有一层根系穿不过的无纺布，根只能长在无纺布上面，根与塑料薄膜之间隔一层无纺布，营养液可在其间流动，解决了根垫底缺氧问题；③无纺布可吸持大量水分，当停电断流时，可缓解作物缺水而迅速出现萎蔫的危险。

2.栽培小株型作物用的种植槽

这种槽是用玻璃钢或水泥制成的波纹瓦作槽底。波纹瓦的谷深2.5～5.0 cm，峰距视株型的大小而伸缩，宽度为100～120 cm，可种6～8行，按此即计算出峰距的大小。全槽长20 m左右，坡降1∶75。波纹瓦接连时，叠口要有足够深度而吻合，以防营养液漏掉。一般槽都架设在木架或金属架上，高度以方便操作为宜。波纹瓦上面要加一块板盖将它遮住，使其不透光。板盖用硬泡沫塑料板制作，上面钻有定植孔。孔距按种植的株行距来定，板盖的长宽与波纹瓦槽底相匹配，厚度2 cm左右。

（二）贮液池

建造材料和建造方法见任务5.1。

（三）营养液循环流动装置

主要由水泵、管道及流量调节阀等组成。

管道均应采用塑料管道，以防止腐蚀。管道安装时要严格密封，最好采用牙接而不用套接。同时尽量将管道埋于地面以下，一方面方便工作，另一方面避免日光照射而加速老化。管道分两种：①供液管，从水泵接出主管，在主管上接出支管。其中一条支管引回贮液池上，使一部分抽起来的营养液回流贮液池中，一方面起搅拌营养液作用，使之更均匀并增加营养液中的溶存氧；另一方面可通过其上的阀门调节流量。在支管上再接许多毛管输到每个种植槽的高端，每槽的毛管设流量调节阀，然后在毛管上接出小输液管引入种植槽中。大株型种植槽每槽设几条ø2～3 mm的小输液管，管数以控制到每槽2～4 L/min的流量为度。多设几条小输液管的目的是在其中有1～2条堵塞时，还有1～2条畅通，以保证不会缺水。小株型种植槽每个波谷都设两条小输液管，保证每个波谷都有液流，流量每谷2 L/min。②回流管。种植槽的低端设排液口，用管道接到集液回流主管上，再引回贮液池中。集液回流的主管要有足够大的口径，以免滞溢。

(四)其他辅助设施

NFT 因营养液用量少，致使营养液变化比较快，必须经常进行调节。为减轻劳动强度并调节及时，可选用一些自动化控制的辅助设施进行自动调节。但即使不用这些辅助设施，用人工调节也同样能进行正常的生产，不过比较麻烦罢了。辅助设施包括定时器、电导率(EC)自动控制、pH 自控装置、营养液温度调节装置和安全报警器等(图 5-9)。

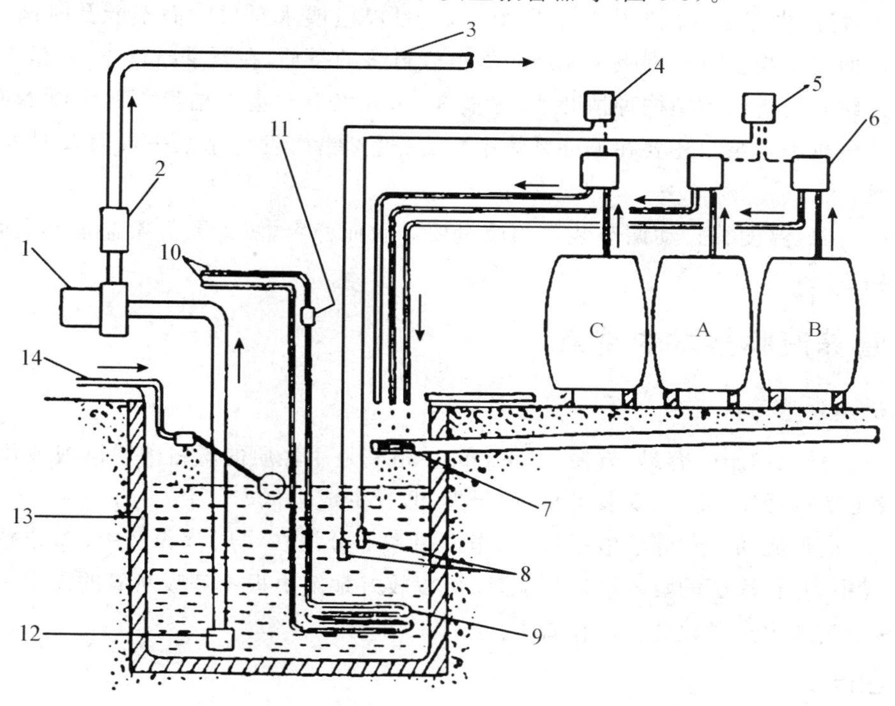

图 5-9 NFT 辅助设施示意图

A、B. 浓缩营养液贮罐 C. 浓酸(碱)贮罐 1. 泵 2. 定时器 3. 供液管 4. pH 控制仪 5. EC 控制仪 6. 注入泵 7. 营养液回流管 8. EC 及 pH 感应器 9. 加温或冷却管 10. 暖气(冷水)来回管 11. 暖气(冷水)控制阀 12. 水泵滤网 13. 贮液池 14. 水源及浮球

1. 定时器

间歇供液是 NFT 水培特有的管理措施。通过在水泵上安装一个定时器从而实现间歇供液的准确控制，但设定间歇的时间要符合作物生长实际。

2. 电导率(EC)自控装置

由电导率传感器和控制仪表及浓缩营养液罐(分 A、B 两个)加注入泵组成。当 EC 传感器感应到营养液的浓度降低到设定的限度时，就会由控制仪表指令注入泵将浓缩营养液注入贮液池中，使营养液的浓度恢复到原先的浓度。反之，如营养液的浓度过高，则会指令水源阀门开启，加水冲稀营养液使达到规定的浓度。

3. pH 自控装置

由 pH 传感器和控制仪表及带注入泵的浓酸(碱)贮存罐组成，其工作原理与 EC 自控装置相似(一般为硝酸或磷酸)或浓碱(一般用氢氧化钠,有时也用氢氧化钾)。

4. 营养液的加温和冷却装置

液温太高或太低都会抑制作物的生长,通过调节液温以改善作物的生长条件,比对大棚或温室进行全面加温或降温要经济得多。

营养液温度控制装置主要由加温装置或降温装置及温度自控仪两部分组成。

5. 安全装置

NFT 的特点决定了种植槽内的液层很薄,一旦停电或水泵故障而不能及时循环供液,很容易因缺水而使作物萎蔫。有吸水无纺布做槽底衬垫的番茄,在夏季条件下,停液 2 h 即会萎蔫。没有无纺布衬垫的种植槽种植叶菜,停液 30 min 以上即会干枯死亡。所以 NFT 系统必须配置备用电机和水泵。还要在循环系统中装有报警装置,发生水泵失灵时及时发出警报以便及时补救。

电导率、pH、温度等自动调节装置的质量要灵敏而稳定,每天要经常监视其是否失灵,以保证不出错。

二、营养液膜技术的特点

(一)优点

(1)设施投资少,施工容易、方便。NFT 的种植槽是用轻质的塑料薄膜制成或用波纹瓦拼接而成,设施结构轻便、简单,安装容易,便于拆卸,投资成本低。

(2)液层浅且流动。营养液液层较浅,作物根系部分浸在浅层营养液中,部分暴露于种植槽内的湿气中,并且浅层的营养液循环流动,可以较好地解决根系呼吸对氧的需求。

(3)易于实现生产过程的自动化管理。

(二)缺点

(1)NFT 的设施虽然投资少,施工容易,但由于其耐用性差,后续的投资和维修工作频繁。

(2)NFT 的根际环境稳定性差,对管理人员的技术水平和设备的性能要求较高。

(3)要使管理工作既精细又不繁重,势必要采用自动控制装置,需要增加设备和投资,所以推广面会受到限制。

(4)NFT 为封闭的循环系统,一旦发生根系病害,较容易在整个系统中传播、蔓延。因此,在使用前对设施的清洗和消毒的要求较高。

任务实施

一、种植槽处理

对于新槽主要检查各部件是否合乎要求,特别是槽底是否平顺,塑料薄膜有无破损渗漏。换茬后重新使用的槽,在使用前注意检查有无渗漏并要彻底清洗和消毒。

二、育苗与定植

1. 大株型种植槽的育苗与定植

因 NFT 的营养液层很浅,定植时作物的根系都置于槽底,故定植的苗都需要带有固体基质或有多孔的塑料钵以固定植株。育苗时就应用固体基质块(一般用岩棉块)或用多孔塑料钵育苗,定植时不要将固体基质块或塑料钵脱去,连苗带钵(块)一起置于槽底。

大株型种植槽的三角形槽体封闭较高,故所育成的苗应有足够的高度才能定植,以便置于槽内时苗的茎叶能伸出三角形槽顶的缝以上。

2. 小株型种植槽的育苗与定植

可用岩棉块或海绵块育苗。岩棉块规格大小以可旋转入定植孔、不倒卧于槽底即可,也可用无纺布卷成或岩棉切成方条块育苗。在育苗条块的上端切一小缝,将催芽的种子置于其中,密集育成 2~3 叶的苗,然后移入板盖的定植孔中。定植后要使育苗条块触及槽底而幼叶伸出板面之上。

三、营养液的配制与管理

1. 营养液配方的选择

NFT 系统营养液的浓度和组成变化较快,因此要选择一些稳定性较好的营养液配方。

2. 供液方法

NFT 的供液方法是比较讲究的。因为它的特点是液层要很浅,不超过 1.0~2.0 cm。这样浅的液层,其中含有的养分和氧很容易被消耗到很低的程度。当营养液从槽头一端输入,流经一段相当长的路程(以限 25 m 计算)以后,许多植株吸收了其养分和氧,这样从槽头的一株起,依次吸到槽尾的一株时,营养液中的氧和养分已所剩不多,造成槽头与槽尾的植株生长差异很大。当供液量达到一定限度时就会造成对产量的影响。说明 NFT 的供液量与多因素有关。

NFT 在槽长超过 30 m 以上,而植株又较密的情况下,要采用间歇供液法以解决根系需氧的问题。这样,NFT 的供液方法就派生为两种,即连续供液法和间歇供液法。

(1)连续供液法 NFT 的根系吸收氧气的情况可分为两个阶段:第一阶段,即从定植后到根垫开始形成,根系浸渍于营养液中,主要从营养液中吸收溶存氧。第二阶段,随着根量的增加,根垫形成后有一部分根露在空气中,这样就从营养液和空气两方面吸收氧。第二阶段的出现快慢,与供液量多少有关。供液量多,根垫要达到较厚的程度才能露于空气中,从而进入第二阶段较迟;供液量少,则很快就进入第二阶段。第二阶段是根系获得较充分氧源的阶段,应促其及早出现。

连续供液的供液量,可在 2~4 L/min 的范围内,随作物的长势而变化。原则上白天、黑夜均需供液。如夜间停止供液,则抑制了作物对养分和水分的吸收(减少吸收 15%~30%),可导致作物减产。

(2)间歇供液法 这是解决 NFT 系统中因槽过长,株过多而导致根系缺氧的有效方法。此外,在正常的槽长与正常的株数情况下,间歇供液与连续供液相比,产量和果实重量也是间歇供液的高。间歇供液在供液停止时,根垫中大孔隙里的营养液随之流出,通入空气,使根垫里直至根底部都吸到空气中的氧,这样就增加了整个根系的吸氧量。

间歇供液开始的时期，以根垫形成初期为宜。根垫未形成（即根系较少，没有积压成一个厚层）时，间歇供液没有什么效果。

间歇供液的程度，如在槽底垫有无纺布的条件下种植番茄，夏季每 1 h 供液 15 min，停供 45 min；冬季每 2 h 供液 15 min，停供 105 min，如此反复日夜供液。这些参数要结合作物具体长势与气候情况而调整。停止供液的时间不能太短，如小于 35 min，则达不到补充氧气的作用；但也不能停得太长，太长会使作物缺水而萎蔫。

3. 液温的管理

由于 NFT 的种植槽（特别是塑料薄膜构成的三角形沟槽）隔热性能差，再加上用液量少，因此液温的稳定性也差，容易出现同一条槽内头部和尾部的液温有明显差别。尤其是冬春季节槽的进液口与出液口之间的温差可达 6℃，使本来已经调整到适合作物要求的液温，到了槽的末端就变成明显低于作物要求的水平。可见，NFT 要特别注意液温的管理。

各种作物对液温的要求有差异，以夏季不超过 28～30℃，冬季不低于 12～15℃为宜。

任务小结

本任务的主要管理要点是种植前仔细检查种植槽底是否渗漏；对于前茬栽培过的种植槽要进行清洗消毒；在栽培过程中要采取间歇供液的方式。

任务小练

一、填空题

1. NFT 的设施主要由________、________和营养液循环流动装置三个部分组成。

2. NFT 间歇供液开始的时期，以________形成初期为宜。

3. NFT 液层深度不宜超过________cm。

二、简答题

1. NFT 供液方式采取连续供液法时，NFT 的根系吸收氧气的情况可分为哪两个阶段？

2. 试比较深液流技术和营养液膜技术有何异同？

3. 在营养液膜技术的种植槽底加无纺布有何益处？

4. 营养液膜技术采取间歇供液方式有哪些益处？

任务 5.3　其他水培

能力目标

能够进行其他水培技术。

知识目标

掌握其他水培技术的特征、设施结构与栽培管理要点。

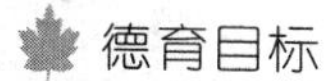

培养学生严格、认真、细致的工作态度。

任务描述

水培除了上面介绍的深夜流水培和营养液膜水培以外，还有其他的水培方式，如浮板毛管水培、动态浮根水培及浮板水培技术等，本任务将对他们进行简单的介绍。

相关知识

一、浮板毛管水培

浮板毛管水培简称FCH(Floating Capillary Hydroponics)，是由浙江省农业科学院和南京农业大学于1991年共同参考日本的浮根法经改良研制成功的一种新型无土栽培系统。该系统具有成本低、投资少、管理方便、节能、实用等特点。这种水培技术适应性广，适宜我国南北方各种气候条件和生态类型应用。目前FCH水培系统已在北京等十多个省市自治区示范应用，获得了良好的应用效果。

浮板毛管水培设施包括种植槽、地下贮液池、循环管道和控制系统四部分(图5-10)。除种植槽以外，其他三部分设施基本与NFT相同。种植槽(图5-11)由定型聚苯乙烯板做成长1 m凹形槽，然后连接成长15～20 m的长槽，其宽40～50 cm，高10 cm，槽内铺0.3～0.8 cm厚的聚乙烯薄膜，营养液深度为3～6 cm，液面漂浮1.25 cm厚、宽10～20 cm的聚苯乙烯泡沫板，板上覆盖一层亲水性无纺布(作为湿毡，规格为50 g/m^2)，两侧延伸入营养液内，通过毛细管作用，使浮板始终保持湿润。秧苗栽入定植杯内，然后悬挂在定植板的定植孔中，正好把槽内的浮板夹在中间，根系从定植杯的孔中伸出后，一部分根爬伸生长到浮板上，产生根毛吸收氧气，一部分根伸到营养液内吸收水分和营养。定植板用2.5 cm厚、40～50 cm宽的聚苯乙烯泡沫板，覆盖于种植槽上，定植板上开两排定植孔，孔径与育苗杯外径一致。

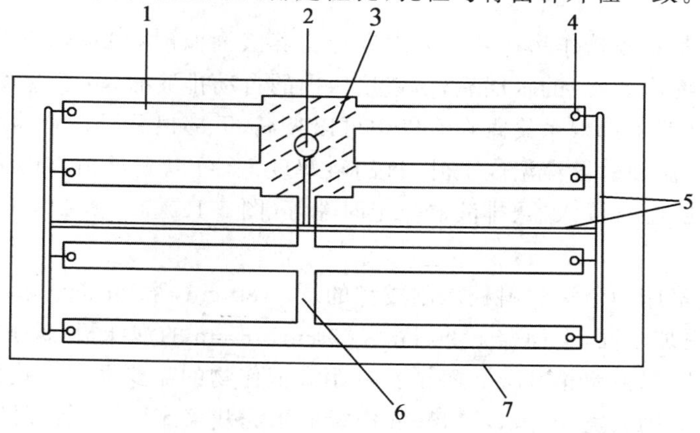

图5-10 FCH系统设施平面布置图

1.种植槽 2.水泵 3.贮液池 4.空气混入器 5.供液管道 6.排液管道 7.定型聚苯乙烯种植槽

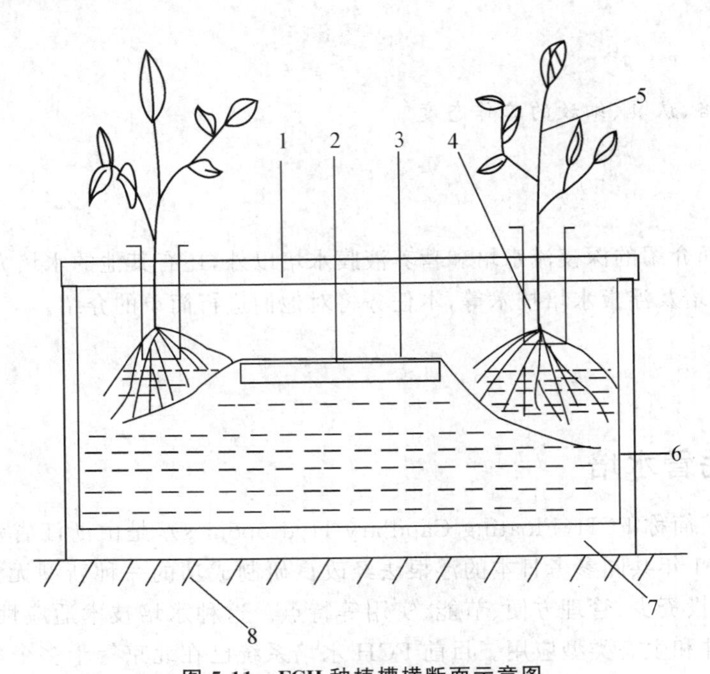

图 5-11　FCH 种植槽横断面示意图

1. 定植板　2. 浮板　3. 无纺布　4. 定植杯　5. 植株　6. 营养液
7. 定型聚苯乙烯种植槽　8. 地面

孔间距为 40 cm×20 cm。种植槽坡降 1∶100，上端安装进水管，下端安装排液装置，进水管处同时安装空气混入器，增加营养液的溶氧量。排液管道与贮液池相通，种植槽内营养液的深度通过垫板或液层控制装置来调节。一般在秧苗刚定植时，种植槽内营养液的深度保持 6 cm，定植杯的下半部进入营养液内，以后随着植株生长，逐渐下降到 3 cm。其他管理参考 DFT。

二、动态浮根系统

动态浮根系统是指栽培作物在栽培床内进行营养液灌溉时，根系随着营养液的液位变化而上下左右波动。灌满 8 cm 的水层后，由栽培床内的自动排液器，将营养液排出去，使水位降至 4 cm 的深度。此时上部根系暴露在空气中可以吸氧，下部根系浸在营养液中不断吸收水分和养分，不怕夏季高温使营养液温度上升、氧的溶解度低，可以满足植物的需要。主要设施包括栽培床、营养液池、空气混入器、排液器与定时器等(图 5-12)。

1. 栽培床

台湾省用的栽培床为泡沫塑料板压制成型的，长 180 cm，宽 90 cm，深 8 cm，中间有 2 cm 凸起，以使栽培床更加牢固，上面盖上 90 cm×60 cm×3 cm 的泡沫板，板上隔一定的距离挖 1 个直径 2.5 cm 的孔，以便定植叶菜。每个孔的距离依作物的需要而定。这种栽培床还需要安装支架。如果在地面砌成宽 90 cm，深 8 cm 内径的水泥栽培床，并安装好排水器，使营养液的液位上升到 8 cm 后，由自动排液器排出 4 cm，也能适应动态浮根式水培的要求。

2. 营养液池

每 667 m^2 面积水培可设 1 个 6 t 左右的地下营养液池。并安装 1 个 750 W 的高速水泵。

3. 空气混入器

空气混入器安装在营养液流进栽培床的入口处，其内部构造为两组十字形重叠的塑料闸门，会产生8条水流冲出，约可增加30%的空气混入，使溶氧量增加，维持3～6 μg/mL。

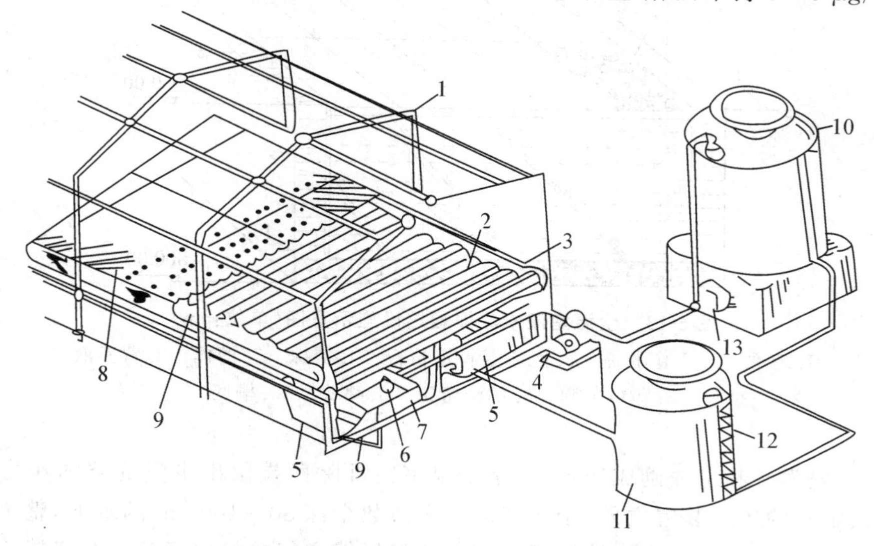

图 5-12　动态浮根系统的主要设施图

1. 管结构温室　2. 栽培床　3. 空气混入器　4. 水泵　5. 水池　6. 营养液液面调节器
7. 营养液交换箱　8. 板条　9. 营养液出口堵头　10. 高位营养液罐
11. 低位营养液罐　12. 浮动开关　13. 电源自动控制器

4. 排液器与定时器

栽培床一般有1%～2%的倾斜度。在排水口处安装1个0～8 cm高度的排水器，可以自动调节营养液的水位，它要与定时器联合工作，在上午10时至下午16时之间，每隔1 h抽液1次，每次15 min。其余时间每2～3 h抽1次，每次15 min。

三、深水漂浮栽培

深水漂浮栽培是浮板水培技术FHT(Floating Hydroponics Technique)的一种。浮板水培技术是指植物定植在浮板上，浮板在营养液池中自然漂浮的一种水培模式。池中营养液深度一般在10～100 cm范围内，根据池中营养液的深浅，可分为深水漂浮栽培系统和浅池漂浮栽培系统。

深水漂浮栽培系统最初由美国亚利桑那大学于20世纪70年代末研究开发，后经加拿大HydrONov公司发展推广应用于商业化生产，在加拿大、美国以及我国的北京、深圳等地建立了深水漂浮栽培温室，用于水培蔬菜的商业化生产，推广较快。而浅池漂浮栽培系统与传统DFT水培的主要区别是定植板和定植杯以及植物根系均漂浮在种植槽内的营养液中，定植板随液位变化而上下浮动。主要设施包括栽培床、定植板、营养液循环系统、自动控制系统和营养液消毒装置(图5-13)。

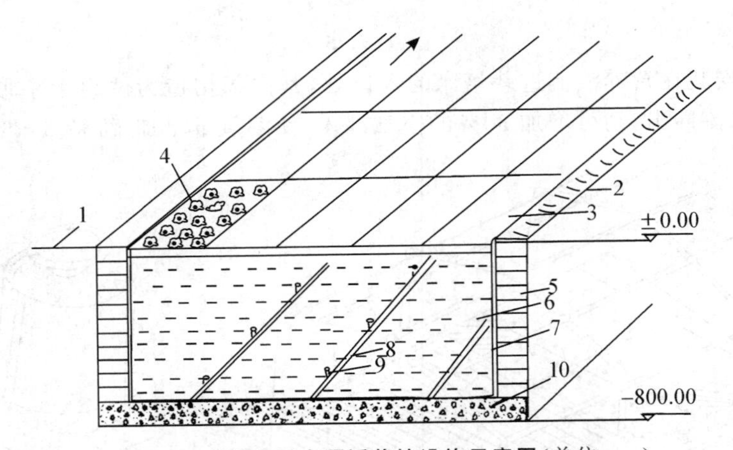

图 5-13　全温室深水漂浮栽培设施示意图(单位:cm)

1.地面　2.工作通道　3.泡沫塑料定植板　4.植株　5.槽框　6.营养液　7.塑料薄膜　8.供液管道　9.喷头　10.槽底

栽培床一般为砖和水泥砌成的水池,整个温室内部除两端留出少量的空间作为工作通道及放置移苗、定植的传送装置之外,全部建成一个或数个深 80～100 cm 的水池,整个水池中放入 80～90 cm 深的营养液。在水池底部安装有连接压缩空气泵的出气口以及连接浓缩液分配泵的出液口。池中的营养液通过回流管道与另一个水泵相连接,通过该水泵进行整个贮液池中营养液的自体循环。每个栽培床宽 4～10 m,长数十米,大型连栋温室里往往多个栽培床平行排列,中间以走道分隔。

定植板一般为白色聚苯乙烯泡沫塑料板,用以固定植株。定植板上有许多定植孔,孔距因作物种类和生长阶段的不同而异。定植板依靠浮力漂浮在营养液上,没有其他支撑。

营养液循环系统包括贮液池、泵、加液系统、回液系统以及补氧装置。

自动控制系统包括与计算机相连的电导率仪、pH 计、温湿度计、光照测定装置及报警装置等,可以随时对营养液的浓度、酸碱度、温度进行监测,对温室的温度、湿度和光照进行监测,并按照设定程序自动调节营养液电导率、pH 等。

四、其他水培特点

(一)浮板毛管水培特点

1.培养湿气根,创造丰氧环境,改善根系供氧条件

解决营养液中水气矛盾,提高植物根际供氧水平,是无土栽培系统的关键技术之一。浮板毛管水培系统主要通过两个方面来解决水气矛盾:①在供液口安装空气混合器,使种植槽中营养液的溶氧量达到接近饱和的水平。②在部分根系浮在槽内浮板湿毡(无纺布)上,比较粗短,可吸收空气中的氧气,起着改善整个根系供氧状况的作用。部分根系生长在营养液中,比较细长,主要起吸收养分和水分的作用,从而克服了 DFT 系统根际环境易缺氧问题。

2.营养液供给稳定,不怕短期停电

种植槽营养液一般可保持 3～6 cm,相当于番茄黄瓜等蔬菜作物最大日耗液量的 3～6 倍。所以在栽培过程中发生临时停水、停电或水泵、定时故障,造成不能正常供液的情况下,对植株的正常生长没有什么大的影响。那么如果发生了上述情况,例如对采收旺期的黄瓜进行

停液 16 h 处理，会出现如表 5-1 所示的营养液情况，由此可见营养液的稳定性。

表 5-1　FCH 种植槽上不同位置的营养液主要成分

mg/L

种植槽的位置	NH_4^+	NO_3^-	P	K	Ca	Mg
进液口	182.6	16.1	28.9	266.6	178.4	52.9
排液口	179.6	15.9	28.6	258.8	180.1	52.1
进液口（停液 16 h）	167.5	6.8	28.2	238.6	179.1	52.0

进液口与排液口的距离为 30 m，两处的营养液主要营养成分变化不大。停液 16 h 后，栽培床内营养液仅消耗了 1 cm，营养液内主要元素含量的变化也不大，均在植物适宜生长范围内，对植株生长没有什么影响。这说明 FCH 解决了 NFT 因停电营养液供应困难的问题。

3. 根际环境稳定

FCH 系统是采用全封闭营养液循环和隔热性能好的聚苯乙烯泡沫板制作的种植槽，槽内空间受外界环境变化的影响较小。槽内液温稳定，即使在夏季高温季节，液温不超过 33℃，比最高气温低 6～9℃。因此，在南方最炎热的夏季，采用 FCH 系统设施栽培甜瓜、黄瓜等耐热作物，仍能获得好的收成。

4. 设备投资少，运行耗能较低

FCH 系统设备，每 3 座 6 m×30 m 大棚（共 540 m^2）的设备投资为：叶菜类 1.8 万元、果菜类 1.5 万元，比国产的改良型 NFT 系统设备投资降低 50%以上。FCH 系统设施的营养液循环与 NFT 系统一样，采用间歇供液循环方式，但间歇的时间更长，水泵运转时间为 NFT 系统的 1/4，从而减少了能源消耗。

（二）深水漂浮栽培的特点

深水漂浮栽培因其设施的规模化、现代化，真正实现了蔬菜的工厂化生产，产品质量稳定。紧凑合理的定植方式，快速简便的茬口更换，显著地提高了温室利用率，从而大幅度提高了单位面积的产量。但这一栽培方式投资大、生产成本高，只有产品以较高的价位出售，才能保证获得好的经济效益。因此，深水漂浮栽培温室多建于大城市周边地区，以供应都市居民新鲜高档蔬菜为目的。

任务实施

深水漂浮栽培管理

各种蔬菜在生育过程中所需要的营养不同，因此要有不同的营养液配方。绿叶菜所需要的基本配方见表 5-2。这些蔬菜所需要的微量元素浓度都是一样的，但大量元素则需根据作物的种类按基本配方的浓度乘上不同的倍数，就是该作物所需要的营养液浓度（表 5-3）。

配制营养液之前应先测定水的 pH，并确定其是否含有重金属。北方硬水地区的水质，其 pH 常达到 7.5 以上，要用酸把 pH 调整到 6.0，否则有部分元素会产生沉淀。一般每 1 t 水要下降 1 个 pH，需用 95%的浓硫酸 25～50 mL。反之，pH 低于 5.0 时，要升高 1 个 pH，每 1 t 水需加 40%饱和氢氧化钠溶液 50～100 mL。

表 5-2　叶菜类营养液基本配方

	化肥种类	质量浓度(mg/L)
大量元素	硝酸钙	236
	硝酸钾	404
	硫酸镁	123
	磷酸一铵	57
微量元素	螯合铁	20
	硼酸	1.2
	氯化锰	0.72
	硫酸铜	0.04
	硫酸锌	0.09
	钼酸钠	0.01

表 5-3　各种叶菜类所需的营养液浓度

蔬菜种类	大量元素浓度	电导率(mS/cm)	氢离子浓度(nmol/L)
白菜、莴苣	×1.5 倍	1.3	1 000(6.0)
菠菜、苋菜、油菜			
茼蒿、空心菜	×2.0 倍	1.7	1 000(6.0)
青梗白菜、芥菜			
芥蓝、结球莴苣	×2.5 倍	2.0	1 000(6.0)

注:氢离子浓度项括号内数字为 pH。

深水漂浮栽培适宜于种植各种叶菜。作物在岩棉育苗块中把岩棉块连小苗定植到聚苯乙烯泡沫塑料板的定植孔中,然后把定植板放在营养液中,借助泡沫板的浮力使作物漂浮在营养液的表面。待作物稍大时则将苗从定植板中取出,另行种植在具有较疏株行距定植孔的定植板中。如果种植生菜,整个生长期要进行间疏 3～4 次。初始栽培需要大量的营养液以填满栽培床。以后每次换茬不需更换营养液,只需补充作物消耗的养分和水分。由于该栽培系统的定植板漂浮在营养液上,移动方便,根据植株的大小多次更换定植板以节省温室空间是深水漂浮栽培的特征之一。据此深水漂浮栽培的单位面积种植株数可提高 1 倍以上。

整个温室中的营养液池根据不同的苗龄大小而分为不同的区域,放入营养液池中的定植板可利用一种设置在温室一端的机械推杆从营养液池的一端沿液面推向温室的另一端。这样,在一个大型的温室中,合理安排播种时间(一般每天都需要播种一定量的种子,保证每天都有一定量的幼苗可定植到营养液池中),这样可保证每天都有一定量的产品收获。如北京顺义的一套全温室深池浮板水培装置生产生菜,一年四季不断定植,持续收获。

任务小结

通过本任务我们主要了解一下浮板毛管水培、动态浮根水培及深水漂浮栽培技术的设施结构和工作原理等。

任务小练

简答题

1. 浮板毛管水培特点是什么？

2. 深液流水培和浮板毛管水培技术有那些共同点？

3. 什么是深水漂浮栽培？

4. 深水漂浮栽培的特点是什么？

任务5.4　雾　培

能力目标

能够进行雾培操作。

知识目标

掌握雾培技术的特征、设施结构与栽培管理要点。

德育目标

培养学生严格、认真、细致的工作态度。

任务描述

雾培是无土栽培技术中根系水气矛盾解决得最好的一种形式。本任务主要从雾培的设施结构及栽培管理来加以阐述。

相关知识

雾培技术又称喷雾栽培、气雾培，它是所有无土栽培技术中根系水气矛盾解决得最好的一种形式，同时它也易于自动化控制和进行立体栽培，提高温室空间的利用率。喷雾栽培可根据植物根系是否有部分浸没在营养液层而分为喷雾培和半喷雾培两种类型。喷雾培是指根系完全生长在雾化的营养液环境中的无土栽培技术；而半喷雾培是指部分根系浸没在种植槽下部的营养液层中，而另外那部分根系则生长在雾化的营养液环境中的无土栽培技术。

一、设施结构

（一）种植槽

喷雾培的种植槽可用硬质塑料板、泡沫塑料板、木板或水泥混凝土制成，形状可多种多样。种植槽的形状和大小要考虑到植株的根系伸入到槽内之后，安装在槽内的喷头要有充分的空间将营养液均匀喷射到各株的根系上。因此，种植槽不能做得太狭小而使雾状的营养液喷洒不开，但也不能做得太宽大，否则喷头也不能将营养液喷射到所有的根系上。

图 5-14、图 5-15 分别为梯形和 A 形种植槽。槽的底部可用混凝土制成深约 10 cm 的槽，用于盛接多余的营养液。而在槽的上部可用铁条做成 A 形或梯形的框架，然后将已开了定植孔的泡沫塑料定植杯放置在这个框架上方，即可定植作物。而图 5-16 的种植槽与深液流水培的类似，但槽的深度要比深液流水培的深，可达 25～40 cm，在槽的上部放置泡沫定植板，栽培作物时营养液从槽的近上部安装的管道上的喷头中喷出，而槽底可盛装 2～3 cm 深的营养液层（即半喷雾培），也可以不保留此营养液层，让多余的营养液随时流回贮液池中。

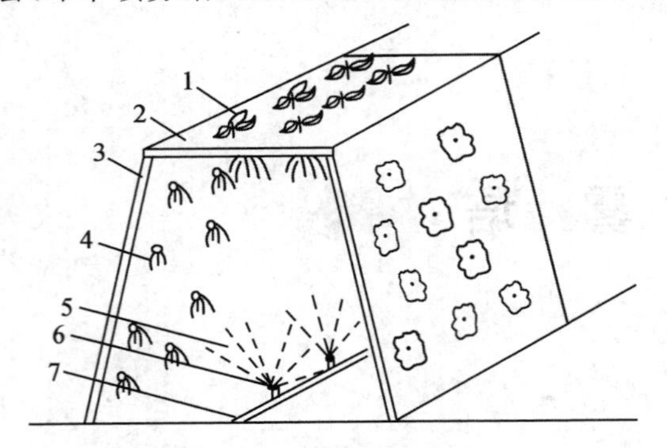

图 5-14　梯形喷雾培种植槽示意图

1. 植株　2、3. 泡沫塑料板　4. 根系
5. 雾状营养液　6. 喷头　7. 供液管

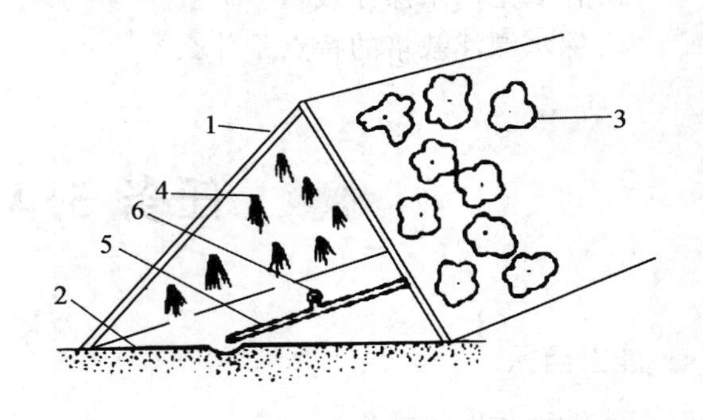

图 5-15　A 形喷雾培种植槽示意图

1. 泡沫塑料板　2. 塑料薄膜　3. 结球生菜
4. 根系　5. 供液管　6. 喷头

（二）供液系统

供液系统主要包括营养液池、水泵、管道、过滤器、喷头等部分，有些喷雾培不用喷头，而用超声气雾机来雾化营养液。

1. 营养液池（贮液池）

规模较大的喷雾培可用水泥砖砌成较大体积的营养液池，而规模较小的可用大的塑料桶或箱来代替。池的体积要保证水泵有一定的供液时间而不至于很快就将池中的营养液抽干。如果条件许可，营养液池的容积可做得大一些，但最少也要保证植物 1～2 d 的耗水需要。

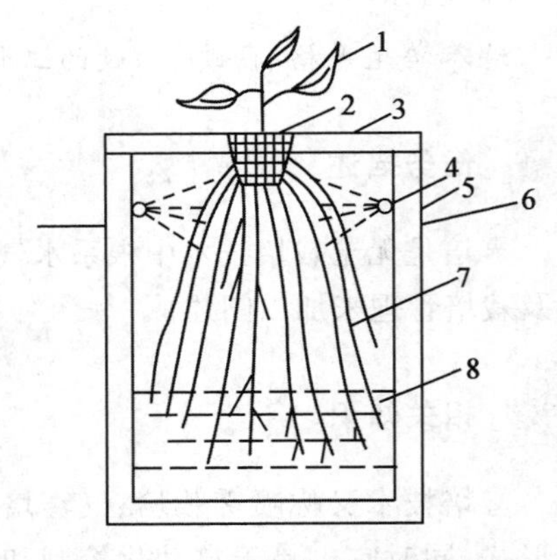

图 5-16　半喷雾培种植槽示意图

1. 植株　2. 定植杯　3. 定植板
4. 喷头　5. 种植槽　6. 地面
7. 根系　8. 营养液层

2. 水泵

水泵的功率应与种植面积的大小、管道的布置以及选用的喷头及其所要求的工作压力来综合考虑确定。选用耐腐蚀的水泵，一般 667 m^2 的大棚要求水泵功率为 1 000～1 500 W。

3. 管道

管道应选用塑料管，各级管道的大小应根据选用的喷雾装置上的喷头工作压力大小而定。

4. 过滤器

因水或配制营养液的原料中含有一些杂质，可能会堵塞喷头。因此，要选择过滤效果良好的过滤器。

5.喷头

喷头可根据喷雾培形式以及喷头安装的位置的不同来选用不同的喷头。有些喷头的喷洒面为平面扇形的,而有些则是全面喷射的。喷头的选用以营养液能够喷洒到设施中所有的根系并且雾滴较为细小为原则。

6.超声气雾机

超声气雾机是利用超声波发生装置产生的超声波把营养液雾化为细小雾滴的雾流而布满根系生长范围之内(种植槽内),取代了上述的供液系统。通过超声波雾化营养液有助于杀灭营养液中可能存在的病原菌,对作物生长有利。图5-17为国产超声气雾机的外观。营养液池或罐的出水口应设在高于超声气雾机的入水口的位置,通过管件把营养液池或罐与超声气雾机的入水口相连,使营养液在重力的作用下流入超声气雾机内。由于超声气雾机中内置鼓风设备的功率有限。因此,种植床不能过长,一般不超过8 m。

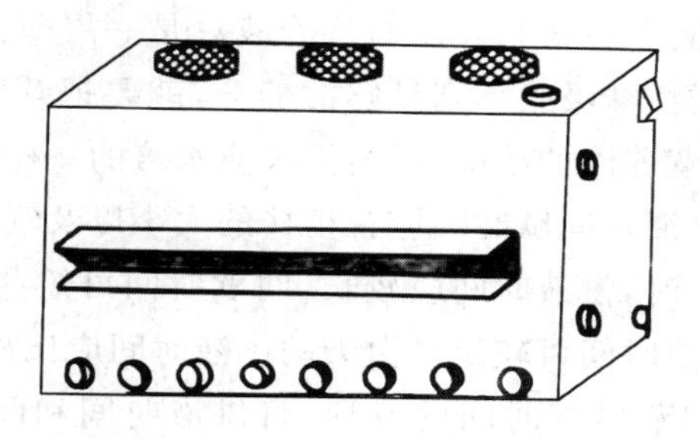

图5-17 国产超声气雾机

二、雾培特点

(一)优点

(1)可很好地解决根系氧气的供应问题,几乎不会出现由于根系缺氧而生长不良的现象。

(2)养分及水分的利用率高,养分供应快速而有效。

(3)可充分利用温室内的空间,提高单位面积的种植数量和产量。温室空间的利用要比传统的平面式栽培提高2～3倍。

(4)易实现栽培管理的自动化。

(二)缺点

(1)生产设备投资较大,设备的可靠性要求高,否则易造成喷头堵塞、喷雾不均匀、雾滴过大等问题。

(2)在种植过程中营养液的浓度和组成易产生较大幅度的变化,因此对管理技术要求较高。

(3)在短时间停电的情况下,喷雾装置就不能运转,很容易对植物造成伤害。

(4)作为一个封闭的系统,如控制不当,根系病害易于传播、蔓延。

任务实施

一、定植

喷雾培定植方法可与深液流水培的类似。但如果定植板是倾斜的，则不能够用小石砾来固定植株，应用少量的岩棉纤维或聚氨酯纤维或海绵块裹住幼苗的根颈部，然后放入定植杯中，再将定植杯放入定植板的定植孔内。也可以不用定植杯，直接把用岩棉、聚氨酯纤维或海绵裹住的幼苗塞入定植孔中，此时，裹住幼苗的岩棉、聚氨酯或海绵的量以塞入定植孔后幼苗不会从定植孔中脱落为宜，但也不要塞得过紧，以防影响作物生长。

二、营养液管理

喷雾培的营养液浓度可比其他水培的高一些，一般要高20%～30%。这主要是由于营养液以喷雾的形式来供应时，附着在根系表面的营养液只是一层薄薄的水膜，因此总量较少，而为了防止在停止供液的时候植株吸收不到足够的养分，就要把营养液的浓度稍为提高。而如果是半喷雾培，则不需提高营养液的浓度，可与深液流水培的一样。

喷雾培是间歇供液。供液及间歇时间应视植株的大小以及气候条件的不同而定。植株较大、阳光充沛、空气湿度较小时，供液时间应较长，间歇时间可短些。如果是半喷雾培，供液的间歇时间还可稍延长，而供液时间可较短。白天的供液时间应比夜晚来得长，间歇时间则应较短。也有人为了省去每天调节供液时间的麻烦，将供液时间和间歇时间都缩短，每供液5～10 min，间歇5～10 min，即供液的频度增加了。这样解决了营养液供液不及时的问题，但水泵需频繁启动，其使用寿命将缩短。

任务小结

雾培法在栽培过程中，一定要密切关注植株的长势情况，防止因喷头堵塞而影响植物生长。

任务小练

简答题

1.雾培的设施结构包括哪几部分？

2.雾培定植植株幼苗如何操作？

3.喷雾培的营养液浓度为什么可比其他水培的高一些？

4.喷雾培间歇供液如何来调控？

5.雾培与水培有何区别？

项目6

固体基质栽培

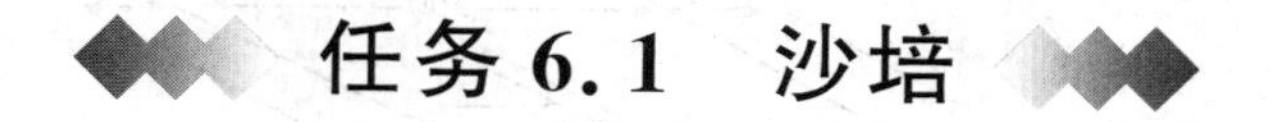

任务 6.1 沙培

能力目标

能够科学、规范、有效地进行沙培管理。

知识目标

掌握沙培的操作规程及管理要点。

德育目标

培养学生严格、认真、细致的工作态度。

任务描述

沙培是用沙粒作为作物生长基质的一类无土栽培技术。由于沙粒的来源广泛，价格低廉，生产设施的结构较为简单，建造方便，维护及运行费用便宜，因此在世界上许多国家得到广泛应用。本任务对沙培的设施结构及管理进行介绍。

相关知识

沙子作为无土栽培的一种基质，不同粒径组成的沙，物理性质有很大差异，栽培效果也截然不同。沙粒太粗易产生基质中通气过盛、保水能力较低，植株易缺水，营养液的管理麻烦；而如果沙太细，则保水性强、透气性差。从沙子的化学性质来看，由于沙的种类及来源不同，其pH和微量元素含量也有较大差别。如来源于石灰质地区的沙子，其碳酸钙含量会很高，一般要求沙的碳酸钙含量不应超过20%。如果碳酸钙含量高达50%以上，则需进行处理，处理方法参见项目3中的任务3.2。所以，沙子作为无土栽培的基质，使用中应注意以下几个方面：

(1)沙粒不宜过细，一般选用0.2～2.0 mm粒径组成为好。沙粒要均匀，不宜在大沙粒中加入土壤或细沙。也可参见项目 3 任务 3.2 中的沙的粒径组成。

(2)使用前应进行过筛,剔除大的砾石,用水冲洗除去泥土、粉沙;海边来源的沙子经过冲洗可除去沙中的氯化钠。

(3)确定合理的供液量和供液时间,防止因供液不足而造成缺水。

任务实施

一、沙培生产设施结构

(一)种植槽

沙培的设施结构主要由种植槽、供液和排液系统、贮液池等部分组成。

种植槽可用红砖、水泥砂浆砌成。种植槽槽底有"V"形、倒"V"形和平底形。

图 6-1 为"V"形种植槽。"V"形槽底有坡度,营养液以开放式滴灌的形式供应,营养液可以排到室外,不循环利用。

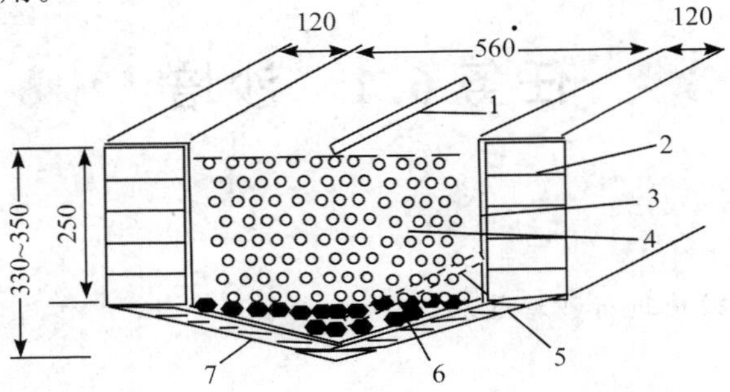

图 6-1 "V"形种植槽(单位:mm)

1. 供液管 2. 砖 3. 塑料薄膜 4. 栽培基质 5. 排液管 6. 粗基质 7. 地面

图 6-2 为倒"V"形种植槽。倒"V"形槽底,中央位置较高,而两侧向低处倾斜,在槽外两侧各建一条排水沟,从槽中流出的多余营养液可流到此排水沟排出棚外。

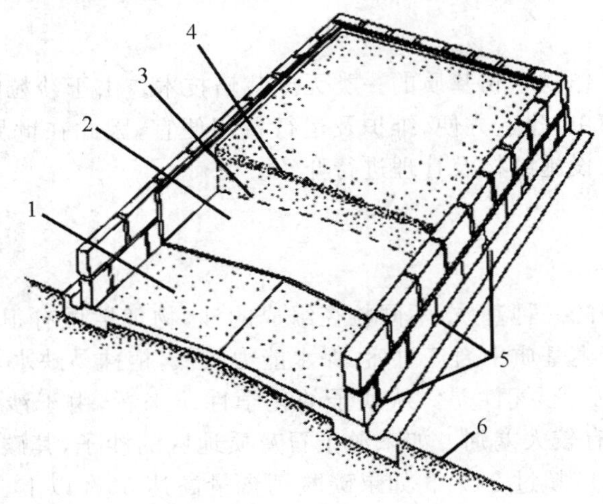

图 6-2 倒"V"形种植槽

1. 中间高两边低的槽底 2. 塑料薄膜 3. 沙层 4. 粗沙粒 5. 排液孔 6. 地面

图 6-3 为正在建造的平底形种植槽。用 3～4 层红砖在温室或大棚平实的地面平铺而成，然后在槽内铺一层黑色塑料薄膜，在离槽底约一块砖的高度，每隔 50～70 cm 用刀切开一道 5～8 cm 的缝隙，以便过多的营养液能够流到槽外。

图 6-3　平底形种植槽

(二)供液系统

沙培一般采用滴灌的方式来供液，较为经济方便的是选用多孔微灌软管，管壁厚一般为 0.1～0.2 mm，出水孔的孔径为 0.7～1.0 mm，孔距为 25～40 cm。将软管直接铺在种植槽植株行间。

(三)贮液池

贮液池一般有两种情况：①采用水泵进行供液的，可以把贮液池建在地下。②采用重力自流式供液，要根据滴灌系统对压力的要求而把贮液池架高，设在地面上。贮液池的容积应根据供液控制面积以及种植作物的种类来具体确定。例如：建一个控制面积为 667 m^2 种植甜瓜的贮液池应为 3.6 m^3。

二、沙培生产设施的管理

(一)滴灌系统的日常管理

任何形式的滴灌系统都存在着堵塞的可能性。当配制营养液的原料纯度不高、不溶性物质含量高、水源杂质多、配制过程产生沉淀以及水质硬度高、过滤器的效果差等情况下，都容易造成滴头的堵塞，最终结果是供水不足或完全缺水，植株萎蔫死亡。

防止的方法：

(1)经常巡视，发现出水量少，立即疏通或更换喷头。

(2)每次换茬时，用清水冲洗一次滴灌系统，最好把喷头全部取下来，浸泡在稀酸(0.1 mol/L)中 24 h，然后用清水冲洗干净。

(3)过滤器也要经常冲洗，以确保过滤效果。

(二)营养液管理

1.营养液配方的选择和配制

由于沙培基质的缓冲能力较低,基质中的贮液量多,存于基质层中营养液的浓度和酸碱度会因作物的选择性吸收和基质表面的蒸腾作用而变化较大。因此要选用浓度较低、酸碱反应较稳定的配方。如果选择的配方浓度较高,可用其1/2剂量。

2.供液浓度和供液次数

当阳光充足、温度高、湿度小、风力较强时,供液的浓度应降低,一般为1.0～1.2 mS/cm,并且每天的供液次数要增多。在阳光不足、温度较低、湿度大、风力较弱时,要稍微提高营养液的浓度至1.2～1.5 mS/cm,每天的供液次数应少一些。

3.供液量的确定

根据植株的大小和光照、温度、湿度及通风条件的不同来具体确定供液量。一般在基质底部有1～2 cm的水层时停止供液。最好控制在基质中没有水层的出现而基质的含水量达到其饱和持水量的70%～80%即可。

4.基质中累积盐分的消除

以滴灌形式滴入种植槽的营养液一方面随重力作用在沙层中由上至下渗透,同时在毛细管的作用下,在向下运动的同时也向四周扩散,其中有部分营养液是由下向上上升至基质的表面,当基质表面营养液中的水分丧失之后,盐分就累积在基质表面,严重时出现“盐霜”,危害植株基部。此时要改为滴灌低浓度的营养液,或改为滴灌清水以冲洗盐分的累积。

(三)基质消毒

基质消毒一般每年进行1次,也可以一茬1次,以消除包括线虫在内的土传病虫害。常用的消毒方法可参照基质消毒部分。

任务小结

进行沙培时,首先要注意沙子的选择,不同地区来源的沙子,其酸碱性及成分可能不一样,在使用时要进行检测化验;栽培床内的沙子表面要平整,别有坑洼,以免积水影响附近植株生长;要结合光照、温度及植株的生长情况来进行合理滴灌。

任务小练

简答题

1.用石灰质地区的沙子进行沙培时,应如何处理?

2.沙培时,沙子应做哪些处理?

3.沙培种植槽有哪些类型?

4.沙培时,沙子重复利用,如何进行消毒?

5.沙培时,供液浓度和供液次数应如何管理?

6.进行沙培时,如果基质表面出现“盐霜”,应如何处理?

任务6.2　岩棉培

能力目标

能够科学、规范、有效地进行岩棉培。

知识目标

掌握岩棉培操作规程和管理。

德育目标

培养学生严格、认真、细致的工作态度。

任务描述

岩棉培是以岩棉作基质的一类无土栽培技术。它是1968年丹麦的格罗丹(Grodan)公司首先开发的。它是将植物种植于一定体积的岩棉块中,让作物在其中扎根锚定,吸水、吸肥。其基本模式是将岩棉切成定型的块状,用塑料薄膜包住成一枕头袋块状,称为岩棉种植垫。种植时,将岩棉种植垫的面上薄膜割开一个个穴,种上带育苗块的小苗,并滴入营养液,植株即可扎根其中吸到水分和养分而长大。若将许多岩棉种植垫集合在一起,配以诸如灌溉、排水等装置附件,组成岩棉种植畦,即可进行大规模的生产。由于营养液利用方式的不同,岩棉培可分为开放式岩棉培和循环式岩棉培两种类型。本任务从这两种方式来加以介绍。

相关知识

一、开放式岩棉培

开放式岩棉培是指营养液通过滴灌滴入岩棉种植垫内,不循环利用,多余的部分从垫底流出。基本的设施结构包括栽培床、供液装置和排液装置。

(一)栽培床

1. 筑畦

将棚室内地面平整后,按规格筑成龟背形的土畦并将其压实,其畦面状况见图6-4。畦的规格根据作物种类而定。以种番茄为例,畦宽(畦沟到畦沟之间)150 cm,畦高约10 cm(畦沟底至畦面最高点),在距畦宽的中点左右两边各30 cm处,开始平缓地倾斜而形成两畦之间的畦沟,畦长约30 m,畦沟沿长边方向有1∶100的坡降,以利于排水。整个棚室的地面都筑好压实的畦后,铺上一层0.2 mm厚的乳白色塑料薄膜,将全部畦连沟都覆盖住,膜要贴紧畦和沟,使铺膜后仍显出畦和沟的形状。铺乳白色薄膜的作用:①防止土中病虫和杂草的侵染;②防止多余营养液渗入土中而产生盐渍化;③增加光照反射率,使温室种植的高株型作物下部叶片光合强度提高,有利于生长。冬季栽培,可在种植垫下安放加温管道,管道建设见图6-5。先在摆放种植垫的位置放置一块中央有凹槽的泡沫板，起隔热作用。凹槽内铺加热管，其上铺一层黑白双色薄膜，薄膜的宽度要足够盖住畦沟及其两侧的两行种植垫。放上种植垫之后把两侧的薄膜向上翻起，露出黑色的底面，并盖住种植垫，以利于吸收阳光的热量达到增加垫温的目的。定植时在相应的位置开孔即可。

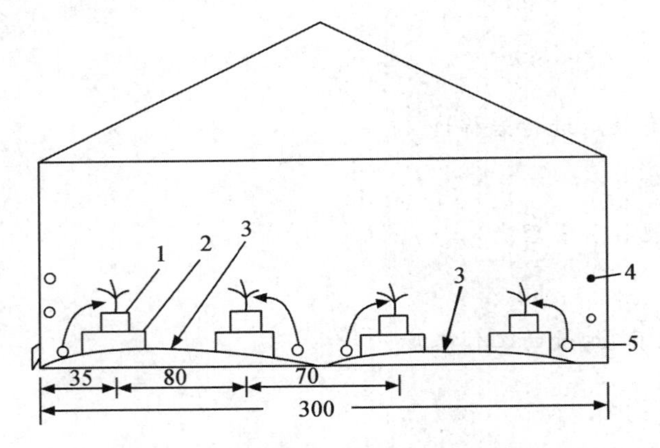

图 6-4 开放式岩棉培种植畦横切面(单位:cm)

1. 育苗岩棉块 2. 岩棉种植垫 3. 畦背 4. 暖管 5. 滴灌装置

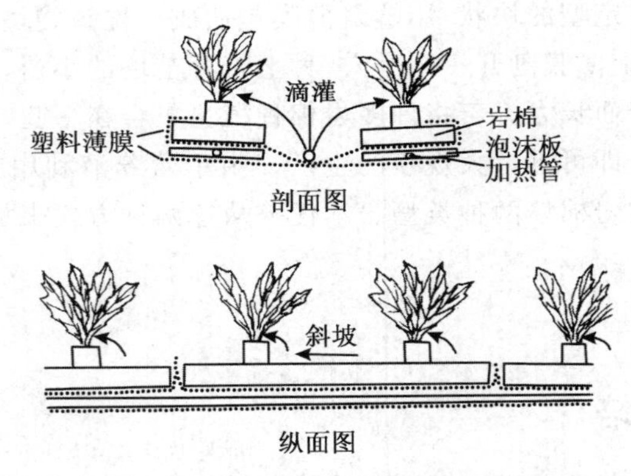

图 6-5 岩棉培加热管位置示意图

2. 岩棉种植垫的排列

岩棉种植垫(简称岩棉垫)的规格决定着每株植物占有的营养液量。由于岩棉培的营养液是经常补充的，所以对岩棉垫的大小要求并不太严格。但如果岩棉垫太小，吸持的营养液量过少，就容易造成植物因蒸腾失水而萎蔫，并导致局部营养液浓度和组成发生大幅度变化。目前，一般认为，岩棉垫的形状以扁长方形较好，厚度 7～10 cm，宽度 25～30 cm，长度 90 cm 左右。以种番茄、黄瓜为例，据有关研究资料，番茄、黄瓜的日最大蒸腾量为 3 L/株，加上 1/3 的供液保证系数，则为 4 L/株。一般岩棉垫的孔隙度为 95%，其有利于作物生长的最大持水量应不超过其体积的 60%。以上述两数值为基础，即可算出每株番茄需占有岩棉垫的体积为 6.7 L，若以一个岩棉种植垫种两株作物为宜，则其体积应为 13.4 L。将这 13.4 L 体积的岩棉体制成长×宽×厚＝90 cm×20 cm×7.5 cm 的扁长方形即可。再用乳白色塑料薄膜将岩棉垫整块紧密包住,即成为适合于类似番茄、黄瓜等作物种植的岩棉垫。

岩棉垫在畦上排列时是在畦背上一个接一个地放两行岩棉种植垫,垫的长边应与畦长方向一致。每一行都放在畦的斜面上,使垫向畦沟一侧倾斜,以利将来排水。岩棉种植垫与畦沟的距离比与畦中央的距离短,造成畦背上两行之间的距离较大,从图6-6中可以看出,隔着畦沟的两行之间的距离较小。与大田种植不同的是,开放式岩棉种植畦是以畦背为人行作业道,畦沟只作放置滴灌毛管及排去多余营养液之用,不作行人通道。

许多无土栽培观光园采用每两行为一组的小垄双行形式摆放岩棉垫,摆放方式见图6-6。平整温室地面后,并排起两条小垄,夯实,整个温室的地面铺一层薄膜后,在每条小垄上摆放岩棉垫。邻近的两条小垄之间(小行间)的低洼处作排液沟,供液管安置在排液沟上,在岩棉垫上邻近排液沟的一侧开排液口。相邻较远的两垄之间(大行间)铺设加热管道,而不再使用通常的暖气片加温,这两条管道可同时作为田间操作车的轨道,使管理工作变得十分方便。

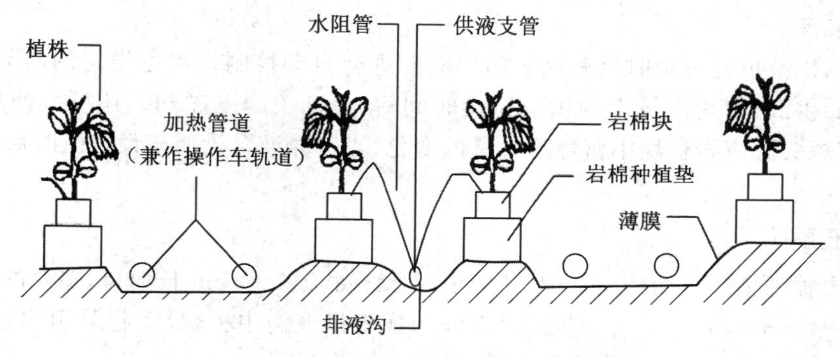

图6-6　小垄双行岩棉培种植畦及种植垫摆放方式示意图

(二)供液装置

开放式岩棉培都采用滴灌系统供液。滴灌是指通过滴头以小水滴的方式慢速地(一个滴头每小时滴水量控制在2～8 L)向作物供水的一种十分节省用水的灌溉方法。该系统包括液源、过滤器及其控制部件、各级供液管道、滴头管等。

1.液源、过滤器及控制部件

液源有两种提供方式:第一种方式是在高于地面1 m以上的位置设置大容量的贮液箱(桶),其容量要达到能满足一定时间、一定面积所规定供液量的需要。营养液在重力作用下通过各级供液管道流到各个滴头管进行供液。此法设备简单,无须外部动力。也可建造地下贮液池,由水泵提供动力供液。第二种方式是只设浓缩液贮存罐(分别盛装A、B两种浓缩液),而不设大容量营养液池。供液时,打开连接水源的阀门,清水流入时启动活塞式定量注入泵,分别将两种浓缩液抽入供水主管道,按一定比例与水一起进入肥水混合器(营养液混合器),混合成一定浓度的营养液,再进入供液管道。这种液源提供方式,关键在于定量注入泵和水源流量控制阀及肥水混合器的性能,这些设备必须是严密设计的自动控制系统,根据指令能准确输入浓缩液量和水量并使它们混合均匀成指定浓度的工作营养液。一般由专业厂家成套生产。

2.过滤器

过滤器安装在供液主管上,用于滤去沉淀等粗大杂物,防止堵塞滴头。筛网式过滤器要求过滤网在100目以上。

3. 供液管道

整个供液系统的管道依据管径的大小分为主管、支管(有的还有二级支管)和水阻管等多级。确定管道管径大小的原则是与所需的供液量相适应,保证供液充足而均匀,其决定因素有水泵功率、滴头大小等。通常铺在栽培行内的供液管(支管或二级支管)管径达到 16 mm 以上即可满足需要。

滴灌系统最末一级管道称水阻管,一端连接在种植行中的供液管上,另一端在植株茎基部附近用一段小塑料插杆架住,出液口距离基质表面 2～3 cm。这样在水泵停机,供液管内营养液回流时不致将岩棉中的一些小颗粒吸入管道,造成堵塞。水阻管与供液管的连接方法是先用剪刀将水阻管一端剪尖,再用打孔器(或锥子)在供液管上钻出一个比水阻管稍小的孔,用力将水阻管插入其中即可。也可用专用的连接件连接,这样连接的密封性更好。水阻管的流量通常每小时 2～4 L。

4. 自控装置

营养液的供液可通过定时器和电磁阀相配合进行自动控制。到达设定的时间,定时器启动电磁阀开始供液,到达所设定的供液持续时间后,自动关闭电磁阀。还可以使用供液控制盘,通过感应探头感应岩棉块中营养液含量的变化,当营养液含量低于设定值时启动电磁阀开始供液。

(三)排液系统

在每块岩棉种植垫侧面约离地面 1/3 处切开 2～3 个 5～7 cm 长的口,多余的营养液能从切口流到排液沟(畦沟)中,后集中流到设在畦的横头排液沟中去,最后将其引出室外,再排到温室之外的集液坑或专用的收集容器中。

二、循环式岩棉培

循环式岩棉栽培是指营养液被滴灌到岩棉中后,多余的营养液通过回流管又被收集到营养液罐中,继续供循环使用。基本的设施结构包括栽培床、供液装置和排液装置。

(一)栽培床

先用木板或硬泡沫塑料板在地面上筑成一个畦框,高 15 cm 左右,宽 32 cm 左右(以放得进宽为 30 cm 的岩棉块及其包膜为度),长 20～30 m,框内地面筑成一条小沟,沟按 1∶200 坡降向集液池方向倾斜,整个地面要压实。然后铺上厚度 0.2 mm 的乳白色塑料薄膜,膜要贴紧地面的沟底,显出沟样,并能将放置于膜上的物件包起来。筑好畦框并铺以塑料薄膜后,在其上安置岩棉种植垫。岩棉种植垫的规格为宽 30 cm,长 91 cm,高 10 cm,用无纺布包住底部及两侧以防根伸到沟中去。在畦框底部的小沟中安置一条直径为 20 mm 的硬聚氯乙烯排水管,并将其接到畦外的集液池中。小沟两侧各安置一条高 5 cm、宽 5 cm,长与上述岩棉种植垫相同的硬泡沫塑料条块,支撑岩棉。

种植垫离开底部塑料薄膜,以防止营养液滞留时浸到垫底。将岩棉种植垫置于硬泡沫塑料条块上,一个接一个排满全畦,垫与垫的相接处留一小缝,以便营养液排泄。在岩棉种植垫上安置一条 ø20 mm 的软滴灌管,管身每隔一定距离开一个孔径为 0.5 mm 的小孔,营养液从孔中滴出,每孔流量约为 30 mL/min,滴灌管接通室外供液池。

(二)供液装置和排液装置

1. 供液池

设置于高 1.8 m 的高架上,依靠重力将营养液输给各种植畦。池内设液面电感器以控制池内液位,并在输出管上设置电磁阀及定时器以控制输液。

2. 过滤器

供液池出来的营养液要先经过滤器过滤才流到各畦中去。

3. 畦内滴灌管

滴孔以慢速滴出营养液,透过岩棉种植垫,流到畦底的排水管中,然后流回集液池中。

4. 集液池

设于畦一端的地下,将回流来的营养液集中起来供循环利用。设液面电感器。

5. 水泵

设于集液池内,与液面电感器联系起来以控制水泵的启动与关闭。

三、岩棉培特点

开放式岩棉培主要优点是设施结构简单,安装容易,造价便宜,管理方便,不会因营养液循环而导致病害蔓延的危险。在土传病害多发地区,开放式岩棉培是很有成效的一种栽培方式。但营养液消耗较多。

循环式岩棉栽培的优点是营养液得到了经济利用,不会造成浪费和污染环境。但设计上较开放式岩棉栽培复杂,基本建设投资较高,容易传播根际病害。

任务实施

一、开放式岩棉培的管理

要均衡、充足地供液,根据每株植物所占有的基质体积、空气的温度和湿度的变化、太阳辐射的强弱以及作物的长势情况,确定营养液浓度、供液量及供液时期等。

(一)定植

将用岩棉块育成的苗,种植在岩棉垫上。即先将岩棉垫上面的包膜切开一个与育苗块底面积相吻合的定植孔,再引来滴灌系统的滴头管于其上,滴入营养液让整个岩棉种植垫吸够营养液,多余的营养液通过排液口流出。然后将带苗的岩棉育苗块安置在岩棉垫的定植孔上,再将滴头管的滴头管设于育苗块之上,使滴入的营养液滴到育苗块中再流到岩棉垫中去。待根伸入种植垫后,再将滴头移到种植垫上,使营养液直接滴到种植垫。这样,定植程序即告完成。以后按需供液。

(二)供液浓度的确定

日本植物生理学家山崎肯哉曾提出植物水肥表观吸收成分组成浓度理论,并根据这一理论制定出山崎配方。对于按照山崎配方配制的营养液来讲,植物同步吸收其中的水分和养分,即吸收单位体积的营养液时,其所含的养分也同时被吸收了,理论上营养液浓度不会发生变化。因此,如果使用山崎配方的营养液,只需将其浓度控制在 1 个剂量。如果使用其他营养液配方,可参照山崎配方的浓度来调整,例如番茄园试配方营养液浓度比山崎配方高 1 倍左右,应用时只需 1/2 剂量。

实际生产中,由于受气候和植物生长进程的影响,植物对水肥的吸收不一定同步。例如在高温低湿、植株较大时,植物吸水多,吸肥少,此时供液浓度应较低;反之,当低温高湿、植株较小时,植物吸肥多,吸水少,此时供液浓度应高些。在生产过程中应根据实际情况来控制供液浓度。一般认为,供液浓度最低为 0.6～1.0 mS/cm,最高不超过 2.2～2.5 mS/cm,对多数作物来说均是安全的。

(三)供液量的确定

供液量主要决定于基质持水量、每株植物占有的基质的体积、需水量、太阳辐射的强弱。季节不同,供液量差异也较大。

农用岩棉的最大持水量为其体积的 80%左右,由于重力作用,岩棉上层的含水量低,下层高。生产上,多将岩棉的适宜含水量确定为 60%,上层 40%、中间 60%、下层为 80%,表层的含水量适当低一些对蔬菜生长无害,因为大部分根系分布在基质的中下层。这样就可以解决基质内的水气矛盾。只要岩棉不是太干燥,岩棉的含水量变化就不会影响植物对水分的吸收,植物从其中容易吸水。由此可见,生长于岩棉中的植物几乎不存在水分危机。但生产者在管理过程中要处理好岩棉持水量与通气能力的关系。因为植物在受到干旱危害时一般不会表现出明显迹象,但一旦出现受害症状再采取措施,往往为时已晚。因此,要密切注意植物根际环境的变化。

植物的需水量可参阅相关科研资料的数据,但因其受植物种类、生育期、光照、温度、湿度等影响,实际栽培时需自己测定。

供液量的确定方法:①用张力计法测定基质的含水量;②根据经验估计植株的耗水量。张力计法是在一个温室或大棚中选取 5～7 个点,在每个点的岩棉垫的上、中、下三层中各安装三支张力计。当植株蒸腾失水后,基质中水分减少,张力计发生变化。假设每株番茄占有 6.7 L 岩棉基质,持水量为其体积的 60%时为安全持水量。这样计算出每株番茄占有的液量为 4.2 L。在开放式岩棉培中,要经常维持基质有这么多的水分含量。一旦张力计显示基质中的水分含量降低了 10%以上时(即基质含水量为 50%以下),就要开始供液。要恢复到 60%含水量,每株番茄还需要供水 0.67 L。如果选用的滴头流量为 4 L/h,则需灌溉 10 min。根据经验估计植株的耗水量是指以前人数据(如番茄的旺盛生长期每株每天耗水量为 1～2 L,黄瓜为 1 L,甜瓜为 0.5 L,草莓 0.04 L)或自己测定的耗水量数据为基础,适当增大供水量的管理方法。这样的供水量可能会超过作物实际的需水量,但经实践证明其主要的问题只是排出的营养液较多,增加了生产成本而已,对植物生长无不良影响,而管理起来却十分简便。

岩棉栽培往往由于种植时间长,营养液中的副成分残留于基质中,或使用配方剂量较大,而造成岩棉种植垫内盐分的聚积,危害作物的生长。因此,每周应检测几次岩棉垫里营养液的电导率,一般将其控制在 2.5～3.0 mS/cm,当电导率超过 3.5 mS/cm 时,就应该停止滴灌营养液,而滴入较多清水,洗去过多的盐分。当电导率降至接近清水时,重新滴灌营养液。为了避免清水洗盐过程中植株出现“饥饿”现象,最好用稀营养液洗盐,浓度为 1/4～1/2 剂量。

(四)供液次数与供液时间

为了使基质较长时间地处于理想的含水状态,供液时间要短,供液次数要多。以 Grodan 岩棉为例,每天通常需要供液 20 次左右,供液次数主要取决于植物生长所处的环境。如果天气炎热、阳光充足,或环境的空气干燥,植物需水多,要多供液。如果多云、阴天或空气湿度大,植物蒸腾速率低,供液次数可降至每天 5 次,有时甚至每天 1 次。

每次的供液时间取决于排出的多余营养液的量,或者决定于岩棉块的电导率。通常情况下,岩棉块的电导率应为 1.0 mS/cm,比所供的营养液电导率略高。每次排出的多余营养液应为供液总量的 20%左右,这样就可以保持岩棉块适宜的电导率,但管理过程中还要根据植物蒸腾的具体情况加以调整。

(五)pH 与电导率调整

营养液管理的关键是调整流经岩棉块的营养液的 pH 和电导率,虽然基质具有一定的缓冲性,但岩棉块中营养液的 pH 和电导率很容易发生变化,因此,取样观测的次数要尽可能多,通常每天早晨取样 1 次,检测后及时调整营养液。一个有经验的种植者,应该对每天植物所消耗的营养液的量、岩棉块 pH 和电导率的变化程度能够做出预测,并能根据预测有准备地管理营养液。

二、循环式岩棉培的管理

采用 24 h 内间歇供液法。即在岩棉种植垫已处于吸足营养液的状况下,以每株每小时滴灌 2 L 营养液的速度滴液,滴够 1 h 停止滴液。待滴入的液都返回集液池,并抽上供液池后,又重新滴液。自动控制运行时,在供液池处于存有足够的营养液的情况下,传感器指令开启供液电磁阀,营养液便输到畦中滴液,达到 1 h 后,定时器指令电磁阀关闭,停止供液。滴入畦中的营养液通过排液管集中到集液池中,当集液池的液位达到足够高度时,就会接触到液面电感器,便指令水泵启动抽液到供液池中。

任务小结

本任务介绍了岩棉培的设施结构及栽培管理,需要注意的是,新的岩棉在使用前一定用清水浸泡冲洗,或者加少量的酸来调整,直到 pH 稳定在 6~7 才可使用。

任务小练

简答题

1. 开放式岩棉培有什么特点?
2. 循环式岩棉培有什么特点?
3. 开放式岩棉培与循环式岩棉培有什么区别?
4. 岩棉培时,温室地面上铺上乳白色塑料薄膜有什么作用?
5. 新的岩棉块为什么呈碱性?
6. 新的岩棉块使用前要如何处理?

任务6.3 有机生态型无土栽培

能力目标

能够熟练进行有机生态型无土栽培的生产与管理。

知识目标

了解有机生态型无土栽培的含义、特点与发展前景。

德育目标

培养学生严格、认真、细致的工作态度。

任务描述

有机生态型无土栽培是指用基质代替土壤，用有机固态肥取代营养液，并用清水直接灌溉作物的一种无土栽培技术。因而有机生态型无土栽培仍具有一般无土栽培的特点，例如提高作物的产量和品质，减少农药用量，产品洁净卫生，节水、节肥、省工，可利用非耕地生产蔬菜等等。本任务从设施建造、基质的配制及管理等方面对有机生态无土栽培加以阐述。

相关知识

传统无土栽培都是用无机化肥配制的营养液来灌溉作物，营养液的配制和管理需要具有一定文化水平并受过专门训练的技术人员来操作，难以被一般生产者所掌握。另外，营养液中硝态氮的含量占总氮量的90%以上，导致蔬菜产品中硝酸盐含量过高，不符合绿色食品的生产标准。因此，研究简单易行有效的基质栽培施肥技术，是加速无土栽培在我国推广应用的关键。“八五”期间中国农科院蔬菜花卉研究所无土栽培组经过几年的探索，首先研究开发出了一种以高温消毒鸡粪为主，适量添加无机肥料的配方施肥来代替用化肥配制营养液的有机生态型无土栽培技术。这样，有机生态型无土栽培技术在我国得以开发并迅速应用于生产。有机生态型无土栽培的主要特点有以下几方面：

1.用有机固态肥取代传统的营养液

传统无土栽培是以各种无机化肥配制成一定浓度的营养液，以供作物吸收利用。有机生态型无土栽培则是以各种有机肥的固体形态直接混施于基质中，作为供应栽培作物所需营养的基础，在作物的整个生长期中，可采取类似于土壤栽培追肥的方式分若干次将固态肥直接追施于基质中，以保持养分的供给强度。

2.操作管理简单

有机生态型无土栽培操作管理简单，它采取在基质中加入固态有机肥，在栽培中用清水灌溉的方法，较一般营养液栽培省去了营养液配制和复杂管理，一般人员只要通过简单培训，即可掌握。

3.大幅度降低设施一次性投资成本，大量节省生产费用

由于有机生态型无土栽培不使用营养液，从而可全部取消配制营养液所需的设备、测试系

统、甚至定时器、水泵、贮液池等设施，从而大幅度降低设施系统的一次性投资成本。而且有机生态型无土栽培主要施用消毒的有机肥，与使用营养液相比，其肥料成本降低60%～80%。从而大大节省了无土栽培的生产开支。

4. 对环境无污染

在无土栽培的条件下，灌溉过程中有20%左右的营养液排到系统外是正常现象，但排出液中盐浓度过高，易污染环境。如岩棉栽培系统排出液中硝酸盐的含量高达212 mg/L，对地下水有严重污染。而有机生态型无土栽培系统排出液中硝酸盐的含量只有1～4 mg/L，对环境无污染。

5. 产品质量可达“绿色食品”标准

有机生态型无土栽培从基质到肥料均以有机物质为主，其有机质和微量元素含量高，在养分分解过程中不会出现有害的无机盐类，特别是避免了硝酸盐的积累。植株生长健壮，病虫害发生少，减少了化学农药的污染，产品洁净卫生、品质好，可达A级或AA级“绿色食品”标准。

综上所述，有机生态型无土栽培具有投资少、成本低、省工、易操作和产品高产优质的显著特点。它把有机农业导入无土栽培，是一种有机与无机农业相结合的高效益、低成本的简易无土栽培技术。

任务实施

一、栽培基质配制

有机生态基质的原料资源丰富易得，处理加工简便，如玉米、向日葵秸秆，农产品加工后的废弃物如椰壳、蔗渣、酒糟，木材加工的副产品如锯末、树皮、刨花等，都可按一定配比混合后使用。为了调整基质的物理性能，可加入一定量的无机物质，如蛭石、珍珠岩、炉渣、沙等，有机物与无机物之比按体积计可在4：(1～16)。混配后的基质容重在0.30～0.65 g/cm^3，每1 m^{3}基质可供净栽培面积6～9 m^{2}用(假设栽培基质的厚度为11～16 cm)。常用的混合基质有：①4份草炭：6份炉渣；②5份葵花秆：2份炉渣：3份锯末；③7份草炭：3份珍珠岩等。基质的养分水平因所用有机物质原料不同有较大差异，以后可通过追肥保证作物对养分的总体需求。

二、设施系统建造

(一)栽培槽

有机生态型无土栽培系统采用基质槽培的形式，建筑方式如图6-7所示。在无标准规格的成品槽供应时，可选用当地易得的材料建槽，如用木板、木条、竹竿甚至砖块。实际上只建没有底的槽框，所以不须特别牢固，只要能保持基质不散落到过道上就行。槽框建好后，在槽的底部铺一层0.1 mm厚的聚乙烯塑料薄膜，以防止土壤病虫传染。塑料膜上再铺粗基质(如炉灰渣)，用于排水透气，厚度为5～8 cm，粗基质上铺一层无纺布(或塑料编织袋)，无纺布上面铺放栽培所用的基质。槽边框高15～20 cm，槽宽依不同栽培作物而定。如黄瓜、甜瓜等蔓茎作物或植株高大需有支架的番茄等作物，其栽培槽标准宽度定为48 cm，可供栽培两行作物，栽培槽距0.8～1.0 m。如生菜、油菜、草莓等植株较为矮小的作物，栽培槽宽度可定为72 cm或96 cm，栽培槽距0.6～0.8 m，槽长应依保护地棚室建筑状况而定，一般为5～30 m。

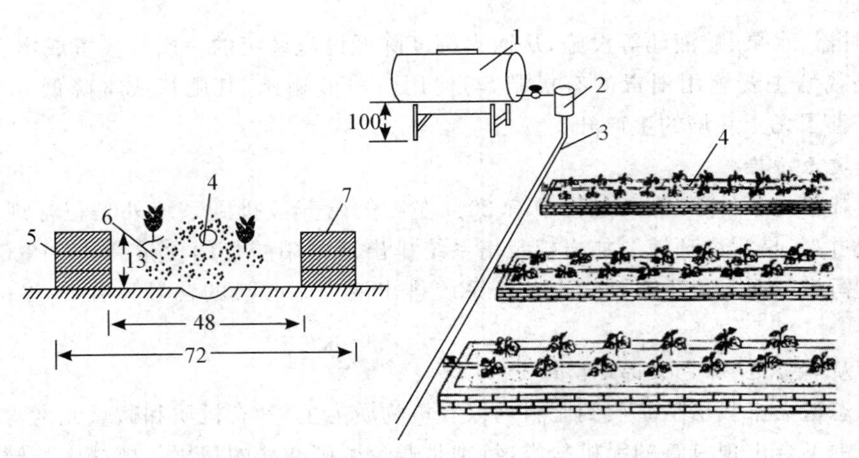

图 6-7 有机基质培设施系统(单位:cm)

1.贮液罐 2.过滤器 3.供液管 4.滴灌带 5.砖 6.有机基质 7.塑料薄膜

(二)供水系统

在有自来水基础设施或水位差 1 m 以上贮水池的条件下,按单个棚室建成独立的供水系统。输水管道和其他器材均可用塑料制品以节省资金。栽培槽宽 48 cm,可铺设滴灌带 1～2 根,栽培槽宽 72～96 cm,可铺设滴灌带 2～4 根。

三、栽培管理

根据市场需要,确定适合种植的蔬菜种类、品种搭配、上市日期,制定播种育苗、种植密度、株形控制等技术操作规程。

(一)营养管理

肥料供应量以氮、磷、钾三要素为主要指标,每 1 m^3 基质所施用的肥料内应含有:全氮(N)1.5～2.0 kg,全磷(P_2O_5)0.5～0.8 kg,全钾(K_2O)0.8～2.4 kg。这一供肥水平,足够一茬番茄亩产 8 000～10 000 kg 的养分需要量。为了在作物整个生育期内均处于最佳供肥状态,通常依作物种类及所施肥料的不同,将肥料分期施用。应在向栽培槽内填入基质之前或前茬作物收获后、后茬作物定植前,先在基质中混入一定量的肥料(如每 1 m^3 基质混入 10 kg 消毒鸡粪、1 kg 磷酸二铵、1.5 kg 硫铵和 1.5 kg 硫酸钾)作基肥。这样番茄、黄瓜等果菜在定植后 20 d 内不必追肥,只需浇清水。20 d 后每隔 10～15 d 追肥 1 次,均匀地撒在离根 5 cm 以外的周围。每次每 1 m^3 基质追肥量:全氮(N)80～150 g,全磷(P_2O_5)30～50 g,全钾(K_2O)50～180 g。追肥次数视所种作物生长期的长短而定。

(二)水分管理

根据栽培作物种类确定灌水定额,依据生长期中基质含水状况调整每次灌溉量。定植前一天,灌水量以达到基质饱和含水量为度,即应把基质浇透。定植以后,每天灌溉 1 次或 2～3 次,保持基质含水量达 60%～85%(按占干基质计)。一般在成株期,黄瓜每天每株浇水 1～2 L,番茄 0.8～1.2 L,甜椒 0.7～0.9 L。灌溉的水量必须根据气候变化和植株大小进行调整,阴雨天要停止灌溉,冬季隔 1 d 灌溉 1 次。

任务小结

有机生态型无土栽培操作简单易行，管理方便，在生长过程中不施用无机肥料，使生产的蔬菜符合绿色蔬菜标准。

任务小练

简答题

1. 何谓有机生态型无土栽培技术？实施此项技术在农业生产上有何意义？
2. 有机生态型无土栽培技术与传统的无土栽培技术有何区别？
3. 有机生态型无土栽培操作规程包括哪几项？其具体内容是什么？
4. 请设计一种蔬菜有机生态型无土栽培的设施系统和制定全套的栽培管理技术。
5. 结合目前我国农业现状，谈谈有机生态型无土栽培的发展前景。

任务6.4　复合基质培

能力目标

能够进行复合基质培生产管理。

知识目标

掌握复合基质培的操作规程。

德育目标

培养学生严格、认真、细致的工作态度。

任务描述

基质培可按所选用的基质是否单一分为单一基质培和复合基质培。复合基质一般以有机基质为主要组成，通过营养液供应养分和水分。

相关知识

按对空间的利用情况，可将无土栽培分为平面栽培和垂直栽培(即立体栽培)两类。袋培、槽培、箱(盆)培就属于平面栽培，这类栽培方式以使用复合基质为主，栽培技术彼此相似，其中，复合基质槽培是目前我国应用最广的一种无土栽培方式。

任务实施

一、槽培

槽培，就是将基质装入一定容积的栽培槽中以种植作物的无土栽培方式。

(一)设施结构与基质

1. 栽培槽

槽体可用木板、竹片、水泥瓦、石棉瓦、石板、聚苯乙烯泡沫塑料等制作,最简单的槽体是由砖砌成的,一般不建造砖混结构的永久性槽体。各地可就地取材,能把基质拦在栽培槽内即可。为了防止渗漏并使基质与土壤隔离,通常在槽内铺1～2层塑料薄膜。

栽培槽的大小和形状,取决于不同作物操作管理的方便程度。例如,番茄、黄瓜等大株型和爬蔓作物,通常每槽种植2行,以便于整枝、绑蔓和收获等操作,槽宽一般为0.48 m(内径)。对矮生植物可设置较宽的栽培槽,进行多行种植,只要保证能方便操作管理就行。栽培槽的深度一般为15～20 cm。当然,为了降低成本也可采用较浅的栽培槽,但较浅的栽培槽在灌溉时必须特别细心。槽的长度可由灌溉能力(灌溉系统必须能对每株作物提供同等数量的营养液)、温室结构以及操作所需过道等因素来决定。普通日光温室内的栽培槽多为南北走向,槽长5.5～8 m,现代化大温室的栽培槽长度多依据灌溉能力而定。为了获得良好的排水性能,槽的坡度至少应为0.4%。如有条件,还可在槽的底部(薄膜之上,基质之下)铺设一根多孔的排水管,以便槽内多余的营养液流入管内。排液管在槽较低的一端开口,多余的营养液汇集到排液主管或排液槽,最后排到室外。也可将槽底设计成向一侧倾斜,或将槽底截面设计成"V"形,以便多余的营养液流出。

基质槽表面可覆盖地膜,以减少水分蒸发,并可避免植株发病时病菌进入基质,以防在本茬或下茬栽培时发病。在农业观光园区的栽培槽表面覆盖2 cm厚的泡沫塑料板,板上按植物的栽培株行距打定植孔(ø10 cm),此法隔热、阻隔病菌、洁净美观。

图6-8所示的是一种简易复合基质栽培槽,适宜我国国情。其建造方法是:从地面下挖一个上宽48 cm、下宽30 cm、深20 cm、长20 m的土槽,然后沿槽边的地面砌2层砖,沿槽底面铺一层薄膜,在槽南侧下方将薄膜开一洞,用一截ø(20～25) cm,长度适宜的塑料管作一通向排液沟的排液口,排液口处于栽培槽最低位置。在薄膜上铺一层核桃大小的碎砖头或石子,作为渗液层,渗液层上铺一层塑料窗纱,以防止上面的基质混入。窗纱上铺基质(如按1∶1混合的草炭和炉渣)。基质表面中央位置沿栽培槽走向铺一条软质喷灌管,管的一头用铁丝捆死,另一头接在供液管的支管上。建造这种栽培槽,每200 m^2 的栽培面积需砖2 500块,滴灌管126 m,窗纱66 m,草炭6 m^3,炉渣6 m^3。

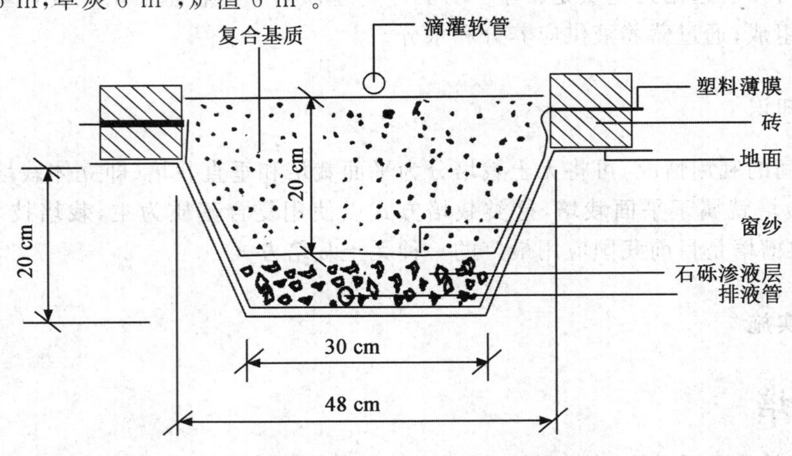

图6-8　简易复合基质栽培槽结构示意图

2. 贮液池与水泵

开放式供液对贮液池体积无特殊要求。循环式供液的贮液池建造参考前面章节内容。

3. 供液系统

槽培多为开放式滴灌或喷灌供液方式。供液系统分为水泵、供液主管、支管、软管或滴灌管组成。供液主管可用 ø30～50 mm 的 PVC 管，主管上设过滤器。营养液可由水泵或利用重力供给植株。这种方法简化了滴灌系统设备，营养液输送效果好，省时、省力、省料。以喷灌方式供液时，为防止营养液喷到槽外，或喷到植物的茎叶上引发病害，可在槽上覆盖地膜，将喷灌软管置于地膜之下。无论何种供液方式，都要保证供液均匀，管道不易堵塞。

营养液经植物吸收和基质吸持后，多余部分流入渗液层，并沿渗液层流到槽南侧的排液口，经排液口进入排液沟进而排到室外。排液沟是位于床南侧的一条用水泥和砖砌成的沟。如果循环利用，则经排液口进入回流管流回贮液池。

4. 基质

常用的槽培基质有砂、蛭石、锯末、珍珠岩、草炭、蛭石、炉渣等为原料，按适当比例混合而成。少量的基质可用人工混合，如果基质很多，最好采用机械混合。

(二)栽培管理要点

(1)槽培以栽培大株型植物空间利用率高。

(2)多采用穴盘育苗方式。基质可为草炭和蛭石混配的复合基质，也可用岩棉小块育苗。

(3)营养液配方要根据所选用的基质种类及其所含的养分状况加以适当调整。例如，当基质中含有一定比例的草炭时，营养液中微量元素可以不加或少加。同时，可用铵态氮或酰胺态氮代替硝态氮配制营养液，这样可大幅度降低成本。

(4)在基质装槽前，应混入一定量的肥料，尤其是在基质经多茬栽培后，基质本身所含养分消耗殆尽，更应事先混入肥料。例如，草炭 0.4 m^3，炉渣 0.6 m^3，硝酸钾 1.0 kg，蛭石复合肥 1.0 kg，消毒鸡粪 10.0 kg。即便如此，也应采用适宜的配方，并加强营养液管理，这样才能取得“高产优质”的栽培效果，基质的使用寿命也能延长。混合后的基质不宜久放，应立即装槽使用。因为久放后一些有效营养成分会流失，基质的 pH 和 EC 值也会有变化。

(5)基质在使用前或重复利用时要消毒，装填入栽培槽后浇水，基质会沉降，这时要再补充一些基质。定植密度根据蔬菜种类而定。供液系统使用前或在换茬阶段要对供、排液系统进行消毒。

(6)及时均匀地供液。每天应供液 1～2 次，高温季节和作物生长盛期每天可供液 2 次以上。要经常检查，防止管道堵塞。另外，要注意预防基质积盐，如果基质的 EC 值超过 3.0 mS/cm，就要停止供应营养液，而改供清水，用水洗盐。

二、袋培

袋培除了基质装在塑料袋中以外，其他与槽培相似。栽培袋通常用尼龙布或抗紫外线的聚乙烯薄膜制成，至少可使用 2 年。在光照较强的地区，塑料袋表面应以白色为好，以便反射阳光并防止基质升温。相反，在光照较少的地区，则袋表面应以黑色为好，以利于冬季吸收热量，保持袋中的基质温度。袋培方式有两种：①开口筒式袋培如图 6-9 的样式，每袋装基质 10～15 L，种植 1 株番茄或黄瓜；②枕头式袋培(图 6-10)，每袋装基质 20～30 L，种植两株番茄或黄瓜。通常用作袋培的塑料薄膜为 ø(30～35) cm 的筒膜。筒式袋培是将筒膜剪成(35 cm)长,用塑料薄膜封口机或电熨斗将筒膜一端封严后,将基质装入袋中,直立放置,即成为一个筒式袋。枕头式袋培是将筒膜剪成长 70 cm,用塑料薄膜封口机或电熨斗封严筒膜的一端,装入 20～30 L 基质,再封严另一端,依次摆放到栽培温室中。定植前,先在袋上开两个 ø10 cm 的定植孔,两孔中心距为 40 cm。在温室中排放栽培袋以前,温室的整个地面应铺上乳白色或白色朝外的黑白双色的塑料薄膜,以便将栽培袋与土壤隔开,同时有助于冬季生产增加室内的光照强度。定植完毕即布设滴灌管,每株设置 1 个滴头。无论是开口筒式袋培还是枕头式袋培,袋的底部或两侧都应该开 2～3 个 ø(0.5～1.0) cm 的小孔,以便多余的营养液能从孔中渗透出来,防止沤根,摆放方式和滴管管道如图 6-11 所示。

图 6-9　开口筒式袋培

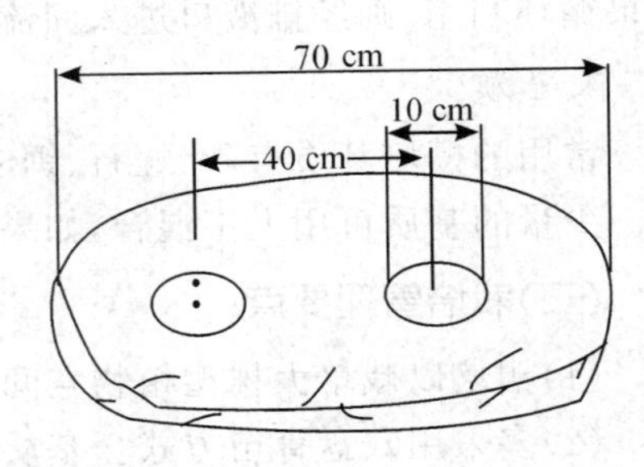

图 6-10　枕头式袋培

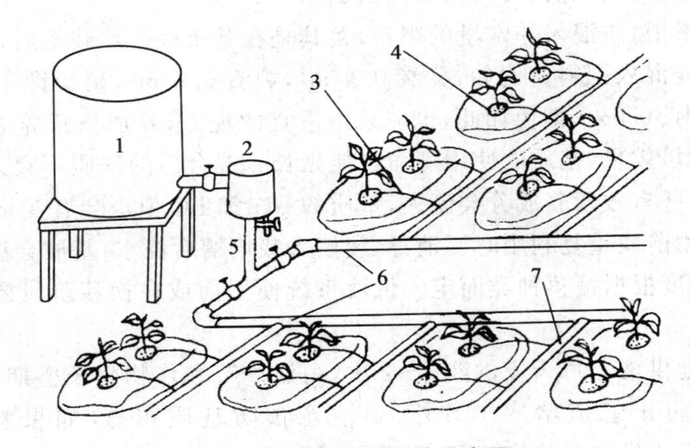

图 6-11　袋培滴灌系统示意图

1. 营养液罐　2. 过滤器　3. 水阻管　4. 滴头　5. 主管　6. 支管　7. 毛管

三、箱培

箱培是用聚苯乙烯泡沫塑料箱作为栽培容器的一种复合基质栽培方式,整体效果美观,搬运方便。当单株蔬菜发病时,可将该泡沫箱连同植物一起换掉。

(一)箱培设施的组成

1.地面

将地面整平,作 1∶(100～200)的坡降。整个地面铺水泥方砖,在将要摆放泡沫箱的位置,铺两列水泥砖,略高于走道。两列方砖之间留出 10～15 cm 的缝隙,用水泥砂浆抹出排液沟,排液沟较低的一端与位于温室一端的排液槽相连,可将多余的营养液排到室外。将来每列方砖上各摆放一列泡沫箱。也有人只在温室地面上平整地铺上水泥方砖,不做排液沟,适当减少供液量,少量多余的营养液通过水泥方砖之间的缝隙渗入地下(图 6-12)。

2.泡沫塑料箱

箱培的基本设施与槽培、袋培类似,不同之处只是将栽培槽、袋换成了泡沫塑料箱(白色)。栽培瓜类蔬菜、茄果类蔬菜等大株蔬菜时,应选用高度 20 cm 以上的泡沫箱,栽培白菜类和绿叶菜类蔬菜等小株蔬菜时,可选用高度 10 cm 左右的泡沫箱。泡沫箱要有一定的强度,一般要达到 20 kg/m^3,这样才能延长箱的使用寿命。使用前在泡沫箱的底部或侧壁上距离底部 2～3 cm 处钻 2～3 个孔,以防箱中积水沤根。

3.供液系统

采用开放供液方式,营养液不回收。用 PE 管作供液管道,主管安装过滤器,每个泡沫箱处设 2 条内径 2 mm 的水阻管。水阻管两端削尖,一端插入栽培行间的供液支管,一端穿过泡沫箱上沿固定住,伸向泡沫箱中的基质表面,出水口与基质表面保持 1～2 cm 的距离,以免在潜水泵停机营养液回流时将基质吸入水阻管而导致堵塞。

(二)箱培管理技术

装箱时,基质不要装满,要保证在定植作物后基质表面距离箱口 1～2 cm,以免营养液溢出。栽培小株蔬菜时,由于植株较密,可不使用箱盖。

栽培大株蔬菜时,可在泡沫箱盖上打 ø10 cm 以上的定植孔,定植蔬菜后套上箱盖,盖严,再从定植孔插入滴头。其他管理技术参见基质槽培。

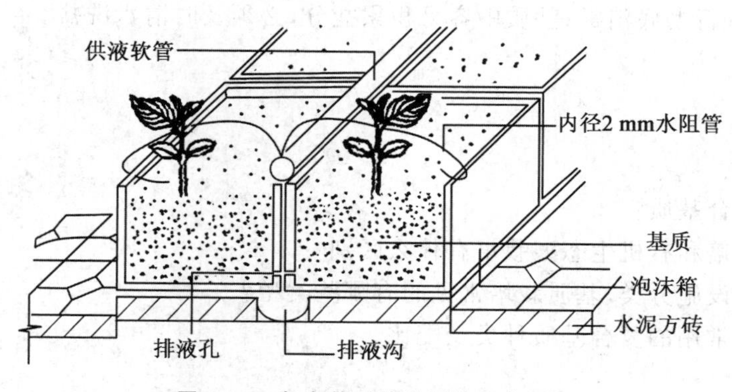

图 6-12　复合基质箱培设施示意图

四、盆培

盆培,也称为“盆栽”“盆钵栽培”,主要是栽培容器小型化,以盆、钵形式作为栽培容器。栽培管理技术与箱培类似。栽培方法是在距塑料花盆的底部 1/3 高处打 ø5 mm 的孔。塑料桶底部装水洗炉渣，上面装入岩棉等基质，层次结构见图 6-13，每 3～5 d 浇施 1 次营养液至溢流口排液为止，每月浇 1 次清水，可栽培各种花卉、果菜和绿叶菜。

家庭也可采用小型滴灌式栽培(图 6-14)。在窗台上方吊一塑料桶用来盛装营养液，安装医院用过的滴流(点滴)管，下面插入栽培盆表层。栽培盆选用塑料桶或盆，在离盆底部 3 cm 处打一孔，安上输液管，栽培盆内装满基质，每日滴灌 3 次，每次 30 min，此设施可以栽培果菜和中型花卉。

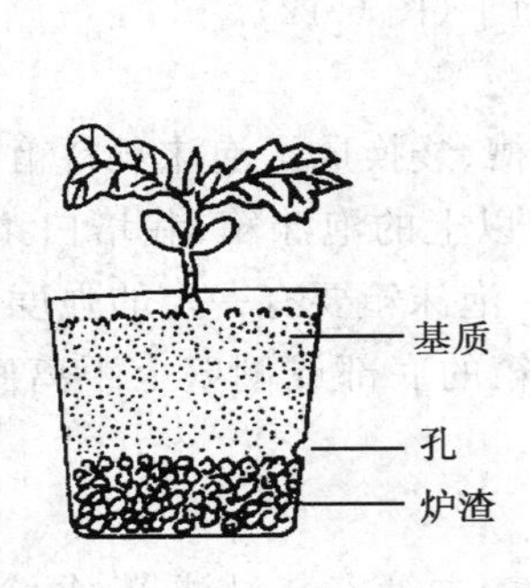

图 6-13　基质盆栽结构图

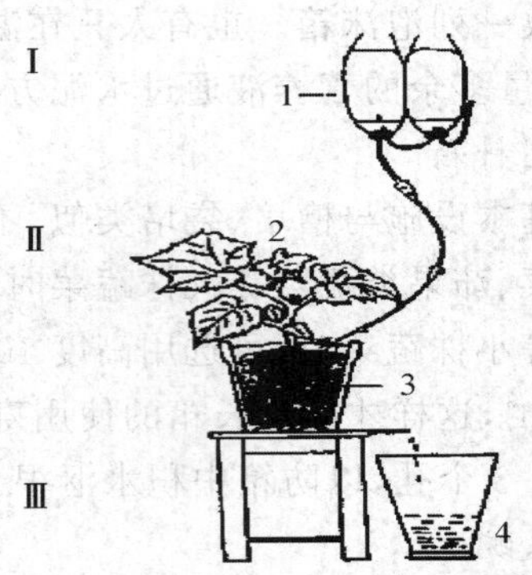

图 6-14　家庭用小型滴灌式盆栽示意图

Ⅰ 高位部分　Ⅱ 中位部分　Ⅲ 低位部分
1. 营养液　2. 黄瓜苗　3. 砂粒及砾石　4. 回收液桶

任务小结

复合基质栽培的优点是投资少，技术简单，容易掌握。缺点是基质中容易聚集有害微生物，使用前必须进行彻底消毒；基质中容易积累盐分，必须及时清水洗盐。

任务小练

简答题

1. 什么是复合基质？
2. 复合基质培和有机生态型栽培有什么区别？
3. 按照栽培设施分类，基质栽培常见的有哪些类型？
4. 说出几种常用的复合基质种类及配比。

项目7

立体无土栽培

能力目标

能熟练进行立体无土栽培生产和管理。

知识目标

理解立体栽培的意义；掌握立体栽培的类型和栽培管理技术要点。

德育目标

培养学生严格、认真、细致的工作态度。

任务描述

立体无土栽培是综合设施农业、立体农业和无土栽培于一体的栽培技术。这种栽培技术在不影响平面栽培的情况下，通过树立起来的栽培柱作为植物生长的载体，使栽培向空间发展，充分利用温室空间和太阳能，以提高土地利用率3～5倍，进而提高单位面积产量2～3倍。所以这种栽培技术以其具有的高科技、新颖、美观的特点而成为都市农业、观光农业、生态农业的首选项目。本任务是以立体栽培中的柱式栽培为例进行阐述。

相关知识

立体栽培的类型

一、柱状栽培

1. 立柱盆钵式无土栽培

将一个个定型的塑料盆填装基质或不装基质直接上下叠放，栽培孔交错排列，保证作物均匀受光。供液管道由顶部自上而下供液（图7-1），也有由底部自下而上的供液方式。

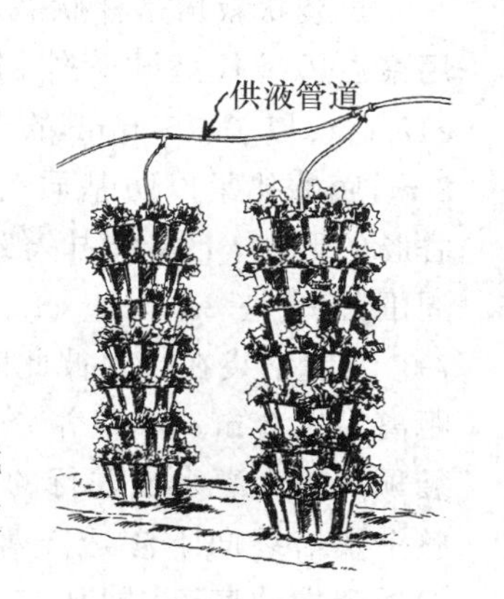

图7-1　立柱盆钵式无土栽培示意图

2. 插管式立柱栽培

插管式立柱栽培也称泡沫立柱栽培或复合基质插管式泡沫塑

料立柱栽培(图 7-2),其立柱结构是先用海绵将粗大实心的聚苯乙烯泡沫塑料方柱(中心柱)包裹,而后在外面包裹裁切好的无纺布,然后在外面安装 4 块已打好 2 排定植孔的泡沫侧壁板,将来在侧壁板的定植孔上安插插管,这样制作的栽培柱用铁丝箍住,竖立于平面栽培槽内。插管内装草炭与蛭石的复合基质[配比(1～1.5)∶1],育好的苗预先定植于插管内。营养液自栽培柱的上方供液,最后注入平面栽培槽,与平面 DFT 水培相结合,循环供液。

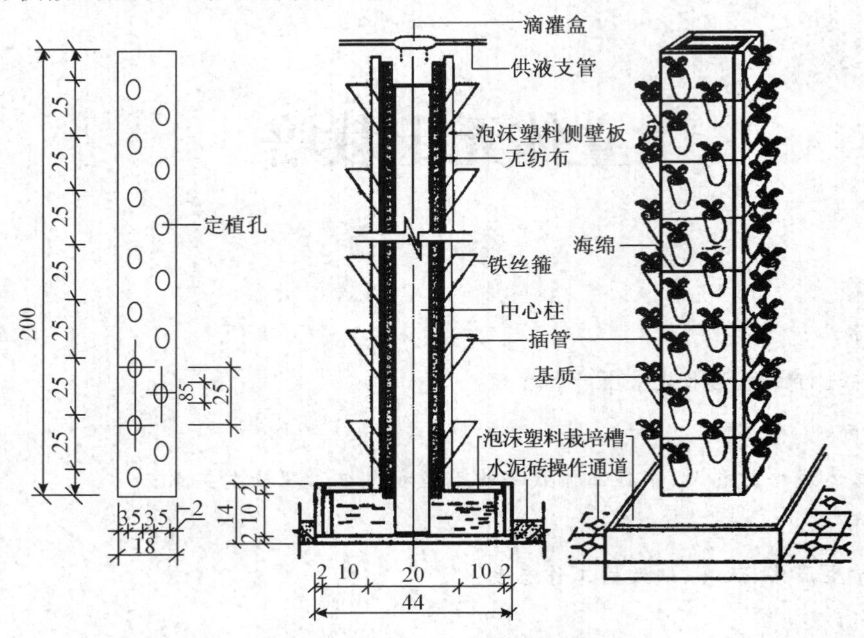

图 7-2　插管式立柱栽培的栽培柱及栽培槽结构示意图(单位:cm)

目前,插管式立柱栽培又有新的演变形式,即栽培立柱由栽培钵、插植杯和 PVC 管组成。详见任务实施。

二、吊袋式栽培

长袋状栽培是柱状栽培的简化。这种装置除了用聚乙烯袋代替硬管外,其他都相同。栽培袋采用 ø15 cm、厚 0.15 mm 的聚乙烯筒膜,长度一般为 2 m,底端扎紧以防基质落下,从上端装入基质成为香肠的形状,上端结扎,然后悬挂在温室中,袋子的周围开一些 2.5～5 cm 的孔,用以种植植物(图 7-3)。栽培袋在行内彼此间的距离约为 80 cm,行间距离为 1.2 m。水和养分的供应是用安装在每一个袋顶部的滴灌系统进行的,营养液从顶部灌入,通过整个栽培袋向下渗透。营养液不循环利用,从顶端渗透到袋的底部,即从排水孔中排出。每月要用清水洗盐 1 次,以清除可能集结的盐分。

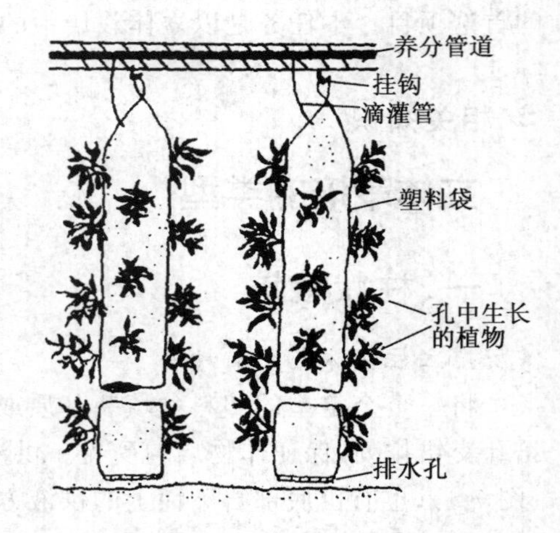

图 7-3　长袋状栽培示意图

三、空中管道式基质栽培

将 ø(11～16) cm 的 PVC 管架设一定的高度，来进行瓜类等作物的栽培，通过铁丝网等辅助材料，形成长廊式栽培，观赏效果非常好。

四、三层槽式栽培

将三层水槽按层距 50 cm 距离架设于空中而成。单槽尺寸为 100 cm×60 cm×27 cm，长度 4 m，离地高度 0.3 m，单槽开孔数量 42 个，定植孔尺寸 2.5 cm。栽培形式为 DFT 水培，营养液顺槽的方向逆水层流动(图 7-4、图 7-5)。

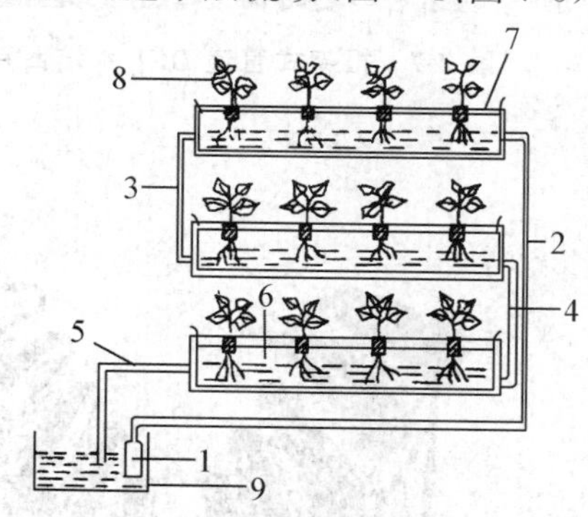

图 7-4　三层槽式栽培示意图

1. 水泵　2. 进液管　3. 中层进液管　4. 下层进液管　5. 回液管　6. 栽培槽　7. 定植板　8. 草莓植株　9. 贮液池

图 7-5　莴苣三层水培

五、鲁 SC-Ⅰ型多层式栽培

鲁 SC-Ⅰ型多层式栽培是山东农业大学研制成功的立体无土栽培形式。栽培槽是用薄铁板式玻璃钢制成，宽与高均为 20 cm，长度 2～2.6 m 的三角形，一端设进液口，另一端设“U”形排液管，槽内填 10 cm 厚的蛭石，用垫托住，下面尚有 10 cm 空间供营养液流动。栽培床吊挂三层，层间距 80～100 cm，槽间行距 1.8 m(图 7-6)。

六、管道 DFT 水培

管道 DFT 水培可分为报架式和床式两种类型。报架式管道 DFT 水培装置状如报架，用 ø11～16 cm 的 PVC 管或不锈钢管作栽培容器，其上按一定间距开定植孔，安放塑料定植杯。每个定植杯处安放 1 个滴头或不安放滴头，营养液通过水泵从安放在栽培架下或旁边贮液箱或贮液池供液，营养液循环流动(图 7-7、图 7-8)。有的栽培装置包括两个栽培架，相对放置，呈“V”形(图 7-9)。也有两个栽培架呈“A”形报架，即在“A”形架的两面各排列 3～4 根管，营养液从顶端两根管分别流下循环供液(图 7-10)。此种装置改为单面可固定在温室墙面，种植耐阴蔬菜。床式管道 DFT 水培装置是将 8～10 根塑料管并排平放于床式栽培架上，彼此连接，营养液自床的一端供液，从另一端流回贮液池或贮液箱，循环供液(图 7-11)。

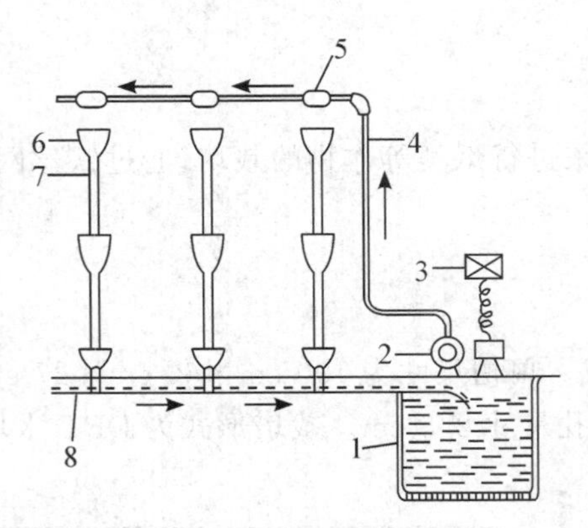

图 7-6 鲁 SC-Ⅰ型多层式栽培

1.贮液池 2.水泵 3.定时器 4.供液管 5.阀门
6.栽培槽 7.回液管 8.回液总管

图 7-7 报架式管道 DFT 水培西芹图

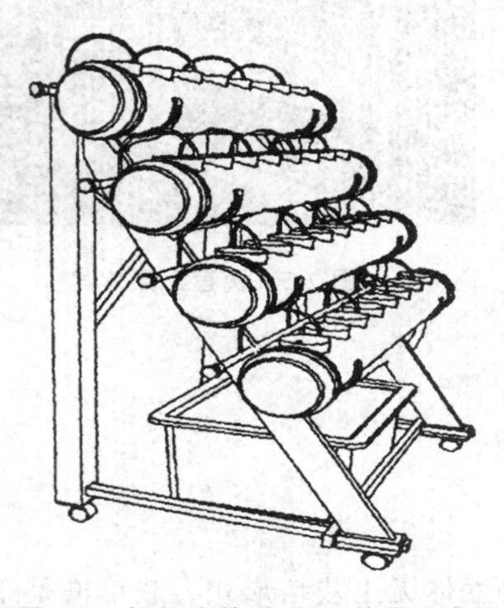

图 7-8 报架式管道 DFT 装置示意图

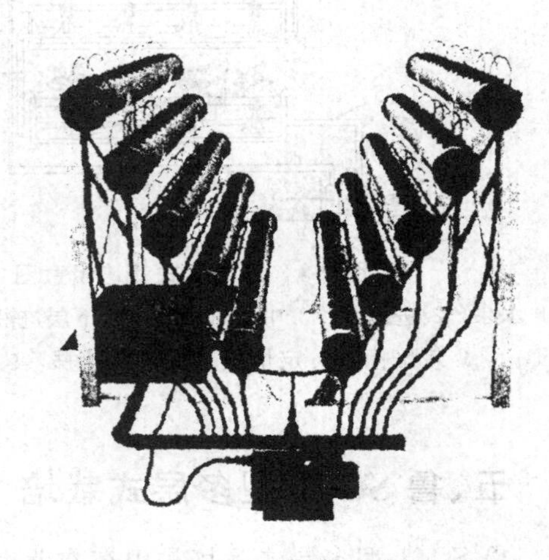

图 7-9 "V"形报架式栽培装置

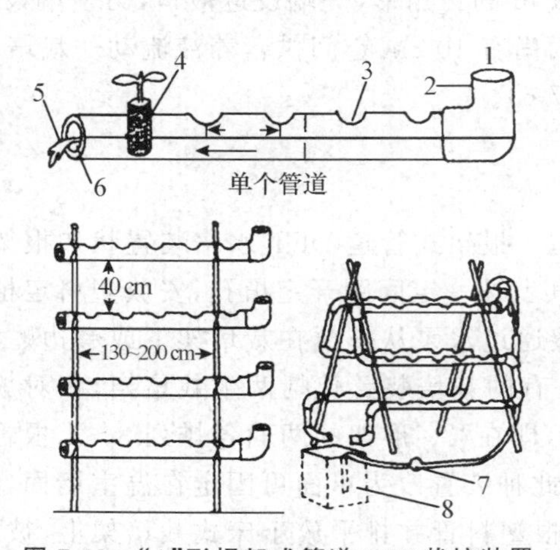

图 7-10 "A"形报架式管道 DFT 栽培装置

1.营养液进口 2.弯头 3.定植孔[ø(4～5 cm)] 4.定植杯
5.营养液溢出口 6.止水板 7.水泵 8.贮液箱

图 7-11 床式管道 DFT 水培莴苣

七、滴灌供液式立体盆栽

这种立体栽培装置的栽培架呈斜梯形，栽培盆放置在上面的托盘上，栽培架下方安放贮液箱，由定时器控制小水泵，采用滴灌方式供液，营养液是否循环均可。

八、立体 NFT 水培

这种立体栽培装置由栽培架、贮液箱、小型潜水泵、栽培槽组成。栽培槽上下分层摆放，植物的根系置于栽培槽底，循环供液。

任务实施

我们以插管式立柱栽培为例，了解它的栽培设施和生产要点。

一、立柱式无土栽培设施

立柱式无土栽培设施主要由栽培槽、栽培立柱、循环供液系统、贮液池构成。

栽培槽由水泥和砖构成，长 5 m，宽 1.2 m，深 0.1 m。槽内竖立两排立柱，排内立柱轴心距离为 0.7 m，营养液从栽培立柱的上端滴入，下渗到栽培槽中，最后流回到贮液池。栽培立柱由栽培钵、插植杯和 PVC 管组成。栽培钵四周有 5 个栽培孔，栽培钵内部有 5 cm 孔径，这样可通过 PVC 管穿成一体竖立于栽培槽中(图 7-12)。孔径外侧的空间里装有用无纺布包裹的珍珠岩，用来吸收水分和营养液供给植株根系吸收生长。插植杯内装有草炭、蛭石、珍珠岩(2∶1∶1)的复合基质，育好的植株幼苗应预先定植于插植杯内，然后放入栽培孔中。循环系统包括供液管道、回流管道、水泵、定时器等装置。贮液池由水泥和砖砌成，用来存放清水和营养液。

图 7-12　立柱式栽培钵

二、立柱式无土栽培技术

1. 栽培植株选择

并不是所有的植株都可采用立柱式栽培，一般株型高度不超过 40 cm 的植株可采用此栽培形式，如一些矮生的叶菜类、草莓和部分草本花卉。株型较高的植株会因栽培钵之间的空间限制和重力作用而茎秆倒伏，影响生长。目前我们试种成功的植株有散叶莴苣、油菜、乌塌菜、京水菜、草莓、四季海棠、矮牵牛、吊竹梅等。栽培时为了让草莓能更好地接受阳光，我们采取立柱最上端 2～3 层栽植草莓，下部栽植叶菜类等其他植株的套种栽培形式。

2. 基质混配与消毒

无土栽培的基质种类有很多，适合于立柱式栽培的基质容重不能过大，否则立柱的结构容易破坏。我们采用的基质是草炭、蛭石、珍珠岩(2∶1∶1)的复合基质。在混配时可拌入多菌灵 80～100 g/m^3，浇水拌匀，基质的含水量控制在 60%。

3. 育苗

叶菜类蔬菜采用穴盘播种，播种之前要用次氯酸钠溶液将穴盘进行消毒。然后将基质浇水拌匀、装盘，进行播种。当植株长到 5～6 片真叶时进行移栽。对于四季海棠等草本花卉采取扦插繁殖，当其根系发达时，移入插植杯中预培养 10～15 d。草莓苗要选择具有 4 片展开叶、根系发达、根茎粗为 1.2 cm 以上的壮苗进行栽植。栽植时注意不要伤害植株根系，而且插植杯里的基质装的不要太紧实，只要保证下端不脱落即可。预培养期间，注意遮阴保湿，根据季节，视植株生长情况进行浇水，保持插植杯里基质湿润。

4. 营养液供给与管理

营养液选用的是日本园试通用配方(表 7-1)，使用时以 1/2 剂量为宜。

表 7-1 日本园试通用配方 mg/L

成分	用量
四水硝酸钙	945
硝酸钾	809
磷酸氢二铵	153
七水硫酸镁	493
总盐量	2 400

营养液通过循环供液系统供给植株所需的各种营养，供液量和供液次数与栽培季节和栽培植株有关。如莴苣、苦苣是喜冷凉叶菜类，可使其在柱上的生长期为 11 月份至翌年 1 月份，每天供液 1～2 次，每次 8 min。草莓也可于 11 月份进行上柱，每天供水 3 次，每次 10 min。而对于耐旱的四季海棠等花卉植株可于任何时期上柱，冬季每隔 15～20 d 供液 1 次，每次 15 min。其他时间，每 7～10 d 供液 1 次，每次 10 min。植株在柱上生长期，每隔 2 天测 1 次 pH。不同生长期，营养液浓度需进行调整，在生长旺盛期和结果期 EC 值控制在 1.2～1.5 mS/cm，刚上柱初期控制在 0.5～1.0 mS/cm。贮液池内的营养液每周测定 1 次 EC 值，EC 值低时及时加配营养液肥料。

5. 温、光管理

叶菜类白天 15～20℃，夜间 10～12℃。草莓显蕾前白天 26～30℃，夜间 15～18℃；显蕾期白天 25～28℃，夜间 8～12℃；花期白天 22～25℃，夜间 8～10℃；果实膨大和成熟期白天 20～25℃，夜间 5～10℃。四季海棠对温度要求不严格，生长期间每个柱上的栽培钵要经常旋转，以使它们能更好地接受光照。

6. 植株管理

叶菜类蔬菜要及时采收，而草莓在整个发育过程中，应及时摘除匍匐茎和侧芽，在顶花序抽出后，选留 1～2 个方位好而壮的腋芽保留，其余的去掉，及时疏花疏果。四季海棠等草本花卉要及时掐尖，使其矮壮，防止倒伏。

任务小结

一、栽培基质的选择

对于立体的基质培，在选用基质上一定要注意容重不能过大，否则栽培设施容易损坏。另外在插管式立柱栽培中栽培钵内用于包裹珍珠岩的无纺布一定选用加厚的，因为植株在生长过程中根系会扎入无纺布内，所以在拔掉上茬的植株时，如果无纺布很薄，就会被拔掉的根系撕坏。

二、栽培作物的选择

立柱式栽培并不适合于所有植物，一般矮秧型植物适宜立柱式栽培，如草莓、四季海棠、莴苣、西芹、非洲紫罗兰等作物，其向上生长的高度一般不宜超过 40 cm。株型较高的植物会因空间限制和重力作用茎秆倒下，影响生长。果菜类对光照条件要求较高，一般不宜立柱式栽培，但可以采取立柱最上部 2～3 层种植矮生型果菜，如草莓，下部种植叶菜的方法。

三、关于光照

立柱式栽培中，光照强度随着栽培钵层数的下降而递减，并且立柱阳面植株获得的光照要好于阴面。为了弥补光照的不足和减少差异，需要定期对立柱进行旋转，使每一层的 5～6 株作物都能接受足量的阳光。这是保证作物整齐生长和提高产量的重要方法，另外也可以采取人工补光的方法。

四、关于供液

(1)供液时水泵压力能满足每个栽培柱都能均匀供液。

(2)滴液盒的松紧要适宜，防止在水泵压力一定的情况下，由于滴液盒松紧不一造成各栽培柱供液量有差异。

(3)注意检查供液系统及栽培钵是否有裂痕，防止跑、冒、滴、漏现象发生。

任务小练

简答题

1. 立体栽培与平面栽培相比有何应用价值？

2. 立体栽培分哪些类型，各自有何特点？

3. 塑料泡沫插管式立柱栽培设施结构有何特点？如何建造？栽培时要注意哪些问题？

项目8

无土栽培生产实例

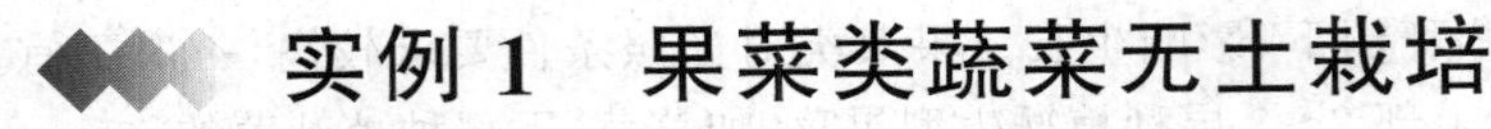

实例1 果菜类蔬菜无土栽培

一、番茄有机生态型无土栽培

(一)设施构造

1. 栽培槽

栽培槽框架可以使用砖、水泥板、塑料泡沫板和木板等来建造。但总体来说砖的成本较低,操作管理方便,而且易于观察根系生长情况。栽培槽为南北走向,用砖垒成内径宽 48 cm,边框高 24 cm(平放 4 层砖)的槽子,也可直接在地上挖半地下式栽培槽,深 12 cm,两边再用 2 层砖垒起。槽距为 70～80 cm,温室内北边留 80 cm 的走道,南边留 30 cm。槽间走道可用水泥砖、红砖、编织布、塑料膜、沙子等与土壤隔离,保持栽培系统清洁。栽培槽的底部采用塑料膜把基质和土壤隔开,膜边用最上层的砖压紧即可。塑料膜上铺厚度为 5 cm 左右的消毒过的粗基质,用于贮水和贮气,粗基质可采用粗砂、石子、粗炉渣等。粗基质上铺一层可以渗水的塑料编织布,在塑料编织布上铺栽培基质,塑料编织布可以用普通编织袋剪开后代替,能有效降低成本。

2. 栽培基质

有机基质采用玉米秸、菇渣、棉籽壳、向日葵秸、玉米芯、蔗渣、锯末、树皮、刨花等。使用前将所选基质进行发酵和消毒处理,具体方法见附录 2。并且加入一定比例的无机基质进行混配,如炉渣、沙、珍珠岩等。另外,定植前栽培基质需要施基肥,可采用有机生态型无土栽培专用固态肥。每立方米基质所施用的肥料内应含有:全氮(N)1.5～2.0 kg,全磷(P_2O_5)0.5～0.8 kg,全钾(K_2O)0.8～2.4 kg。如每立方米基质中添 10 kg 腐熟消毒鸡粪、1 kg 磷酸二铵、1.5 kg 硫胺和 1.5 kg 硫酸钾作基肥,足够一茬番茄亩产 8 000～10 000 kg 的养分需要量。基质与肥料混匀后即可填槽。每茬作物收获后可进行基质消毒,基质更新年限一般为 3～5 年。

3. 灌溉设施

在温室内建一蓄水池，外管道和棚内主管道及栽培槽内的滴灌带可用塑料管道。槽内铺设滴灌带1～2根，并在滴灌带上覆盖一层塑料薄膜，以防滴灌水外喷，用于膜下灌溉。

(二)生产技术

1. 品种选择

选择抗性强、早熟、高产、品质好、结果期长、耐贮藏的品种，如中杂系列、宝冠系列、佳粉系列等。

2. 育苗

为了杀灭种子上可能携带的病原菌和虫卵，催芽前必须对种子进行消毒，常用的消毒方法有温烫浸种和药剂处理。温烫浸种的水温50～55℃，浸种时种子需要不断搅动，并随时补充温水，保持50～55℃水温10～15 min，水温自然下降至30℃停止搅动。按要求继续进行浸种8～10 h。药剂消毒有药粉拌种和药液浸种。药粉拌种常用多菌灵、克菌丹等杀菌剂和敌百虫等杀虫剂进行拌种，用药量为种子质量的0.2%～0.3%。药液浸种可用1%的高锰酸钾溶液浸泡10～15 min，捞出用清水洗净，再进行浸种。

将浸种后的种子搓洗干净，用清水淘洗2～3遍，从水中捞出，稍晾，用湿纱布、毛巾或麻袋片包裹，置于25～30℃下催芽，时间为2～4 d。催芽期间经常检查和翻动种子，使种子受热均匀。并用清水淘洗种子，待大部分种子(60%～70%)露白时停止催芽，即可播种。

播种前先按草炭：蛭石＝3：1的比例配好基质，每立方米基质中再加入5 kg消毒鸡粪和0.5 kg有机生态无土栽培专用肥，混匀后填入穴盘。穴盘要与地面隔开，浇透水后就可以播种了，每穴1粒种子，上覆蛭石1 cm，表面稍洒点水，冬春季盖上塑料薄膜保温，夏秋季盖报纸保湿降温。出苗后应及时撤去这些覆盖物。出苗前温度保持25～30℃，出苗后温度白天22～25℃，夜间10～15℃，苗盘保持湿润，约30 d。苗2～3片真叶时白天20℃，夜间13℃，持续10～12 d，有利于花芽分化。当苗3～4片真叶可出盘定植。

3. 定植

定植前，首先要适当的进行囤苗、炼苗，有利于培育壮苗。并将基质翻匀整平，每个栽培槽内基质进行大水漫灌，使基质充分吸水，水渗后番茄按每槽2行定植，株距30 cm，每行植株距栽培槽内边10 cm左右，定植后立即按每株200 mL的量浇灌定植水，以利于基质与根系密接。

4. 定植后管理

(1)肥水管理　番茄有机无土栽培时，浇水宜根据植株的形态，外界气候进行。定植后前期注意控水，开花坐果前维持基质湿度60%～65%，开花坐果后以促为主，保持基质湿度在70%～80%。一般定植后5 d浇1次水，保持根际基质湿润，不可使植株过旺徒长，也不能控成“小老苗”。坐果后勤浇，一般晴天上午、下午各浇1次，时间均为15～20 min。阴天可视具体情况少浇或不浇。追肥一般在定植后20 d开始，此后每隔10～15 d追肥1次，每次每株追专用肥10～15 g；坐果后7 d追1次肥，每次每株25 g，肥料均匀撒在离根5 cm处即可随滴灌水渗入基质。针对温室内CO_2气体亏缺的实际，可于棚内进行CO_2气体追肥，以增强番茄的抗逆性，提高产量。

(2)温度、光照管理　番茄定植后，温度应保持白天22～25℃，夜间10～15℃。坐果后提高温度，保持白天 25～28℃，夜间 12℃左右。深冬季节棚温可短时达到 30℃，不可通大风降温，以防湿度过低。严冬过后，恢复正常温度管理。番茄喜光性强，在整个栽培期间，只要保证正常的室温，不过分降低棚内温度，应早拉晚放草苫，尽量让植株多见光。

（3）植株调整　当植株高达 30 cm 左右时，要及时搭架或吊蔓。对搭架栽培的番茄，需要进行绑蔓。绑蔓时要注意植株的长势，有助于其顶端优势的发挥，增强植株长势。

温室无土栽培番茄大多采用无限生长型的品种，整枝方式一般采用单干整枝，即只留主蔓生长结果，摘除全部叶腋内的侧枝。为保证植株生长健壮，打杈应在侧枝 10～15 cm 时进行。一般春茬留果实 6～8 穗后摘心，秋茬留 4～5 穗后摘心，以利于果实提早成熟和按时拉秧，不影响后茬的基质准备工作。

在生长期间摘除病叶、老叶、黄叶，有利于植株下部通风透光，减轻病害的发生和蔓延，减少养分消耗，促进植株良好发育。摘叶的适宜时期是在生长的中、后期，摘除基部色泽暗绿、继而黄化的叶片及严重患病、失去同化功能的叶片。摘叶宜选晴天上午进行，用剪子留下一小段叶柄剪除。操作中也应考虑到病菌传染问题，剪除病叶后宜对剪刀做消毒处理。摘掉的老叶、病叶等应集中于专门的残叶碎枝收集袋里，然后运出温室处理，以防止病虫传播。

（4）花果管理　番茄授粉方式较多，主要有激素处理，机械授粉和昆虫辅助授粉等方式。常用的激素有番茄灵、2,4-D 等，处理即将开放的花朵，效果比较好。为了节省劳力，一花序可以只喷 1 次，当第一朵花开放，其余的花有些还是花蕾时进行。生长素的浓度要严格按照使用说明配制，一般番茄灵使用质量浓度为 20～30 mg/L，2,4-D 质量浓度为 10～20 mg/L。生长素处理最好选择晴天。授粉有人工振荡授粉和振荡器振荡授粉等方式，开花后每天上午 10—11 时进行振荡授粉，其授粉效果比激素处理好。规模化蔬菜生产，利用昆虫辅助授粉不失为上策。

大果型品种每穗留果 3～4 个，中果型留 4～5 个。疏花疏果分两次进行，每一穗花大部分开放时，疏掉畸形花和开放较晚的小花；果实坐住后，再把发育不整齐、形状不标准的果实疏掉。

5. 采收

采收后需长途运输 1～2 d 的，可在转色期采收，此时果实大部分呈白绿色，顶部变红，果实坚硬，耐贮运。如采收在当地销售的，可在成熟期采收，此时果实 1/3 变红，果实未软化，口感最好。

二、番茄岩棉培

（一）育苗

在番茄品种选择上，多以荷兰的栽培品种居多。包括红、粉、黄、橘色等多种颜色的大、中、小、微型果。采用穴盘育苗，穴盘为 10×24 孔的聚苯板材料制成，在孔穴中放入直径大小一致的岩棉塞。播种前将放入岩棉塞后的穴盘，用 EC 值为 1.5～2.0 的营养液浸泡，使之吸足水分，然后将种子播入岩棉塞，在 25℃条件下，密闭遮光催芽，待种子萌芽后，再在上面覆盖 1 mm 厚的蛭石，促使根系向下伸展，子叶去壳出土。育苗期温度应保持在 25℃左右，这样 10 d 后就可以长出较多的根，并保证番茄在长到第 9 片叶后花芽分化。如果温度较低（18℃左右），则根较少，生物学苗龄就推迟一周，并且番茄在第 7 片叶就提早花芽分化，这样会影响番茄后期产量。

(二)移栽

当番茄小苗长到 2 片真叶时,就需要将带小苗的岩棉塞移栽到双孔的岩棉块中。从育苗到移栽为 20 d 左右。如果是荷兰 Venlo 型玻璃温室,标准跨度为 6.4 m,可以每跨放置 4 行岩棉种植垫种植番茄,行宽为 1.6 m,每行岩棉种植垫之间为暖气加热管道,同时作为采摘车行驶轨道。移栽小苗前先将岩棉种植垫放好,将双孔岩棉块顺向摆放到岩棉种植垫上,再将滴灌插头插入岩棉块中,用 EC 值为 2.5 的营养液浸透岩棉块。然后将小苗移栽到岩棉块中,促使形成更多的根,为以后番茄高产提供保证。

在番茄移栽入岩棉块后到定植到岩棉种植垫之前,不需要给太多的水,保持岩棉块中含有 80%水和 20%空气,通过控水促进根系生长,等到岩棉块捏不出水时再给水。移栽一周以后,检查番茄小苗生长情况,将生长不好、叶片节间较短的苗拔除,并补上健壮小苗。

(三) 定植

当番茄第一穗花序开始坐果时,开始将岩棉块定植到岩棉种植垫定植孔内,使根系伸入岩棉种植垫,扩大根系营养面积(图 8-1)。番茄岩棉栽培在开花之前需要一段营养生长控制时期,如果移栽时直接将岩棉块放入岩棉种植垫定植孔内,那么番茄营养生长旺盛从而影响生殖生长。

定植前用 EC 值 3.0 的营养液将岩棉种植垫浸透,岩棉种植垫两端留排水口排水。定植时只要将岩棉块顺向放入岩棉种植垫定植孔里即可,定植后一周内应尽量减少操作,避免晃动植株,以免破坏根系。

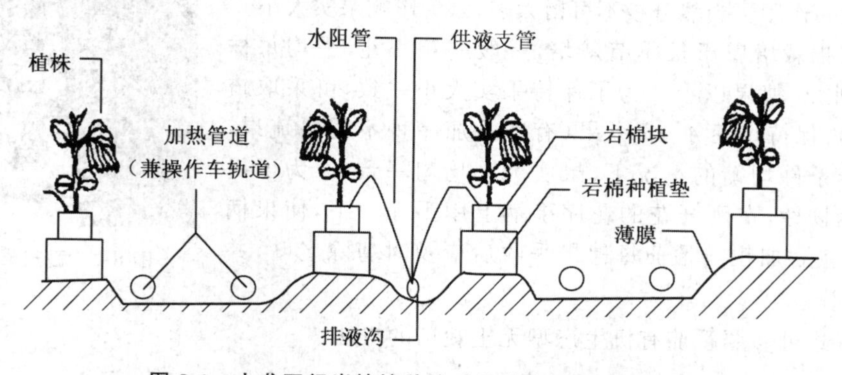

图 8-1 小垄双行岩棉培种植畦及种植垫摆放示意图

(四)栽培管理

1. 营养液管理

可选用荷兰温室作物研究所岩棉培滴灌用配方。番茄岩棉栽培主要环节在营养液供应上,根据番茄生长的不同阶段,及时调整营养液配方。幼苗期加大 N 的含量促进营养生长,坐果期提高 K 的含量,提高 P、K 含量,以促进根系生长。灌溉时可通过计算机控制系统调整滴灌时间,控制岩棉内营养液含量,保持白天 80%含量,晚上 60%含量,保证岩棉内有一定的空气含量,促进根系发育。

2. 温度调控

番茄生长所需适宜温度通过计算机自动化控制系统控制。在冬季保持温度在 20℃左右促使营养生长，阴天保持 18℃防止徒长。生殖生长阶段采用变温处理：冬季白天保持 20℃，日落到午夜 00:00 保持 16℃，00:00 到日出前保持 18℃。夏季变温处理：白天 28℃，夜间 20℃。

3. 湿度调控

番茄需要空气相对湿度 60%～80%。如果温室内空气湿度较大时，夏季通风降低空气相对湿度；而冬季加温后，热空气遇到冷的玻璃表面水汽冷凝后流入集露槽而排出室外，从而降低空气湿度。

4. 气体调控

在栽培过程中应注意温室内 CO_2 含量，适宜 CO_2 浓度为 600～1 000 mg/L。夏季由于经常通风，温室内 CO_2 得到补充。而在冬季，如果没有 CO_2 发生装置，应在中午温度较高时加强自然通风来补充室内 CO_2 含量，这样可增加产量 10%～15%。生产上可采用硫酸与碳酸氢铵反应产生 CO_2。每 667 m^2 温室每天约需要 2.2 kg 浓硫酸（使用时加 3 倍水稀释）和 3.36 kg 碳酸氢铵。每天在日出 0.5 h 后施用，并持续 2 h 左右，或施用液化 CO_2 2 kg 左右，也可通过燃煤产生 CO_2。注意应将 CO_2 气体通过管道均匀输送到温室上部空间。

5. 整枝及授粉

多数番茄品种属于无限生长型，分枝能力强。在番茄长到 30 cm 左右高时，需要开始吊蔓，并及时打杈。在冬季光照较弱时，要留较少的分枝。进入春季以后，随着光照的增加，可适当多留一些分枝。这样到夏季时，较多的叶片有蒸腾作用，可起到降低室内温度的作用。当然分枝不可留太多，以免影响果实大小。

番茄岩棉栽培属于长季节栽培，一般一年一茬，平均每株番茄可长到 20 穗果以上。为了保持果实大小一致，可采取疏花疏果措施，保持每穗 4～6 个果（有些番茄品种不需要疏果，因为在营养条件均衡的情况下，果实大小均匀一致）。为了提高番茄果柄韧性，在刚开花的花序果柄上用手捏一下，使果柄受伤，在伤愈后加粗。番茄每穗果采收后应及时剪除老叶，并落蔓（图 8-2）。

图 8-2　番茄岩棉培落蔓

授粉方式可参照番茄有机生态型无土栽培的方法。

三、甜椒无土栽培

（一）品种选择

选用无限生长型的温室专用品种，如荷兰的马拉托红色甜椒（Maratos）、卡匹奴黄色甜椒（Capino）、拉姆（Lame）紫色甜椒等。

（二）育苗和苗期管理

1. 育苗

（1）基质准备　用草炭：蛭石＝1：1 的混合基质作为育苗基质。消毒方法同黄瓜，消毒后装盘备用。

（2）种子处理　用 55～60℃热水浸种 20 min，再降至 30℃浸种 6 h，即可杀灭大多数病菌。也可将种子在清水中预浸 4～5 h，再用 10%磷酸三钠浸种 20～30 min 或 1%硫酸铜浸种

5 min,都有钝化病毒的作用。用1 000 mg/L升汞浸种5 min或1 000 mg/L农用链霉素浸种30 min对防治青枯病和疮痂病较好。

催芽方法同黄瓜。大多数种子4～7 d可以发芽,有的可长达10 d。

(3)播种　温室内四季均可播种。冬季温度低,可做小拱棚,有利于种子尽快出苗和出苗整齐,可使基质温度保持在22℃左右。播前用日本山崎甜椒配方0.6个剂量的营养液浇透基质,播种后上覆0.5～1 cm厚的基质。

2.苗期管理

(1)温湿度的管理　为促进出苗,出苗前应保持较高温湿度。出苗后白天可降至20～25℃,夜间10～15℃左右,并适当降低苗床湿度。

(2)营养液管理　要根据苗情、基质含水量及天气情况,可用日本山崎甜椒配方1个剂量营养液进行喷洒,每次以喷透基质为度。

(3)病虫害防治　每7～10 d喷1次百菌清800倍液或甲基托布津800倍液进行预防,一般情况下不会发生病害。如果发生猝倒病可用25%甲霜灵800倍液,立枯病则用50%福美双可湿性粉剂500倍液,3～5 d喷1次。枯萎病可用350倍液乙磷铝灌根。

(三)定植和定植后管理

1.定植

(1)基质准备　基质可选用锯木屑、岩棉、炉渣、草炭、蛭石、河沙、珍珠岩中的一种或几种按一定比例混用均可。使用前将基质用50倍福尔马林溶液均匀喷湿,塑料薄膜密封3～4 d。再把膜打开使甲醛气体挥发掉,然后装袋。

(2)定植　按1.3 m的行距排列基质袋,用日本山崎甜椒配方1个剂量把基质滴湿,即可定植。为有利缓苗,一般在下午高温期过后定植,株距35 cm,即3株/m^2,定植时土坨要低于基质表面1 cm。定植后及时浇营养液,以促进根系发育。

2.定植后管理

(1)温度管理　缓苗前一般不进行通风换气,以利缓苗,一般温度保持在30℃左右,不可高于35℃。缓苗后昼夜温度均较缓苗前低2～3℃,以促进根部扩展,一般保持在25～30℃。结果期白天保持23～28℃,夜间18～23℃,温度过高或过低都会导致畸形果的产生。

(2)湿度管理　基质湿度以70%～80%为宜。空气相对湿度保持在50%～60%为好,空气湿度不可过高,否则不利于生长,易感病。

(3)光照管理　甜椒光饱和点为30 000 lx,光补偿点为1 500 lx,甜椒怕强光,喜散射光,对日照长短要求不严格。中午阳光充足且温度高的天气,可利用遮阳网进行遮阴降温。

(4)营养液管理　营养液以日本山崎甜椒配方为依据,根据本地水质特点适当调整。pH 6.0～6.3。门椒开花后,营养液应加到1.2～1.5个剂量。对椒坐住后,营养液剂量可提高到2.0,并加入30 mg/L磷酸二氢钾,注意调节营养生长与生殖生长的平衡。如果营养生长过旺可降低硝酸钾的用量,加进硫酸钾以补充减少的钾量,调整用量不超过100 mg/L。在收获中后期,可用营养液正常浓度的铁和微量元素进行叶面喷施,以补充铁和其他微量元素的量,每15 d喷1次。

(5)植株调整　采用绳子吊蔓方法(同黄瓜)。甜椒分枝能力强,开花前要进行整枝,即留2条健壮枝,其他长出的侧枝应及时抹掉,以免消耗营养。随着植株的生长,要及时把植株绕在吊绳上，一般1周1次。主茎上的第一朵花必须摘除，以促进营养生长。生长过程中要进行疏花疏果，第一次坐果留4～6个，多余的和不正常的花果及时疏掉，以集中营养供给，保证正品率。如果主枝坐果太少，可另外在侧枝上留1个果和3～4片叶。个别主枝结果后变得细弱失去结果能力，应在摘除果实的同时将该枝剪掉。主枝弱小的不结果枝及各大主枝间的小枝和弱枝去掉。第一杈下部的叶子，如变黄失去功能，应及时去掉，老叶病叶也应及时去掉。果实达到商品成熟时，必须及时摘除，以免养分无谓消耗。

四、黄瓜有机生态型无土栽培

(一)设施构造

1. 栽培槽

栽培槽的建造参考番茄有机生态型无土栽培。

2. 栽培基质

栽培基质可按炉渣：玉米秸秆：菇渣＝5：3：2的比例混合，也可按河沙：锯末：玉米蕊粉：豆秸粉＝1：2：1：1的比例混合，每立方米加入3 kg有机无土栽培专用肥、10 kg腐熟的鸡粪，混合均匀后可填入栽培槽内，每茬作物收获后对基质进行消毒处理。基质更新年限一般为3～5年。

3. 灌水设施

同番茄有机生态型无土栽培。

(二)生产技术

1. 品种选择

选耐寒性较强、耐低温、长势强、抗多种病害、丰产潜力大、品质好的品种，目前生产上常用的品种有长春密刺、津杂1号、津杂2号、津春3号和由荷兰引进的小型黄瓜等品种。

2. 育苗

先用55℃温水浸泡10～15 min，再用40%甲醛100倍液浸泡20 min，捞出后用清水冲洗直到没有气味。最后用清水浸泡6～8 h，将浸过的黄瓜种子冲洗3次，用湿纱布包好，放在25～30℃恒温箱中催芽。每天早晚各用与室温相同的清水投洗1次，当大部分种子露白后即可播种。

可采用育苗盘，也可采用营养钵育苗，按草碳：蛭石＝3：1的比例配好基质，每立方米混入5.0 kg的腐熟鸡粪和0.5 kg的无土栽培专用复合肥，混匀后填入72孔穴盘或装入8 cm×10 cm规格的营养钵内，盘或钵下面要铺一层塑料与地面隔开。每穴或每钵1粒种子，覆蛭石1 cm，表面稍稍洒点水，根据季节表面用塑料薄膜保温或用多层遮阳网保湿遮光。出苗前温度白天保持25～30℃，夜间保持15～20℃；出苗后温度白天22～25℃，夜间12～15℃，苗盘保持湿润。约30 d，苗3～4片真叶即可出盘定植。

3. 定植

当株高8～10 cm，茎粗0.6 cm以上，叶片数3～4片，子叶健壮齐全，根系发达，即可定植。定植前，先将基质翻匀整平，每个栽培槽内的基质进行大水漫灌，使基质充分吸水，水渗后，按每槽2行、株距25～30 cm，挖穴将苗坨埋入，基质表面于苗坨表面平齐为宜，定植后浇小水。

4. 定植后管理

(1)肥水管理　定植后7 d后浇1次缓苗水，以后根据植株长势、基质条件和气候条件，确定浇水次数，一般5～7 d灌水1次，以保持基质湿润，控制黄瓜长势，防止徒长。坐果后，晴天上、下午各浇水1次，阴天可视具体情况少浇或不浇。追肥一般在定植后20 d开始，此后每隔10 d追肥1次。可追专用复合肥，每次20 g/株，坐果后每次30 g/株；将肥均匀撒在距根5 cm处，随水渗入基质中，也可混于基质中，但是不能与根接触。

(2)温湿度管理　适宜昼温22～27℃，夜温18～22℃，基质温度25℃。气温低于10℃，生长缓慢或停止生长，高于35℃光合作用受阻。空气湿度保持在60%～70%，湿度太高不利于生长，易染病。

(3)光照管理　可采取一些措施来增加光照。如在室温不受影响的情况下，早揭晚盖草苫，尽量延长光照时间；遇阴天只要室内温度不低于蔬菜适应温度下限，就应揭开草苫。

(4)植株调整　黄瓜定植后生长迅速，应及时进行吊蔓，采用单蔓整枝，植株长到7～8叶后，要及时把植株绕在吊绳上，一般2～3 d绕1次。摘除侧枝、卷须、雄花；生长中后期，摘除植株底部的病叶、老叶，有利于通风透光，减少养分消耗和病害发生、传播。瓜秧达到一定高度时，及时落蔓回盘到根际周围，注意不要与基质接触，离地面始终保持在1.6 m左右，处于最佳受光状态。

5. 采收

一般果长在20 cm左右采收，每2～3 d采收1次，至拉秧为止。采收时和运输过程中应尽量减少对果实的伤害，并避免阳光直晒，尽快进行包装储藏，以免果实表面失水影响新鲜度。

五、甜瓜无土栽培

(一)栽培季节和品种选择

1. 栽培季节

在我国南北方，普遍可以进行春、秋栽培，根据地区气候条件进行春提早或秋延后栽培。

2. 品种选择

无土栽培应以生产优质高档精品甜瓜为主。在品种选择上除以品质选择为重点外，还应特别注意品种的抗病性问题。可供选用的品种有金丽1号、白雪公主、喇嘛黄等。

(二)栽培方式

甜瓜无土栽培可采用水培和基质栽培。基质培管理技术比水培容易，采用砖槽式、袋式、盆钵式等形式进行甜瓜基质栽培，效果也较好。下面主要介绍甜瓜的复合基质槽培技术。

(三)栽培技术

1. 育苗

采用营养钵育苗。把精选的种子温汤浸种4 h，再用0.1%高锰酸钾消毒2～3 h，捞出用清水冲洗，在30℃恒温下催芽。当80%芽长至0.5 cm时，选择晴天上午播种到装好基质的营养钵中，播完后覆一层薄膜保温保湿。有条件可采用嫁接育苗，能提高幼苗抗性。

2. 苗期管理

(1)温度管理　从播种到出苗，白天保持30℃左右，夜间不低于20℃。子叶破土后，应取掉地膜降温，白天25℃左右，夜间13～15℃。定植前10 d进行通风炼苗。

(2)水分管理　基质水分要达到田间最大持水量的60%～70%。上午浇水最好。

(3)矮化促瓜　在幼苗期2叶1心喷施60 μL/L乙烯利可促雌花形成。

3.栽培槽规格及基质配比

栽培槽规格为宽70～80 cm，深20～25 cm，长度视温室跨度而定。栽培槽底平铺一层带有排水孔的塑料。栽培基质按体积比选用草炭：蛭石：珍珠岩＝3：1：0.5，混配均匀消毒后，填入栽培槽中，基质略高于栽培槽，基质作成龟背形，上铺一层黑色塑料薄膜，栽培前基质浇透水。

4.定植

当甜瓜幼苗具3～4片真叶时即可定植。选择晴朗天气的上午定植为宜，采用双行定植。注意保护根系完整和不受伤害。定植密度依品种、栽培地区、栽培季节和整枝形式而有所不同，一般控制在1 500～1 800株/667 m^2。

5.环境调控

定植后1周内应维持较高环境温度，白天在30℃左右，夜间在18～20℃，为防止高温对植株伤害，可增加环境湿度。开花坐果白天控制温度25～28℃，夜间15～18℃。果实膨大期白天温度控制在28～32℃，夜间在15～18℃，保持13～15℃的昼夜温差至果实采收。整个生长过程要保持较高光照强度，特别是在坐果期、果实膨大期、成熟期。在保温同时加强通风换气，环境湿度应控制在60%～70%，有条件应增施CO_2气肥。总体上在甜瓜生长期，环境调控应以“增温、降湿、通风、透光”为原则。

6.植株调整

(1)整枝、摘心　香瓜整枝最常用的是双蔓整枝与四蔓整枝两种方式。双蔓整枝比较早熟，一般栽培则多用四蔓整枝。四蔓整枝一般在幼苗4～5叶时摘心，留4根子蔓四向伸出，当子蔓具4～8片真叶时摘心，促进孙蔓萌发生长。孙蔓上一般在第一节上即可着生雌花，生产上均利用孙蔓留瓜，保留2片叶子摘心。

(2)授粉　甜瓜坐果性差，需人工辅助授粉。授粉在上午8:00—12:00时进行，也可利用熊蜂授粉。

(3)疏叶疏果　基部老叶易于感病应及早摘除，可疏去过密蔓叶以利于通风透光。当幼瓜有鸡蛋大小时应及时定瓜。选留节位适中，瓜型周正，无病虫害的幼瓜。一般每株留瓜3～5个，小果型品种可留10余个。

(4)翻瓜　果实定个后及时进行翻瓜。翻瓜可使果实生长齐、色泽一致、甜度均匀。翻瓜时每次只能动1/5，不能180°对翻，以免底面突然受烈日暴晒而灼伤。翻瓜时间以日落前2～3 h进行为宜。

7.营养液管理

(1)营养液配方　选用日本山崎甜瓜配方。

(2)营养液浓度管理　营养液浓度管理指标是：苗期1.0 mS/cm，定植至开花期2.0 mS/cm，果实膨大期2.5 mS/cm，成熟期至采收期2.8 mS/cm。

(3)pH　薄皮甜瓜生长的适宜pH为6.0～6.8。

(4)供液量及水分管理　一般幼苗期每1～2 d供液1次，成龄期每天供液1～2次，每次供液量根据植株大小从每株0.5 L到2 L,原则是植株不缺营养素,不发生萎蔫,基质水分不饱和。晴天可适当降低营养液浓度,阴雨天和低温季节可适当提高营养液浓度,一般以1.2～1.4个剂量为好。

8.采收

采收时以清晨为好,用刀或剪刀切除瓜柄,切除时留有1～2 cm长瓜柄。但早晨采收的瓜含水量高,不耐运输,故远运的瓜应在午后1:00—3:00时采收。

六、丝瓜无土栽培

(一)品种选择

丝瓜分有棱丝瓜、无棱丝瓜两大类。无棱丝瓜表面无棱,光滑或具有细皱纹。瓜条多为圆柱形,幼瓜肉质较柔嫩。生长势强,产量高,分布广,适应性强,南北均有栽培。优良品种有白玉霜、线丝瓜、杭州肉丝瓜等。有棱丝瓜植株长势比无棱丝瓜弱,果实为长棒形或纺锤形,最大特点是果实表面有明显的9～11条凸起的棱线。优良品种有青皮丝瓜、绿旺丝瓜等。

(二)栽培方式

丝瓜无土栽培可采用水培和基质栽培。基质培管理技术比水培容易,尤其目前在"瓜果长廊"设计上,也有种植丝瓜的,所以借助棚架设施,采用砖槽式、袋式、盆钵式、箱式等形式进行丝瓜基质栽培,效果很好。

(三)栽培技术

1.育苗

采用营养钵育苗。把精选的种子温汤浸种4 h,再用0.1%高锰酸钾消毒2～3 h,捞出用清水冲洗,在25～30℃恒温条件下催芽。当80%芽长至0.3～0.5 cm时,选择晴天上午点播到装好基质的营养钵中,播后盖上1 cm厚的基质,之后再覆一层薄膜保温保湿。

2.苗期管理

(1)温度管理　播后3～4 d白天保持30～32℃,夜间18～20℃。出苗后及时去掉地膜,齐苗后适当降低温度,白天保持25℃左右,夜间15～18℃。30 d左右、秧苗有3～4片真叶时就可定植,定植前10 d应加强炼苗。

(2)水分管理　基质水分要达到田间最大持水量的60%～70%。上午浇水最好。

(3)光照管理　苗期是花芽分化的关键时期,低夜温短日照有利于促进花芽分化和雌花形成,因此要调节好光照时间和昼夜温差。可通过小拱棚遮光,使每天日照时间控制在8～9 h。

3.栽培槽规格及基质配比

如果在温室或大棚内生产,栽培槽规格为宽70～80 cm,深25～30 cm,长度视温室跨度而定。如果是用来瓜果长廊设计上栽培,在长廊两边采用槽式栽培或袋式栽培均可,种植槽宽40 cm即可。栽培槽底平铺一层带有排水孔的塑料。栽培基质按体积比选用草炭∶蛭石∶珍珠岩=3∶1∶0.5,混配均匀消毒后,填入栽培槽中,基质略高于栽培槽,基质做成龟背形,上铺一层黑色塑料薄膜,栽培前基质浇透水。

4.定植

当丝瓜幼苗具3～4片真叶时即可定植。选择晴朗天气的上午定植为宜,温室槽式栽培采用双行定植,小行距60 cm,株距40 cm,种植槽间距为80～100 cm。注意保护根系完整和不受伤害。定植密度依品种、栽培地区、栽培季节和整枝形式而有所不同,一般控制在每 667 m^2 2 000 株左右。

5. 温、湿度管理

定植后 1 周内应维持较高温度环境,白天在 28℃左右,夜间在 15～18℃。为防止高温对植株伤害,可增加环境湿度。缓苗后,为促进根系发育,防止茎叶徒长,白天温度控制在 20～28℃,夜间 12～18℃。开花结果期,温度稍提高一些,但棚内最高气温不能超过 35℃,夜温不低于 10℃。在保温同时加强通风换气,环境湿度应控制在 60%～70%。

6. 营养液管理

(1)营养液配方　可选用日本园试配方(1966)。

(2)营养液浓度管理　营养液浓度管理指标:苗期 1.0 mS/cm;定植至开花期 2.0 mS/cm;果实膨大期 2.5 mS/cm;成熟期至采收期 2.8 mS/cm。

(3)pH　丝瓜生长的适宜 pH 为 6.0～6.8。

(4)供液量及水分管理　丝瓜喜湿润气候,耐高湿,要保持基质湿润。一般幼苗期每 1～2 d 供液 1 次,成龄期每天供液 1～2 次,每次供液量根据植株大小每株从 0.5 L 到 2 L。晴天可适当降低营养液浓度,阴雨天和低温季节可适当提高营养液浓度。浇 2～3 次营养液后,可浇 1 次清水。

7. 植株调整

温室内槽式栽培,定植后植株开始抽蔓时应及时吊蔓。在种植槽上方南北方向在温室骨架和后墙之间拉一根铁丝,在铁丝上对应植株处系一根尼龙绳,然后人工引蔓,辅助上架。丝瓜的主蔓和侧蔓均可结瓜,通常在第一雌花以下的侧蔓全部去除,之后出现的侧蔓,选留生长健壮的,结瓜后于瓜前留一片叶摘心。每株留 2～3 个丝瓜。后期只需剪除细弱或过密的枝蔓。随着茎蔓的生长,要及时缠蔓落蔓,使植株茎蔓始终保持在 1.5 m 左右的高度,落蔓前摘除中下部老叶、病叶、黄叶及卷须,可改善通风透光条件。如果在瓜廊两侧栽培,上棚架前侧蔓均摘除,爬上棚架后的侧蔓一般不再摘除,但要注意引蔓。盛果期,如植株生长过旺,叶片繁茂,摘除过密的老叶、黄叶及多余的雄花,把搭在架上或被卷须缠绕的幼瓜及时调整使之垂挂在棚架内生长,摘除畸形瓜以减少养分消耗并增加观赏效果。

8. 保花保果

丝瓜无单性结实能力,棚室内栽培需进行人工辅助授粉,可于早晨 8:00—10:00 时没有露水时进行人工授粉。摘下刚开放的雄花,去掉花瓣,用花药轻轻涂抹雌花柱头即可。如雄花量不足或散粉困难时,可用 25 mg/L 的坐果灵进行喷花。

9. 采收

丝瓜从雌花开放到采收仅为 10～12 d,当瓜柄光滑稍变色,果面茸毛减少,果皮用手触之有柔软感即可采摘食用。过期采收,果实容易纤维化,种子变硬味苦,不能食用。因此盛花期最好每隔 1～2 d 可采收 1 次,采收时间宜在早晨,要用剪刀在齐果柄处剪断。由于丝瓜果皮幼嫩,采收时要轻放忌压,以免影响丝瓜的商品性。

 实例2　叶菜类蔬菜无土栽培 

一、莴苣

莴苣又名结球莴苣、叶莴苣(生菜)等，为菊科莴苣属中的变种，一年生或二年生草本植物，原产中国、印度及近东、地中海沿岸。莴苣按结球与否可以分为结球、散叶、直立三类。结球莴苣与甘蓝外形相似，食用器官是叶球，质地鲜嫩，口感好；散叶莴苣不结球，叶长卵形，叶缘波状有缺刻或深裂，叶面皱缩，叶色有绿色、黄色、紫色等，色泽鲜艳，是点缀餐宴的好材料，品质中等；直立莴苣不结球，叶直立、狭长，叶全缘或有锯齿，肉质粗，口感差。莴苣与番茄、黄瓜并列为温室无土栽培三大菜类。由于莴苣(半结球种)生长快，换茬快，便于管理，所以适合周年栽培，特别是水培。其他栽培方式有砾培、沙培、喷雾培等。

(一)栽培设施结构

保护地内营养液膜栽培设施主要包括贮液池、栽培床、输液管、水泵、定时器等。

1. 贮液池建造

参见深液流水培设施建造。

2. 栽培床

用砖、水泥或硬塑料做成栽培床，栽培床的坡度为每 80～100 m 降低 1 m[(80～100)∶1]。床内铺塑料薄膜防渗漏。栽培床内经常保持有一薄层(2～3 mm)营养液。栽培床上覆盖聚苯乙烯板，板上有栽植孔。待将育好的苗子插入栽植孔中时，根系便悬挂或直立于栽培床中，床底的一薄层营养液不断缓慢流动，使生长在栽培床中的根系，处在黑暗、水、气及营养具备的环境中。

3. 供液系统

由进液管、回液槽、水泵、定时器和部分管件构成。由定时器控制水泵的工作时间，定时从贮液池中泵出营养液，通过进液管进入栽培床，供作物吸收利用。然后，经回液槽回流到贮液池内。通过间歇式供液方式，满足作物对氧气、水分以及养分的需要。

(二)茬次安排

散叶生菜及皱叶生菜的生长期较短，且采收又没有严格的标准，所以在 1 年中可生产 10 茬之多。下面的具体安排可供参考使用。

2—5 月份，每月播种 1 茬，育苗期 25～35 d，3 月下旬至 6 月上旬定植，定植后 30～40 d 收获，于 4 月上旬至 7 月上旬供应；6 月下旬至 8 月下旬播种，育苗期 15～25 d，7 月下旬至 9 月中旬定植，定植后 25～35 d 收获，于 8 月下旬至 10 月中旬供应；9 月下旬至 11 月播种 2 茬，育苗期 30 d，12 月中旬至次年 2 月中旬定植，定植后 55～60 d 收获，于 12 月中旬至次年 2 月中旬供应。结球生菜的生长期较长，茬次适当减少。

(三)栽培技术

1. 品种选择

生菜性喜冷凉,最高气温 25℃以上时就会造成生菜结球困难。所以无土栽培生菜时应选用早熟、耐热、抽薹晚、适应性强的品种,如凯撒、大湖 3 优、爽脆、大湖 659 等,都是较为理想的无土栽培生菜品种(图 8-3)。

图 8-3 生菜水培

2. 播种育苗

(1)播种前的准备　准备好疏松的 3 cm 厚的海绵块,把其切成 3 cm 见方的小块,切时相互之间连接一点,便于码平。将海绵块清洗干净后,码平于不漏水的育苗盘中备用。

(2)播种　将经过消毒处理的种子用手直接抹于海绵块表面即可,每块海绵上抹 2～3 粒,往育苗盘中加足水,至海绵块表面浸透为准,播后覆盖一层无纺布。

(3)苗期管理　播种后的种子保湿非常重要,每天用喷壶喷雾 1～2 次,保持种子表面湿润,正常情况下,3 d 左右可出齐苗,冬季出苗稍晚,要 5～7 d 方可出齐。待第 1 片真叶生长时,向海绵块上浇施少量的营养液,其浓度可为标准液浓度的 1/3～1/2,真叶顶心后间苗,每个海绵块上只留 1 株。生菜的苗龄一般为 15～30 d。

3. 定植管理

(1)定植前准备　栽培床准备好以后,安装供液系统,先用清水检查营养液循环系统的封闭性能。然后进行设施的消毒处理,可选用甲醛-高锰酸钾进行空棚消毒杀菌。将配好的营养液注入贮液池后再进行定植,散叶莴苣按 30～40 株/m^2 的密度将幼苗定植于聚氯乙烯板的栽培孔内,结球莴苣定植密度为 20～25 株/m^2。

(2)营养液管理　营养液可选用日本山崎莴苣配方。定植 1 周内的幼苗,所用营养液的浓度仍为标准液浓度的 1/2。定植 1 周后,可把营养液浓度调为标准液浓度的 2/3,生长后期,则用标准液。EC 值控制在 1.4～1.8 mS/cm。结球莴苣在结球期,EC 值可提高到 2.0～2.5 mS/cm,pH 控制在 6.0～7.0,营养液每日循环 4～5 次。

(3)温度管理　生菜生长适温为 15～20℃,最适宜在昼夜温差大、夜间温度低的环境中生长。白天气温控制在 18～20℃,夜间气温维持在 10～12℃。营养液温度以 15～18℃为宜。

(4)增施二氧化碳气肥　可利用二氧化碳钢瓶或二氧化碳发生器来增施二氧化碳气肥,以补充棚室内的二氧化碳,促进植株的光合作用,提高产量。

4. 采收期管理

生菜的采收时间因季节不同而有所不同。一般情况下,冬、春茬生菜生长较慢,从播种到采收需要的时间长些;而夏茬生菜生长时间则较短。结球生菜一定要注意采收时期,做到及时采收,否则采收过早会影响产量,采收过晚会抽薹。结球生菜应分期采收,且采收时连根拔出,带根出售,以表示该产品为无土栽培的绿色蔬菜。

该茬采收结束后,随即将已备好的幼苗重新放入定植孔中定植,即"随收随种"。种植 3～4 茬后,应对栽培床进行冲洗,彻底清除残根、残叶及灰尘,且要对供液系统进行清理,对栽培设施进行消毒后重新注入营养液,进行下一茬生产。

5. 病虫害及其防治

生菜无土栽培时几乎不发生病虫害，但有时也会因人为或棚室通风时而传入害虫、病原菌等，从而引起生菜发生病虫害，要及时发现、及时清除带病、虫秧苗，并用药防治。

二、紫背天葵

紫背天葵别名观音菜、观音苋、血皮菜，为菊科土三七属的一种以嫩茎叶供食用的高档蔬菜。紫背天葵富含黄酮类化合物及铁、锰、锌等对人体有益的微量元素，具有很高的营养价值。紫背天葵的无土栽培方法有基质培、DFT 水培、静止水培、立体栽培等模式。

(一)品种类型

紫背天葵有红叶种和紫茎绿叶种两类。红叶种叶背和茎均为紫红色，新叶也为紫红色，随着茎的成熟，逐渐变为绿色。根据叶片大小，又分为大叶种和小叶种。大叶种，叶大而细长，先端尖，黏液多，叶背、茎均为紫红色，茎节长；小叶种，叶片较少，黏液少，茎紫红色，节长，耐低温，适于冬季较冷地区栽培。紫茎绿叶种，茎基淡紫色，节短，分枝性能差，叶小椭圆形，先端渐尖，叶色浓绿，有短绒毛，黏液较少，质地差，但耐热耐湿性强。

(二)繁殖方法

紫背天葵有三种繁殖方式：扦插繁殖、分株繁殖和播种繁殖。

1. 扦插繁殖

紫背天葵茎节易生不定根，插条极容易成活，适宜扦插繁殖，这也是生产上常常采用的繁殖方式。一般在 2—3 月和 9—10 月进行。

2. 分株繁殖

分株繁殖一般在植株进入休眠后或恢复生长前(南方地区多在春季萌发前)挖取地下宿根，随切随定植。但分株繁殖的系数低，分株后植株的生长势弱，故生产上一般不采用。

3. 播种繁殖

当气温稳定在 12℃以上时播种，播后 8～10 d 即可出苗，苗高 10～15 cm 时定植大田。紫背天葵利用种子繁殖的优点是繁育出的幼苗几乎不带病毒。

(三)紫背天葵立柱盆钵基质栽培技术

1. 设施建造

(1)平整地面，建立柱　先将棚室内地面整平压实，然后用砖和水泥沿南北向砌成几条作业道，作业道宽为 80～100 cm，间距 80～120 cm。每两个作业道间隙就是每排立柱建造的位置，立柱之间相距 100～120 cm。立柱底层为可转动的塑料转盘，其下砌 20～30 cm 见方深水泥墩，同时将一根 2m 左右长的 6 分镀锌管预埋于水泥墩里，塑料转盘上叠放 6～10 个梅花形塑料栽培盆。按转盘、栽培盆的顺序自下而上叠放成柱，要求栽培盆突出部上下错开。棚室后脊至前屋面的立柱高度要逐渐降低。立柱旋转自如，这样有利于各处立柱上的苗都能正常接受光照。

(2)铺设滴灌系统　供液总管一端通过阀门与贮液池水泵相连，另一端通过阀门分别与各排立柱的供液支管相连。在每排供液支管上距各立柱较近位置开有 3 个直径约 1.0 cm 的小孔，通过接头与毛管相通，毛管自立柱上部伸到栽培盆的中心，其中一根毛管安装在上部第一盆，剩余两根平均安装在中、下部栽培盆中，三条毛管呈三角形排列，以便供液均匀。在供液时营养液经供液总管→供液支管→毛管→栽培盆，流量由供液支管阀门控制，栽培盆内的多余水分自上而下通过各栽培盆底的小孔依次渗流至地面，最后汇流至排水沟，排出棚室外。

2.基质的选择与消毒

由于紫背天葵耐瘠薄，喜沙质壤土，无土栽培基质可选用炉渣、沙子等无机基质。炉渣使用前用40目筛子过筛，选择粒径0.5 cm以上炉渣作为栽培基质（基质粒径最大不能大于2 cm），基质使用前可用0.1%高锰酸钾溶液消毒，之后用塑料布覆盖基质，闷20～30 min即可装盆。

3.定植

预先按塑料盆底形状剪成相应大小的塑料（塑料上要稀疏地扎一些小孔），置于盆底，然后将已消毒好的炉渣装至距盆沿1～2 cm的高度。紫背天葵的扦插苗根系在配好的0.5%～1%的高锰酸钾溶液中浸泡数分钟后再用清水清洗，然后栽在栽培盆5个突出部位的基质中，用手稍按实后，启动水泵，通过滴灌系统向各栽培盆浇水至湿透。2～3 d后再浇1次水，约7 d后缓苗结束，而后过渡到正常栽培管理。

4.栽培管理

(1)温湿度调控　紫背天葵耐热、怕霜冻，因此冬春低温季节（11月至翌年3月）保护地栽培注意保温；夏秋季气温较高，应使用遮阳网，并揭膜通风，降低棚内温湿度，减少病虫害发生，提高产品品质和产量。

(2)整枝调整　定植后待植株长至15 cm高时，摘去生长点，促其腋芽萌发成为营养主枝，立柱栽培一般每株留4～6个枝条。

(3)营养液管理

①营养液配方　可选用日本山崎茼蒿标准配方。

②营养液浓度管理　基质培紫背天葵营养液适应范围很广，在EC值1.5～3.5 mS/cm范围内都能生长，生理上未见异常。一般管理浓度以EC值2.0～2.5 mS/cm为宜，定植初期EC值0.7～1.0 mS/cm，后期浓度逐渐提高。

③营养液酸度控制　每周定期测定营养液酸碱度1次。紫背天葵适宜的pH为6.0～6.9，若营养液pH高于或低于此范围，应及时调整。

(4)定期旋转立柱　一般每隔2～3 d旋转立柱1次，使各栽培盆中紫背天葵苗都能正常接受光照，尽量达到苗长势一致。

(5)定期洗盐处理　紫背天葵栽培管理过程中，要定期通过滴灌系统浇清水清洗炉渣表面吸附沉积的营养元素，以免积盐毒害根系。一般1个月清洗1次，夏季高温季节半个月清洗1次。

5.采收

定植后20～25 d，苗高20 cm左右，顶叶尚未展开时采收。采收时，剪取长10～15 cm，先端具5～6片嫩叶的嫩梢，基部留2～4片叶，以便萌生新的侧枝。以后每隔10～15 d采收1次，常年采收，每667 m^2产量8 000～10 000 kg。

三、芹菜

芹菜，又名水芹、药芹、鸭儿芹，属伞形科二年生蔬菜。原产于地中海沿岸及瑞典、埃及等地的沼泽地带。芹菜除了富含维生素和矿物质外，还含有挥发性的芹菜油，具有浓郁的香味。

由于叶片食用时有苦味，故一般以食用叶柄为主，可炒食、凉拌、做馅，也有人用芹菜叶柄榨汁饮用的。近几年的医学研究表明，芹菜对于心血管疾病如冠心病、动脉粥样硬化、高血压等有一定的辅助治疗效果。

(一)品种选择

栽培上按叶柄形态常将芹菜分为本芹和西芹两种类型。无土栽培的芹菜多选用叶柄较肥厚的西芹。其粗纤维含量较低，食用较脆，口感较好，产量也较高，但西芹的香味不及本芹。代表品种有康乃尔 619、佛罗里达 683、高优他、荷兰西芹、加州王等。

(二)栽培季节

芹菜虽可一年多茬栽培，但从保护地无土栽培来说，应以产量最高，效益最大的秋冬茬为主。一般于 8 月上旬播种，9 月上旬至 10 月上旬栽植，12 月前后收获。

(三)无土栽培方式

芹菜采用 NFT、DFT、岩棉栽培或其他基质栽培等方式均可。这里介绍的是芹菜的 DFT 栽培形式(图 8-4)。

图 8-4 芹菜水培

1. 栽培设施

参见深液流水培的设施建造。

2. 育苗和定植

芹菜喜冷凉湿润的环境，生长适温为 15～20℃，26℃以上生长不良，纤维含量高，具苦涩味，品质低劣。种子于 4℃开始发芽，发芽最适温度为 15～20℃，高温下发芽缓慢而不整齐。

芹菜播种前先用 48℃的热水浸泡种子 30 min，起消毒杀菌作用，然后用冷水浸泡种子 24 h，再用湿布将种子包好，放在 15～22℃条件下催芽，每天翻动 1～2 次见光，并用冷水冲洗。西芹经 7～12 d，出芽 70%以上时，进行播种。可采用穴盘或基质育苗床育苗。将草炭、蛭石、珍珠岩按 2∶1∶1 的比例进行混配，装盘，浇透水，播种，然后撒上一薄层基质，覆薄膜保湿。注意播种密度不要太大，否则将来清洗幼苗根系时伤根会很严重。

当小苗长至 5～6 cm 时就可移入定植杯中。将苗从基质中取出，用清水将根系基质冲洗掉，并用 500 倍的多菌灵进行消毒，然后将幼苗放入定植杯中，注意将幼苗根系从定植杯孔轻轻拿出，以便接触到营养液。

3. 栽培管理

(1)营养液配方选择　可选用华南农业大学叶菜 A 配方。

(2)温度管理　芹菜为喜冷凉蔬菜，一般来说，苗期对温度适应力较强，而在产品形成阶段，则对温度要求相对严格。一般白天适宜气温保持在 18～25℃，夜间 12～15℃。营养液温度 18～20℃。根系温度长期低于 15℃，不利于生长。

(3)营养液管理　在芹菜不同的生育期，营养液浓度有所区别。刚刚定植时，EC 值控制在 1.0～1.5 mS/cm，生长 1 个月左右，EC 值提高到 1.5～2.0 mS/cm，再生长 2～3 周之后，营养液的浓度可提高到1.8～2.5 mS/cm,这个浓度一直持续到收获前1周,之后不用再加入营养就可维持到收获。这期间的生长pH控制在6.4～7.2。

水泵循环时间,植株封行前白天控制在10～15 min/h,植株封行后控制在15～20 min/h;夜间统一控制在10～15 min/2 h。

4.适时收获

芹菜苗定植之后50～60 d,株高70～80 cm时,根据市场需要,适时收获。

四、叶用甜菜

叶用甜菜也称牛皮菜、光菜、厚皮菜等,为藜科二年生草本植物。欧洲南部,现地中海沿岸尚有野生的。我国栽培已久。叶部发达,叶片肥厚,叶柄粗长,一般生食嫩叶,有叶柄特别发达的,则以食叶柄为主,可煮食、炒食或盐渍。因其适应性强,栽培简易,可不断采叶供食,生产供应期长。

(一)栽培季节和品种选择

1.栽培季节

叶用甜菜适应力强,陆地栽培,除严寒冬季外,其他季节均可,但以春、秋两季栽培为主。日光温室以春、秋和冬季栽培为主。夏季栽培,气候炎热,不利于生长,品质变差,叶柄多粗硬而不鲜嫩,而此时蔬菜种类又多,故不受欢迎。

2.品种选择

依据叶柄颜色的不同,可将叶用甜菜分为白梗、青梗和红梗三类,其中红梗甜菜最受欢迎。

(二)栽培技术

适合叶用甜菜的无土栽培方式较多,如深液流技术、营养液膜技术和基质槽培技术等。现介绍后两种栽培技术。

1.营养液膜技术

(1)育苗和定植　叶用甜菜果皮较厚,播种前需浸种催芽。方法是先用50～55℃温水浸种10 min,然后用冷水继续浸泡12 h,捞出晾干,置于适宜条件下催芽。出芽后将种子播在事先准备好的盛有岩棉的塑料育苗钵内,每钵1～2粒,一般经3～4 d即可出齐苗。待幼苗具4～5片真叶时,应带基质移栽到营养液膜系统的定植杯中,然后将定植杯安插于定植板上间距15 cm左右的定植孔内。

(2)营养液管理

①营养液配方和浓度的调整　苗期可用华南农业大学叶菜A配方的1/3～1/2个剂量浇灌。定植缓苗后,营养液可恢复到标准配方的1个剂量。进入采收期,可将营养液的浓度继续提高到标准配方的1.2～1.5个剂量,维持到采收结束。为了促进甜菜营养体的生长,提高产量,从缓苗后开始,营养液浓度可在标准配方的基础之上,将N素含量增加至100 mg/L。

②pH的调节　甜菜耐盐碱,可将营养液的pH调至6.0～7.8。

③供液方式　采用间歇供液方式,具体时间控制同一般的营养液膜技术。

(3)采收　叶用甜菜定植后20～30 d即可第一次采收,每次每株剥叶3～5片,留4～5片继续生长。根据季节和生长情况决定剥叶多少,5—6月生长速度快时,可连续采收4～5次,每667 m^2能产鲜叶5 000 kg以上。除连续多次采收之外,也可一次采收其嫩株供食用。

2. 基质槽培技术

(1)栽培槽准备 栽培槽用红砖垒成,槽宽 72 cm,深 15 cm,长 6.0 m。内衬一层 0.15 mm 厚的黑色塑料薄膜,然后填装基质。基质组成与配比为沙子:炉渣=1:2。

(2)育苗和定植 育苗基质可采用蛭石、沙子、炉渣、草炭等,不宜用岩棉,因幼苗定植前去除岩棉很困难。育苗容器使用口径 8~10 cm 的塑料钵。浸种、催芽和播种及苗期管理同前述营养液膜技术。待幼苗具 4~5 片真叶时,脱去根部基质,定植于栽培槽的基质中,株行距为 20 cm×25 cm。

(3)营养液管理

①营养液配方和浓度调整 仍然采用华南农业大学叶菜配方。缓苗前只浇清水,缓苗后开始浇灌营养液,浓度为标准配方的 1/2 个剂量。10 d 后提高到标准配方的 1 个剂量,进入采收期,提高至标准配方的 1.5~1.8 个剂量。

②pH 的调节 同前述营养液膜技术。

③供液方式 采用人工供液的方法,春季和秋季栽培,可每隔 1~2 d 浇灌 1 次营养液,其余时间浇水;冬季栽培,可每隔 2~3 d 浇灌 1 次营养液。

(4)采收 同前述营养液膜技术。

五、京水菜

京水菜,又称白茎千筋京水菜、水晶菜,是我国近年从日本引进的一种外型新颖、含矿物质营养丰富、钾含量很高的蔬菜。风味类似小白菜,是上好的火锅菜,作馅时有淡淡的野菜香味,十分诱人。京水菜可采食菜苗,掰收分芽株,或整株收获,市场前景好。

(一)栽培品种

早生种:植株较直立,叶的裂片较宽,叶柄奶白色,早熟,适应性较强,较耐热,可夏季栽培。品质柔软,口感好。

中生种:叶片绿色,叶缘锯状缺刻深裂成羽状,叶柄白色有光泽,分株力强,单株重 3 kg,冬性较强,不易抽薹。耐寒力强,适于北方冬季保护地栽培。

晚生种:植株开张度较大,叶片浓绿色,羽状深裂。叶柄白色,柔软,耐寒力强。不易抽薹,分株力强,耐寒性比中生种强,产量高,不耐热。

(二)营养液膜栽培技术

1. 育苗

(1)种子处理 将种子在 15~25℃清水中浸泡 2~3 h,然后放在 15~25℃的条件下催芽,经 24 h 即可出芽。

(2)制作岩棉育苗块 选择国产农用岩棉的散棉,铺在育苗盘中,将催芽的种子播种在散岩棉上,喷施 1/2 剂量的营养液,保持基质湿润。

(3)苗期管理 育苗期间浇灌 1/2 剂量的营养液,保持各个育苗块呈湿润状态,育苗盘略见薄水层。育苗温度应控制在 8~20℃,最好为 15~18℃。

2. 定植

选用适宜的营养液膜栽培床,并配备营养液自动供液系统,按栽培床 60~70 株/m^2 的密度在定植板上打孔定植。

3. 定植后管理

选用栽培生菜的营养液配方，定植后营养液的浓度逐渐提高，随植株的生长，从 1/2 剂量提高到 2/3 剂量，最后为 1 个剂量。白天每小时供液 15 min，间歇 45 min；夜间 2 h 供液 15 min，间歇 105 min，由定时器控制。营养液的电导率控制在 1.4～2.2 mS/cm，pH 控制在 5.6～6.2。平时及时补充消耗掉的营养液，每 30 d 将营养液彻底更换 1 次。

4. 采收

可采收小苗食用，也可在定植后 20 d，株高 15 cm 以上长成株丛后收割。

六、茼蒿

茼蒿又名蓬蒿、菊花菜、蒿菜，菊科菊属一年生或二年生草本植物。茼蒿的根、茎、叶及花都可作药，有清血、养心、润肺、清痰等功效。茼蒿的嫩茎叶可生炒、凉拌或做汤食用，具有特殊香味。其栽培方式采用基质培和水培均可，这里介绍三层水培栽培方式。

(一)品种类型

茼蒿根据其叶片大小可分为大叶茼蒿和小叶茼蒿两种类型。大叶茼蒿又称圆叶茼蒿或板叶茼蒿，叶片宽大，缺刻少而浅，叶厚，茎粗而短，纤维少，节间密，产量高，品质好。其耐寒性较差，比较耐热，成熟稍迟，栽培比较普遍。小叶茼蒿又称细叶茼蒿或花叶茼蒿，叶片狭小，缺刻多而且深，叶薄，茎秆细高，生长快，比较耐寒，不耐热，适合北方栽培。

(二)设施结构

为了操作方便和植物有较好的采光，栽培架高 1.6～1.7 m，宽 60 cm，长度视温室栽培空间大小而定。设计三层栽培床，两层之间距离 55～60 cm，最底层距离地面 50 cm。栽培床是由聚苯乙烯泡沫板制成，深 7～10 cm，床底铺上一层黑色的聚氯乙烯薄膜防止营养液渗漏，定植板由小块的泡沫板组成，这样方便清洗消毒。营养液通过供液管道先到达顶层，最后流经到第二层、最底层，然后通过回流管道流回到贮液池中。每一个供液支管上都安装阀门以控制营养液供液量(图 8-5)。

图 8-5　三层水培设施结构

(三)栽培技术

1. 栽培床准备

首先在定植板上铺一层厚的无纺布，无纺布的两端从定植板下深入到栽培床的营养液中，这样可吸收一定水分，使无纺布湿润(图 8-6)。播种之前，先将无纺布用水浇湿，浇透，然后在无纺布上均匀撒一些消过毒的小石砾，使无纺布能更好地紧贴在定植板上。石砾不可过多，否则泡沫栽培床受重压容易破坏。这种栽培形式除了可栽培茼蒿，其他叶菜类如空心菜、小白菜、莴苣、苦苣等均可种植，但莴苣、苦苣需要单株定植到栽培孔中。

2. 播种及幼苗管理

种子可不用催芽，直接在湿润的无纺布上进行撒播，之后再覆盖一层珍珠岩(图 8-7)，最后覆盖一层薄膜进行保湿。如果温度较高，光照强，则需遮阳网进行遮光。因植株幼苗根系直接生长在无纺布中，珍珠岩对其固定能力较差，植株易倒伏，所以播种密度比土壤播种密度要大。当有70%的种子拱出覆盖的珍珠岩时，要及时撤掉薄膜以防烤苗，而且这时幼苗根系还比较弱，遇中午强光时，无纺布很快失水变干，幼苗会出现萎蔫。所以幼苗期时，在晴天上午要对栽培床进行喷水，直到根系发达，可从营养液中吸收水分时，就不再进行喷水(图 8-8)。

图 8-6 栽培床准备

图 8-7 播种后覆盖珍珠岩

图 8-8 茼蒿幼苗

3. 栽培管理

(1)温光管理 茼蒿喜冷凉，不耐高温，生长适温 17～20℃，低于 12℃生长缓慢，高于29℃生长不良。茼蒿对光照要求不严，较弱光照下也能正常生长，所以适合层架式栽培。

(2)营养液管理

①营养液配方 可选用日本山崎茼蒿标准配方。

②营养液浓度管理 一般管理浓度以电导率 1.5～2.0 mS/cm 为宜，定植初期电导率0.7～1.0 mS/cm，后期浓度逐渐提高。

③营养液酸度控制 每周定期测定营养液酸碱度 1 次。适宜的 pH 为 6.0～6.5，若营养液 pH 高于或低于此范围，应及时调整。

供液方式：每天上、下午定时开启水泵 2～3 次，进行供液，每次供液 15 min，夜间不开启水泵。

4. 采收

茼蒿一般播后 40～50 d，植株长到 18～20 cm 时即可采收(图 8-9)。如采收过晚，茎皮老化，品质降低。采收可分一次性采收和分期采收。分期采收可于主茎基部保留 4～5 片叶或 1～2 个侧枝，用刀割去上部幼嫩茎叶，20～30 d 后，基部侧枝萌发，可再进行采收。

图 8-9 茼蒿采收期

实例3 芽苗菜无土栽培

凡是利用作物种子或其他营养贮存器官(如根茎、枝条等),在黑暗或光照条件下生长出可供食用的芽苗、芽球、嫩芽、幼茎或幼梢,均可称为芽苗类蔬菜,简称芽菜。芽菜速生,洁净,营养丰富,优质保健,适于多种栽培方式,且投资少,成本低,见效快,经济效益高,也便于实现工厂化、集约化生产。

根据芽苗菜产品形成所利用的营养来源不同,可将芽苗菜分为种(籽)芽苗菜和体芽苗菜。种(籽)芽苗菜指利用种子中贮存的养分直接培育成幼嫩的芽或芽苗,如黄豆芽、绿豆芽、赤豆芽、蚕豆芽以及香椿芽、豌豆芽、萝卜芽、荞麦芽、苜蓿芽苗等。体芽苗菜指利用二年生或多年生作物的宿根、肉质直根、根茎或枝条中累积的养分,培育出的芽球、嫩芽、幼茎或幼梢。如由肉质直根培育成的菊苣芽球、由宿根培育的蒲公英芽、苦荬芽;由根茎培育成的姜芽,由枝条培育的树芽香椿、豌豆尖、辣椒尖、佛手尖等。

一、场地的准备

可利用塑料大棚、温室等设施进行生产,也可利用闲置厂房进行半封闭、工业化集约生产。作为生产场地,必须具备如下条件:

(1)场地内温度可进行调控。催芽室内温度一般保持在20~25℃,栽培室白天要求20~30℃,夜间不低于16℃。

(2)夏、秋强光季节生产,需在塑料大棚、温室外覆盖遮阳网。厂房一般要求坐北朝南,东西延长、四周采光,采光面积占四周墙体总面积的30%以上。催芽室内应保持弱光或黑暗条件。

(3)生产场地必须具备通风设施,昼夜空气相对湿度应保持在60%~90%。

(4)室内还应具备自来水、贮水灌或备用水箱等水源装置,并设置排水系统。

(5)生产区域要统一规划。催芽室、栽培室、苗盘清洗区、播种作业区、产品处理区及种子库等区域要进行合理配置和布局。

二、生产设施准备

1. 栽培架

为充分利用空间,可采用活动式多层栽培架进行立体栽培。栽培架可由30 mm×30 mm×4 mm角钢制作而成,共4~6层,第一层离地要求10 cm以上,层间距40~50 cm,每层放置6个苗盘。工厂化生产时,可在栽培架底部安装4个小轮制成活动式栽培架。

2. 栽培容器

为适应立体栽培的需要,栽培容器可选用塑料蔬菜育苗盘,要求盘的大小适当、底部平整、形状规范、不易变形、坚固耐用、有通气透水孔、价格便宜。生产上常选用市售的轻质塑料平底育苗盘。规格为外径长60 cm、宽24 cm、外高5 cm,底部具有孔眼的育苗盘。

3. 栽培基质

栽培基质应选用质轻、洁净、无毒、吸水保水力强、使用后残留物易于处理的纸张(包装纸、报纸等)、白布、无纺布、泡沫塑料片及珍珠岩等。纸张作基质易于操作、成本低、残留物也方便处理,一般用于种粒较大的豌豆、荞麦、萝卜等籽芽菜栽培。白棉布作基质,吸水保水能力较强,便于带根采收,但成本高,重复使用须清除残根、消毒,因此仅用于产值较高的、须带根收获的小粒种子的籽芽菜栽培。种子发芽期较长的香椿,多选用珍珠岩作为基质。

4.喷淋系统

根据籽芽菜的种类、生长阶段和生产季节不同,主要使用植保用喷雾器、淋浴喷头、自制浇水壶细孔加密喷头或安装微喷装置等。

此外,应分别设置浸种及苗盘洗刷水泥池,池底设有可开关的放水口,内装一防止种子漏出的漏勺等。

三、豌豆苗生产

豌豆苗又称龙须菜,叶肉厚,纤维少,品质嫩滑,清香宜人,被誉为菜中珍品。室内采用育苗盘生产豌豆苗,产量高,操作简单,效益好。

(一)生产设备

豌豆苗生产对场地要求不高,可利用大棚或闲置的房舍。为提高场地利用率,充分利用空间,催芽室内可放置多层的立体栽培架,规格为高 1.5～1.8 m,长 1.5 m,宽 50 cm,层间距 30～40 cm。架上摆放育苗盘,规格为外径长 60 cm,宽 24 cm,高度 4～6 cm,平底有孔的黑色塑料硬盘。

(二)品种选择

用于生产芽菜的豌豆种子要求纯度高、净度好、粒大、发芽率高,这样才能保证生产的豌豆苗质量好、抗病、高产。一般菜用豌豆在生产过程中易烂种,所以可选用青豌豆、花豌豆、灰豌豆、褐豌豆、麻豌豆等粮用豌豆;夏天最好选择抗高温,抗病毒的麻豌豆为好。另外,在购买种子时,除应注意种子质量外,还要考虑到货源是否充足、稳定,种子是否清洁、无污染等问题。

(三)种子的清选和浸种

豌豆苗生长的整齐度、商品率及产量与种子质量密切相关。因此,用于豌豆苗生产的种子除必须采用优质种子外,还要在播前进行种子消毒,且要剔除虫蛀、残破、畸形、发霉、瘪粒、特小粒和发过芽的种子。

为了促进种子发芽,经过清选的种子还需进行浸种。一般先用 20～30℃的洁净清水将种子投洗 2～3 遍,然后浸泡种子 20～24 h,水量为种子体积的 2～3 倍。浸种结束后要将种子再投洗 2～3 遍,然后捞出种子,沥干表面水分,便可播种。

(四)播种及叠盘催芽

播前先将苗盘洗刷干净,并用石灰水或漂白粉水消毒,再用清水冲净,最后在盘底铺一层纸,即可播种。每盘播种豌豆 350～450 g、播种时要求撒种均匀,以便芽苗生长整齐。

播种完毕后,要将苗盘叠摞在一起,放在平整的地面上进行叠盘催芽。注意苗盘叠摞高度不得超过 100 cm,每摞间隔 2～3 cm,以免过分郁闭、通气不良造成出苗不齐。为保持适宜的空气湿度,摞盘上要覆盖黑色薄膜或双层遮阳网。催芽应在湿度条件比较稳定的催芽室内进行,催芽室温度应保持在 20～22℃,以提高发芽率。叠盘催芽期间每天应喷水 1 次,水量不要过大,以免发生烂芽。在喷水的同时应进行 1 次“倒盘”,调换苗盘上下前后的位置,使苗盘所处培养环境尽量均匀，促进芽苗整齐生长。在正常条件下，4 d左右叠盘催芽即可结束，将苗盘散放在栽培架上进行绿化，上架时豌豆芽高1～2 cm。夏天温度较高，种子在发芽过程中产生的积温容易造成烂种，可早一点上架减少烂种，冬天温度低，种子在发芽过程中产生的积温有利于生长，可晚一点上架，只要长的苗不顶上面的盘，都可叠盘催芽。

(五)绿化期管理

1.光照管理

为使豌豆苗从叠盘催芽的黑暗、高湿环境，安全过渡到新的培养环境，在苗盘移到培养架上时，应有1 d空气相对湿度较稳定且弱光的过渡期，以避免芽苗发生萎蔫。为生产出"绿化型产品"，在豌豆苗上市前2～3 d，苗盘应放置在光照较强的区域，使芽苗更好地绿化。总之，豌豆苗在强光下可长成绿色的大叶苗，在无光的条件下可长成嫩黄色的龙须苗，在弱光条件下长成嫩绿苗。

2.温度和通风管理

豌豆苗生长适温20℃左右，超过30℃时生长受阻，低于14℃时生长十分缓慢。

通风是调节栽培室温度，减少种芽霉烂的重要措施之一。在保证室内温度的前提下，每天至少进行通风换气1～2次，即使在室内温度较低时，也要通风。

3.水分管理

由于芽菜采用不同于一般无土栽培的苗盘纸床栽培方式，且芽苗本身鲜嫩多汁，因此要经常补水，补水的原则是"小水勤浇"。冬天每天喷淋2次水，夏天每天喷淋4～5次水，浇水要均匀，要先浇上层，然后依次浇下层，浇水量掌握在喷淋后苗盘底部不大量滴水。此外，还应注意生长前期水量宜小，生长中后期水量稍大，即苗高5 cm之前少浇水，打湿种子和苗盘底部纸张即可，5 cm以后多浇水；阴雨、低温天气水量宜小，高温天气稍大；室内空气湿度较大，蒸发量较小时水量宜小些。

(六)采收

在正常栽培管理条件下，豌豆苗播种后8～9 d、苗高10～15 cm即可收获，收获时顶部小叶已展开，食用时切割梢部7～9 cm，每盘可产350～500 g。第一次采收完毕，将苗盘迅速放置强光下培养，待新芽萌发后再置于2.0～3.0 klx的光照下栽培，苗高至10～15 cm时再次采收。

(七)注意事项

1.两次收获后及时清洗育苗盘，剔去黏附的杂质，并晾干收藏好，以备下茬使用。

2.每生产1～2批芽苗菜后，对生产场地及用品要用漂白粉或碳酸钙喷雾消毒。

3.整个生产中要保持水源、场地的清洁。

四、蚕豆芽生产

蚕豆又名罗汉果、胡豆等。蚕豆苗中含有调节大脑和神经组织的重要成分钙、锌、锰、磷脂等，并含有丰富的胆石碱，有增强记忆力的健脑作用，是一种新型保健芽苗菜。蚕豆芽因其味道好，营养价值高，产品绿色无公害，纤维含量少，备受各地消费者的喜爱。

(一)生产设备

蚕豆芽的生产场地和设备准备同豌豆苗一样。

(二)品种选择

蚕豆各地品种较多,就颜色分有肉红色、灰白色、褐色、紫色、乳白色等;就种粒千粒大小分为大粒种、中粒种和小粒种。选用小粒种用于蚕豆芽生产更好一些。

(三)种子的清选和浸种

种子要选个粒均匀,成熟度高,发芽率好,籽粒饱满无病害,保存期不超过12~20个月的新种,浸种前要先选除虫蛀,破残及其他劣质豆。

种子清选后,要进行消毒处理,以免在催芽过程中发生霉烂,然后用温水浸种20~24 h。

(四)催芽及播种

种子浸泡好后,清洗干净,置于20~25℃条件下进行催芽,待80%种子露白后进行播种。蚕豆芽可采用沙培法进行生产。

首先将育苗盘清洗干净,进行消毒处理,在苗盘底部铺放一层白纸,白纸上平铺一层2.5 cm厚的消毒处理过的细沙,然后将发好芽的蚕豆种子均匀铺上,铺好豆子,再覆盖一层细沙,之后立即喷水,然后将育苗盘摆放在栽培架上。

(五)上架后的管理

上架后的管理同豌豆苗管理基本相似,但由于细沙具有一定的保水性,所以每天浇水次数依具体情况而定,一般冬季每天1~2次,夏天每天喷淋3~4次水即可。其他浇水总原则同豌豆苗生产管理。

(六)采收

一般来说第一茬豆苗播种后10~15 d、大叶苗长到10 cm高,即可采收,龙须苗一般长到15 cm左右采收。

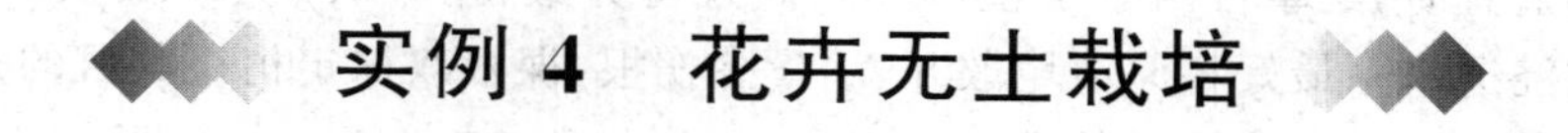

实例4 花卉无土栽培

一、红掌

(一)形态特征

红掌又称安祖花、花烛、红鹤芋,是天南星科花烛属多年生常绿草本植物。根为半肉质气生根,非常发达;茎为气生短根茎,随着植株的生长,茎向上伸长,并长出短缩气生根,具有吸收功能。红掌品种不同,茎的长短及生长量也不同,切花气生茎较长,长势快;盆花气生茎较短,生长势慢。单花顶生,花梗长40~70 cm。花序由佛焰苞和肉穗花序组成,二者颜色不同。佛焰苞有红、粉、白、绿等颜色。红掌以其独特、新奇和高贵的形象,深受消费者的喜爱。

(二)生态习性

红掌性喜温热多湿而又排水通畅的环境,喜阳光但怕强光暴晒。生长适温20~28℃,高于35℃植株便受害,低于15℃生长迟缓,低于10℃出现寒害冻害。最适空气湿度为75%~80%,不宜低于50%,湿度过低易产生叶畸形、佛焰苞不平整等问题。喜散射光,光照强度

7500～25 000 lx 为宜。

(三)繁殖方法

红掌的繁殖主要以分株和组织培养为主。分株法是将母株旁生长的侧芽基部用水藓或泥炭包住并保湿,生根后待长出 3～4 片叶时剪离母株。分株可全年进行,以 4—5 月和 9—10 月为宜。分株苗大小不齐,且容易发生退化。组织培养是红掌种苗的主要来源。红掌更新复壮可采用扦插法,掰或剪取带茎插条,生根处理后扦插于基质中。

(四)栽培技术

1. 栽植前准备

(1)基质选择与处理　红掌栽培时要求基质具有保水保肥能力,结构疏松,易于排水,不易腐烂,不易破碎,不含有毒物质并能固定植株等性能。基质 pH 控制在 5.5～6.5。生产使用的栽培基质有花泥块、椰子壳、粗泥炭、珍珠岩、粗木屑、松针土等。要求珍珠岩粒径以 2 mm 左右为宜;花泥块径以 3～4 cm 为宜。可根据各地条件和栽培方式,因地制宜地选择或混配红掌的栽培基质。基质使用前一定要进行堆沤和消毒处理,否则植株易感病。

生产上可用泥炭、珍珠岩和沙的混合基质。其配方为泥炭土 90 包(50 kg/包),珍珠岩 12.5 kg,细沙 1 000 kg,石灰粉 8.75 kg。将原料全部拌匀,分层入池消毒,每层撒施 1 500 倍液的线克溶液,并喷洒 500 倍液的敌敌畏溶液,熏闷 10 d,然后摊在平地,晾晒 1～2 d 备用。或者用草炭、珍珠岩、腐熟的松针土按 2∶2∶1 比例混合作为栽培基质。

(2)栽培床的准备　槽式栽培要求床宽 1.2～1.4 m,高 30 cm,栽培床具有一定坡降,床与床之间配有通道,以便栽培操作。床底先铺一层厚 0.1 mm 的塑料薄膜,使栽培床与土壤隔离,防治土传病害的侵染。在薄膜上方先铺设厚约 10 cm 砾石、陶粒等较粗的基质,以达到最佳的排水和保湿效果,然后铺上 20 cm 的栽培基质。

2. 定植

环境调控适宜时,红掌可四季定植,以 3—5 月份为最佳,9—10 月份其次。槽式栽培时,定植前将基质浇透水。最好将原苗坨散开,尽量少伤根,裸根双株定植。其目的是避免因两种基质的理化性质不同而影响根系的发育。每床 4 行,株距 25～35 cm,行距 30 cm 左右,定植深度以基质与根颈部位相平为宜,过深生长慢,易烂根,过浅易倒伏。

盆栽时可直接将种苗定植于盆中,盆的大小依苗的大小而定,因品种特性可单株或双株定植。种植深度以气生根刚好埋入基质为宜,一般为 12～16 cm,过深会导致疯长,过浅则生长太慢且易倒伏。定植后浇透水,最好喷一次杀菌杀虫剂,如农用链霉素和阿维菌素。温度保持 16～28℃,空气湿度控制在 75%～85%,基质湿度 60%～70%,光强 7 500～10 000 lx,缓苗前不施肥。定植 7～10 d 后新根开始生成,植株具有了生长势后表示缓苗期已结束,由此过渡到正常的栽培管理。

3. 栽培管理

红掌不同生育期管理的目标不同:苗期以营养生长为主,先促进根系生长,然后促进植株的形态形成;半成品期营养生长和生殖生长共存,盆花保证植株的形态形成,切花保证营养生长的前提下,促进生殖生长;成品期盆花维持叶、花比例及形态,切花提高花的品质。

(1)水肥管理　红掌对水质的要求较高,优良水质最直接的技术参数就是无病菌、低钠、低氯离子和低电导率。营养液配方见表 8-1。

表 8-1 红掌营养液配方

化合物名称	用量/(mg/L)	化合物名称	用量/(mg/L)
硝酸钾	160	硫酸铜	0.12
硝酸钙	236	硫酸锌	0.87
硝酸铵	109	硼砂	1.92
磷酸二氢钾	236	钼酸钠	0.12
硫酸钾	87	螯合铁3%	28
硫酸镁	246		

营养液要根据品种、苗期、季节做相应调整。苗期N肥适当提高，促营养生长；花期增高K肥用量，提高花质。冬季可相应提高微量元素的用量，如硼等。盆花品种对Ca^{2+}需求较高，注意Ca肥的供应。营养液的电导率一般控制在0.5～1.5 mS/cm之间，但因苗龄、品种而异。盆花电导率最高可达1.5 mS/cm，切花不高于1.2 mS/cm。营养液的pH保持5.5～6.5。

红掌栽培的水肥管理原则是：在保持基质湿度50%～70%相对稳定的状态下，采取水肥交替、均衡、稳定、持续性供应。水肥管理根据不同生育期做相应调整，营养液的供液量也因植株大小、生长势、EC值大小做相应的调整。供液时以基质下方略有少量液体流出为宜。一般切花每2～3 d浇1次，盆花每5～7 d浇1次。要定期进行基质洗盐，即将营养液停用一段时间，多次浇水即可只浇清水。注意每次施肥完毕，必须用少量清水喷淋冲洗，以免残留的肥液伤害叶片和花朵，形成残花。每隔15 d左右可选择喷施1次叶面肥，以植物叶面宝668、磷酸二氢钾为主，但避免高温高光强时施用叶面肥。夏季应多进行叶面喷水。

(2)温度管理　红掌生长适宜温度为昼温20～28℃，夜间18～20℃，所能忍受的最高温度35℃，最低温度为14℃，高出35℃，植株生长发育迟缓，低于14℃会发生冷害。夏季温度高时，进风口和出风口同时打开，打开遮阳网，以防温度上升过快。冬季白天温室要加热，使温度维持在18～20℃。种植初期，温度比平时要略高3℃。

(3)光照管理　红掌不耐强光，生长光照以20 000 lx为宜，一般需遮光栽培。如果光照低于5 000 lx，生长会明显受限制，如植株矮小、花茎变软、叶片失绿、佛焰苞发生"绿耳"等现象；超过30 000 lx，叶片会发生灼伤、焦叶、花苞褪色等现象。生产上一般采用双层遮阳网遮光，外层用一层固定的50%的遮阳网，内层用一层可活动的70%的遮阳网，以便调控光强。

(4)湿度管理　最适合红掌生长的空气相对湿度为70%～80%，不宜低于50%。基质湿度保持在50%～60%。湿度过低，植株会长的老化，叶片和花均较小；湿度过大植株生长脆弱，真菌容易侵入。为增加空气湿度可采用喷雾装置，喷发出的水珠颗粒极细微，在空气中未达到植株表面时就已蒸发，这样不会使鲜艳的花苞受损。

(5)植株调整

①疏叶除花。红掌叶片的寿命较长，如不及时剪除老叶，不仅影响植床的通风透光，且老叶光合作用强度减弱，自身消耗的营养高于其制造的养分，在体内营养有限的情况下，可能导致花蕾发育不良或早衰，出现弯曲或花蕾受损。所以应定其摘除叶片，促进植株间的空气流通，有效控制病虫害，最终获得高产量的优质花。一般每株苗保持4～5片叶，则有利于其生长发育。剪去的叶片，品质较好的可以用来做花艺配叶出售。通常一年当中每平方米可产40片叶，当然具体数量要依所栽培的品种而定。切花栽培适时剪除下部的小叶和老叶，产花期每株

只留2～3片成熟叶片，随时打掉下部老叶和不合格的小花、老花，避免营养的损失。

②侧枝处理。当红掌生长到一定阶段，其茎基部会萌发侧芽，如果以切花栽培为目的，则要及时将植株基部萌发的侧芽抹掉；对于盆花品种而言，要求分枝多，所以初期增强光照或用激素处理，促发侧芽生长，待侧芽长多后，再正常管理。若为繁殖小苗，待茎基部侧芽长到一定高度后，则与母株分离，另行种植。

③老株处理。切花红掌生长几年后，茎秆过长，养分供应不足，成花品质下降，易倒伏，所以有必要适当进行更新处理。具体做法如下：切下植株上部约15 cm的根状茎，扦插定植，加强管理，2个月可生根，进行正常管理，可继续生长开花。荷兰一般采取沿一个方向，压倒苗木，使茎与基质接触，重新发根，植株继续向上生长。

(6)病虫害防治

主要病害及防治方法如下：

①细菌性叶斑病

危害症状：主要危害叶片，初期幼叶叶缘出现不规则褐色病斑，叶片中间沿叶脉有褐色坏死斑，严重时病斑连成片，叶片枯死，背面有菌脓。

防治方法：用72%硫酸链霉素4 000倍液或新植霉素5 000倍液、10%溃枯宁可湿性粉剂1 000倍液，定期喷洒，轮换使用，5～7 d用1次；也可用20%龙克菌悬浮剂500倍液或53.8%可杀得2000干悬浮粉剂1 000倍液喷雾防治，7～10 d用1次，连用1～2次。

②细菌性枯萎病

危害症状：主要出现在叶片和花朵上，叶或花有棕色小点，点的边上呈黄色，受感染的叶片呈现水浸状小点。由于细菌性枯萎病具有传染性，枯萎病菌侵害花或叶片后，很快便感染叶柄及植株基部而使全株死亡。

防治方法：以预防为主，注意苗圃清洁卫生，及时处理感病植株，消灭传播病菌的害虫；定期在植床上喷施农用硫酸链霉索或农霉素或植霉素；发病初期，可用30%琥胶肥酸铜胶悬剂500～600倍液喷施；选择无病种苗种植，少施或不施铵态类氮肥，培育健壮植株以提高抗病能力；在日常管理中，注意防止植株间相互摩擦造成伤口而增加病菌侵染的机会。

③根腐病

危害症状：土壤过湿或过干而温度偏低时次生真菌会引起根部腐烂，叶边变黄下垂，根外部呈现棕色，心部正常。疫霉菌引起的根腐可使茎部和叶片受害，使根和茎部变成棕色。

防治方法：用72.2%普力克水剂500倍液灌根，7～10 d用1次，连用3次；也可用发病初期用64%杀毒矾可湿性粉剂500倍液灌根，10～12 d用1次，连用2～3次，或用50%福美双和55%敌克松粉剂混合灌根，7～10 d用1次，第1～2次用500倍液，第3次用1 000倍液；也可用40%三乙膦酸铝(疫霜灵)可湿性粉剂与55%敌克松粉剂按500倍液混合施用。

④炭疽病

危害症状：主要危害叶片，表现在叶片上有无数黑褐色小斑点。

防治方法：可用25%炭特灵可湿性粉剂500倍液或25%使百克乳油800倍液，50%施保功或使百克可湿性粉剂1 000倍液喷雾防治，每隔10～15 d防治1次，连续防治3～4次。

⑤叶枯病(真菌性叶斑病、圆星病)

危害症状：近叶缘处生褐色圆形小斑，边缘深褐色，中间浅褐色，常融合。叶尖染病的，病部褪为草黄色至灰褐色，由叶尖向内扩展，病健交界呈突起的黄褐色线，波浪状，明显；后期病斑上现黑色小粒点，即病原菌的分生孢子器。

防治方法：发病初期用75%百菌清可湿性粉剂600倍液或40%百菌清悬浮剂500倍液、50%苯菌灵可湿性粉剂1 000倍液、50%溶菌灵可湿性粉剂700倍液、25%使百克(咪鲜安·锰盐)乳油800倍液喷雾防治。

主要害虫及防治如下：

主要有蚜虫、红蜘蛛、蓟马类、介壳虫类、白蝇和鳞翅目幼虫等。

①蚜虫 蚜虫淡绿色或黄色、粉色、红色等。体长约2 mm，六足，群体繁殖增长速度很快。蚜虫的尾部能分泌糖露。导致黑真菌的孢子在那里生长危害，诱发煤烟病。蚜虫吸食植物汁液，使花和叶产生斑点而降低切花品质，同时还能传染病毒病。

防治方法：用30%蚜虱绝800～1 000倍液或10%吡虫啉可湿性粉剂2 000～4 000倍液、粉虱治800倍液、50%抗蚜威1 000～1 200倍液、氧化乐果500～600倍液喷雾防治，10～14 d轮换用上述药剂，5 d喷洒1次。引入天敌如瓢虫和用黄色粘虫板诱粘等。

②红蜘蛛(螨) 红蜘蛛很小，卵圆形，白绿色(有时棕红色)，是透明的虫子，常发生在温室中，它能使幼叶和嫩芽枯萎，老叶变黄，花上出现棕色斑点，使红掌的叶片与花朵变色，生长受抑制或变畸形，肉眼可见。

防治方法：用10%虫螨杀1 000倍液或50%除螨灵500～600倍液、20%螨卵酯(杀螨酯)可湿性粉剂800～1 600倍液喷雾防治，每隔20 d喷1次，连用2次；也可用50%三氯杀螨砜可湿性粉剂1 500～2 000倍液、20%三氯杀螨醇(开乐散)1 000倍液、73%克螨特(丙炔螨特)乳油稀释3 000倍液喷雾。喷药时注意叶面叶背和叶基部都要喷到，以免残留的螨虫继续繁殖。

③蓟马类 常见者为烟草蓟马、温室蓟马、棕榈蓟马、东方花卉蓟马和西方花卉蓟马。蓟马传播烟草花斑病毒和凤仙枯斑病毒等。

蓟马形体小而细长，有翅两对，淡棕黄色，蓟马危害后在叶片及花上出现棕色条纹，幼叶受害严重时，叶片为之皱缩或畸形，受害后的植株常易感染病毒。

防治方法：用10%吡虫啉可湿性粉剂200～4 000倍液、1.8%阿维菌素2 000～3 000倍液、蓟虱灵800～1 000倍液、莫比朗300～5 000倍液喷洒，4～5 d喷1次，每种药物连用不宜超过3次。

④介壳虫类 介壳虫种类繁多，分布极广，均为刺吸式口器，体形很小，但其危害程度很大，它们吸食植株汁液，使植株生长不良，慢慢失去抗病能力，最终导致植株死亡。花卉常见的有盾介壳虫、软介壳虫和水蜡虫，其中软介壳虫和水蜡虫可以分泌蜜露，也是红掌的主要害虫。

介壳虫呈球形，外面有一棕色壳，生长在茎和叶上，粉介体外有一层白粉，带有白色细绒毛，能诱发霉菌，形成煤污病。

防治方法：40%速介克乳油3 000 mL/hm^2，对水750～900 L/hm^{2}喷施，每隔7 d喷1次；生物防治，引进捕食性瓢虫和寄生蜂。

⑤白蝇 白蝇体长约1 mm成虫体表有一层蜡状白粉。“温室蝇”常生在杂草中。特别喜欢危害红掌的是“烟草白蝇”。它吸食叶片的汁液使叶片脱色。

防治方法：灭多虫1 500 g/hm^{2}或20%杀灭菊酯3 750 m/hm^2，对水750～900 L/hm^{2}喷施；用黄色粘虫板诱粘成虫。

⑥蝼蛄 蝼蛄挖洞后在洞口处填一些土，然后钻至地下吃红掌的根，导致植株枯死。

防治方法：散布4%灭虫威颗粒剂5 000 g/hm²；用炒香的豆饼制成毒饵散布于畦沟处诱杀也可。

⑦蜗牛和蛞蝓　蜗牛喜吃红掌根部的先端，或危害叶片和芽，如叶片出现许多小泡泡，就是蜗牛吃掉叶背的叶肉，留下一层棕色的木栓层表皮，所以呈黄色小泡。蜗牛的危害常使受害的叶片产生缺刻和孔洞，还在叶片上排泄黑色粪便污染叶片。蛞蝓畏光，通常在晚间寻食和繁殖，受害后的植株轻者叶片产生缺刻、孔洞，重者幼苗嫩顶被食。

防治方法：人工捕杀，用啤酒或炒香的土豆片于畦沟处诱杀；4%灭虫威颗粒剂5 000 g/hm²撒施（撒施后覆土浇水至土壤湿润）；6%治蜗死5 000 g/hm²撒施；或在植株周围撒一些石灰粉。

红掌在药物防治中很容易出现药害，主要表现在生长的形态上，如花或叶的形状发生变态。因此，在施用任何一种新的药剂时，根据红掌的生长季节、长势强弱，危害程度等，最好先做小区试验，待两个月后检查是否可用该药剂。同时，一些危害红掌的害虫也十分容易产生抗药性，同一种药品不能连用3次，最好经常更换使用。

(7)切花采收　当佛焰苞充分展开、花穗有1/3～1/2变色时，即可采收。用刀沿茎基部斜切采下，将基部套入盛水或保鲜液的塑料花套中，佛焰苞用塑料膜包裹，包装上市。贮运温度不得低于13℃。切花瓶插期1个月以上。

二、蝴蝶兰

(一)形态特征

蝴蝶兰因花形似蝴蝶而得名，为兰科蝴蝶兰属多年附生草本植物。蝴蝶兰白色粗大的气生根露在叶片周围，除了具有吸收空气中养分的作用外，还有生长和光合作用。蝴蝶兰茎很短，常被叶鞘所包。叶片稍肉质，长椭圆形，常3～4枚或更多。花梗由叶腋中抽出，稍弯曲，长短不一，常具数朵由基部向顶端逐朵开放的花，花色艳丽，可开花2～3个月。

(二)生态习性

喜高温、高湿、半阴环境。越冬温度不低于15℃。由于蝴蝶兰出生于热带雨林地区，本性喜暖畏寒。生长适温为18～30℃，冬季15℃以下就会停止生长，低于10℃容易死亡。

(三)基质选择与处理

栽培基质采用优质水苔，吸水性好，而且还透气。水苔的品质对蝴蝶兰植株的生长影响很大，一般都选用粗、长、白的水苔干成品。栽植前水苔要消毒和浸泡，可采用药液浸泡（根菌清＋阿维菌素1 500倍液）消毒或用80℃热水浸洗30～40 min。水苔使用前应浸泡至少4 h左右，使其充分吸水膨胀（注意夏季不能浸太久，以免发臭），pH控制在5.5～6.5，电导率0.5～1.5 mS/cm。用离心机或压干机脱水，以用力捏压水苔有水滴渗出为宜（含水量60%左右）。

(四)栽植容器及种苗选择、上盆

生产上根据蝴蝶兰的苗龄及植株大小选用不同规格的栽培盆。一般小苗阶段用直径4.8～5.8 cm的软盆，中苗阶段用直径8.0～8.5 cm的软盆，大苗阶段用直径10.5～11.6 cm的软盆，栽培盆使用前必须消毒。

无论是分株苗，还是组培苗，在上盆前都应剔除腐叶，并在杀虫剂、杀菌剂稀释液中浸泡1 h左右，再用水冲洗后上盆移栽。栽培盆使用前要进行消毒。

种植时将水苔抖松，先垫少量水苔于根系底下，再用水苔将苗根包住，竖直植于软塑盆中央，水苔低于盆沿约0.8 cm，捏压软盆感觉结实有弹性为宜。定植后叶片朝育苗盘对角摆放，定植当天喷施针对细菌和真菌的广谱性杀菌剂。

(五)栽培管理

1.环境调控

(1)水分管理　由于蝴蝶兰的叶片较厚并有蜡质，保水能力较强，盆内不宜淋水过多。上盆缓苗后，保持基质持水量在60%～80%，中苗期、大苗期和成花期保持基质湿度50%～70%的相对稳定状态。夏秋干燥天气以外，一般每隔3 d淋水1次，不宜频繁浇水。浇水的原则见干见湿，当基质表面变干时需浇1次透水。蝴蝶兰用水以自然纯净、温凉、微酸(pH为5.5左右)为宜，如用自来水则用塑料桶存放几天后再浇为宜。蝴蝶兰正常生长要求空气湿度为70%～80%。温室内空气干燥时，用喷雾器适当喷水，以便增加空间湿度，保持茎叶和根部的活力。喷雾时可直接喷向叶面，但需注意在花期时，不可将水雾直接喷到花朵上去。开花后适当降低空气湿度，以防花苞染病。

(2)养分管理　在兰花的基质栽培中，要经常喷施无机肥料。施肥的原则是在不同的生长时期调整施肥量和施肥比例。缓苗后开始定期施用复合肥(N∶P∶K＝30∶10∶20)或兰花苗期专用肥等肥料。小苗期电导率控制在0.5～0.8 mS/cm，每7～10 d施1次肥。中苗期则加强水肥管理，实行水肥交替的浇水施肥原则。肥料以N∶P∶K＝20∶20∶20和30∶10∶20交替施用，电导率保持在0.9～1.2 mS/cm，每7～10 d施肥1次。入冬前多用钾肥，冬季不宜施肥，少浇水。大苗期则采用肥料的配方为N∶P∶K＝20∶20∶20，电导率在1.2～1.5 mS/cm，后期可追施磷酸二氢钾。成花期喷施催花肥，加大磷的施肥量，N∶P∶K比例为9∶45∶15，电导率控制在1.2～1.5 mS/cm，以促使花大、色艳。

蝴蝶兰生长发育除了按上述配制的复合肥溶液施肥外，还可按汉普营养液配方配制兰花营养液，按照不同的苗期调整营养液的剂量水平和电导率，采取人工浇灌或循环滴灌供液。营养液配方见表8-2。

表8-2　蝴蝶兰栽培营养液配方

化合物名称	用量/(mg/L)	化合物名称	用量/(mg/L)
硝酸钾	700	硫酸亚铁	120
硝酸钙	700	硫酸铜	0.6
过磷酸钙	800	硫酸锰	0.6
硫酸铵	220	硼酸	0.6
硫酸镁	280	钼酸铵	0.6

(3)光照管理　蝴蝶兰基质栽培中，冬春季节光照弱时，可以全光照，以利于兰株的正常生长发育；夏秋季节光照较强时，应避光遮阳，以避免灼伤叶面。根据生育期的不同，最好采取分期管理。定植初期光强控制在5 000 lx；2周左右缓苗后逐步提到6 000～8 000 lx；中苗期光强可提高到12 000～15 000 lx，某些白色品种可达15 000～20 000 lx。大苗期、成花期光强可提高到20 000～25 000 lx为宜。光照强度过低，会造成徒长，影响花芽分化。夏季无论中苗、大苗或成花期都应注意遮阴，但要保证棚室内早晚和阴雨天有散射光。

(4)温度管理　蝴蝶兰适合于热带、亚热带地区生长，最适生长温度为25～28℃，最低不低于10℃，最高不超过30℃，昼夜温差较大生长最好。开花后保证温度不低于15℃，以防止花蕾脱落。在栽培中除了用冷热风机调节温室的温度外，夏天也可采用在温室顶棚安装风扇、用水喷洒顶棚或安装湿帘风机系统等方法辅助加湿降温。

2.换盆与催花

当小苗叶距为(11±1) cm，根系已伸至盆底，但还未盘至一圈且软盆上部没有气生根露出时，需要换成直径8.0～8.5 cm的软盆，进入中苗期；当苗叶距为(20±2) cm时可换成直径10.5～11.6 cm的软盆，进入大苗期。脱盆前，先使盆体与水苔分开，然后一手握住苗株基部，另一只手的手指伸入排水孔，双手配合完成脱盆，上盆如前面所述。

在大苗末期，依市场需求开始进行低温催花处理，促使花芽分化。催花方法：根据上市时间提前150～180 d开始催花，在20℃温度条件下，经过3～6周(时间长短因品种而异)便完成花芽分化，如果温度更低(15～18℃)，还可增加花梗数量，但必须增加光照强度，否则会造成花苞数量减少，在此期间施用催花肥。当花梗长约15 cm时应及时用专用铁丝和夹子固定使其直立，操作时注意防止折断花梗。

3.病虫害防治

蝴蝶兰的病虫害防治很重要，在栽培过程中要实行科学化管理、综合防治的原则，一旦发病及时施药防治。

(1)细菌病害

①细菌性软腐病

危害症状：病原菌通过植株伤口及气孔侵入体内，感染其叶片、花梗、花瓣及根，主要危害叶片。叶片被感染后，首先出现水渍状斑点，并迅速扩大为淡褐色烂斑，病斑受外力易破裂，释放出大量菌液，加速了病菌的蔓延和扩散。若温度、湿度适宜，20 cm左右叶片可在3～5 d内全面腐烂。叶基部或心叶受感染后，可在数天内导致整个植株死亡。该病症状与疫病相似，区分的关键在于病健交界处，细菌性软腐病呈折线状，而疫病呈云团边线状。

防治方法：防治应贯彻“预防为主，综合防治”的方针。合理株距、适量氮肥，充足光线，通风降湿，可预防此病。一旦发现病叶病株，应及时拔除并烧毁掩埋，以遏止病菌蔓延。平时可用30.3%四环霉素可溶性粉剂1 000倍液、77%氢氧化铜可湿性粉剂400倍液及39%硫酸快得宁可湿性粉剂400倍液预防，每隔7～10 d喷施1次，其中四环霉素的预防效果较为突出。发病时可用农用硫酸链霉素500倍液或抗生素500倍液或链霉素1 000倍液，每7 d喷洒1次。药物应轮流使用，避免诱发病菌抗药性。

②细菌性褐斑病

危害症状：可诱发全株发病，但以叶片居多。受感染叶片先出现淡褐色水浸状小斑点，后逐渐扩大，形成不规则褐色或黑褐色凹陷病斑，周围有明显黄晕，病斑可相互融合成大斑块，直到叶片腐烂死亡。若喷药或病原菌自然死亡，病斑停止扩大并干枯穿孔，病斑触摸坚硬。此病与软腐病相似，但患褐斑病的病叶保持其原姿，其叶组织较坚硬。若幼苗患病会很快软腐坏死，症状与软腐病、疫病相似，不易分辨。

防治方法：通风降湿、栽培基质消毒可预防此病发生。平时用75%百菌清500倍液或70%代森锰锌可湿性粉剂500倍液预防，每30 d定期喷洒1次。发病初期用77%可杀得微粒可湿性粉剂800倍液或72%农用硫酸链霉素可湿性粉剂4 000倍液，视病情每隔7～10 d喷洒1次。

(2)真菌病害　蝴蝶兰病害主要是由真菌引起的，约占其病害的2/3以上。真菌没有叶绿素，不能进行光合作用，只能从蝴蝶兰身上吸取养分，引起腐烂、发锈、猝倒、枯萎、斑点、霉变、组织死亡等各种病症。同时真菌产生的大量孢子可通过空气、水分、栽培基质、昆虫、人类或植物本身直接接触而传染该病。

①炭疽病

危害症状：该病一般发生在初夏或夏末，若温度适宜周年可发病，主要为害老叶或生长不良植株的叶片。发病初期，叶片上产生褐色凹陷圆形小斑点，随后扩大为黑褐色圆形或不规则形病斑，相邻病斑融合后形成不规则的大病斑，最后使整个叶片枯萎而死亡。有时也为害茎，出现不规则、长方形黑褐色病斑，病斑大或数量多时，植株生长不良，甚至死亡。

防治方法：适当的温度、湿度、光照及施肥管理，并及时清除腐烂、冻害及灼伤的叶片，可预防此病发生。发病初期，应及时除去病组织，并在伤口处涂高浓度杀菌剂；或喷施65%代森锰锌500倍液、1∶1∶160倍的波尔多液、50%福美双500倍液等保护性药剂。若发病严重时，需整株清除，或喷施70%甲基托布津1 000倍液、炭疽净800倍液、50%多菌灵500倍液等治疗性药剂。但注意各种药剂要交替使用，以防病菌对某种药剂产生抗药性。

②白绢病

危害症状：为害植株的茎基部及根部，发病初期在根茎处产生黄褐色斑点及斑纹，与细菌性软腐病和疫病不易区别，但不久受害部位及植株上会长出白绢病特有白色菌丝，后转为褐色菌核颗粒，导致植株茎基软化而死亡。

防治方法：通风换气，培养基质(pH调至6.5～6.8)蒸汽灭菌，并及早摘除病叶病株，可抑制病害发生。发病较轻后，可轮流用5%井冈霉素水剂1 000～1 600倍液和90%敌克松可湿性粉剂500倍液，隔7～9 d喷施1次，连续3～4次。若发病较重时，可用50%代森锰锌800倍液或75%的灭普宁可湿性粉剂喷施。

③疫病

危害症状：又名黑腐病，幼苗易患此病，尤其是新出瓶的幼苗及刚换盆的小苗。病原菌从小苗根部及伤口侵入，染病部位首先变成水浸状褐色小斑点，高温、高湿时迅速蔓延扩大，形成腐烂的病斑，最后变成黑褐色，并逐渐向叶片蔓延，受感染的叶片变黄、枯萎、脱落。该病一旦发生，若不及时处理，很快传播到根系、假球茎，引起根腐、猝倒，甚至彻底摧毁苗株。

防治方法：加强通风，避免浇水过多或湿度太高，并及时清理病叶和病株，可抑制病害发生。平时可用70%代森锰锌500倍液预防，每隔2周喷施1次，雨季改为每周1次。发病较轻时用普力克1 000倍液或50%疫霉净500倍液，每周喷施1次；若根及茎部疫病较严重时，可用50%甲霜铜可湿性粉剂600倍液或60%乙磷铝可湿性粉剂400倍液药剂灌根。切除病株的工具要及时消毒，以免交叉感染；病株伤口用70%的代森锰锌可湿性粉剂100倍液涂抹，隔离单独管理，放置干燥处，1周内不浇水，可阻止此病蔓延。

④灰霉病

危害症状：灰霉病是蝴蝶兰开花期的一种严重病害，主要为害花器，有时也危害叶片和茎。发病初期在花瓣及萼片上出现水浸状小斑点，随后变成褐色，并逐渐扩大为圆形斑块，并可相互融合，发病后期整个花朵枯萎。花梗和花茎染病，早期出现水渍状小点，渐扩展成圆至长椭圆形病斑，黑褐色，略下陷，病斑扩大至绕茎一周时，花朵即死之。危害叶片时，叶尖焦枯。

防治方法：该病对湿度和温度较为敏感，兰室要注意通风降湿。发现病花、病茎立即摘除，以减少侵染源。平时预防可用50%代森锰锌可湿性粉剂500倍液或50%多菌灵可湿性粉剂500倍液定期喷施；发病初期用50%速克灵可湿性粉剂1 500倍液或50%扑海因，约10 d喷洒1次，连续防治2～3次。在老芽阶段使用75%百菌清可湿性粉剂600倍液和50%苯菌灵可湿性粉剂1 000倍液。

⑤煤烟病

危害症状：在管理粗放的棚室，由于透风不良、光线不足，介壳虫、蚜虫或粉虱等在叶片、花梗及花朵上分泌蜜露，病菌以这些害虫的分泌物或排泄物为营养进行繁殖，引发叶表局部煤灰色，手摸有黏着感。

防治方法：通风换气，控制和消灭介壳虫、蚜虫和粉虱等害虫，每隔10 d喷施1次5波美度石硫合剂，连喷2次，可预防此病发生。发病初期可将煤污用湿布擦去，后期用50%的扑灭灵可湿性粉剂2 000倍液或65%抗霉灵可湿性颗粒1 500倍液，每隔2～4周喷施1次。

(3)虫害　蝴蝶兰的害虫大致有蚜虫、介壳虫、叶螨、蓟马、粉虱、毛虫、蚂蚁、蜗牛和蛞蝓等，其中危害较为严重的有蓟马、介壳虫、叶螨、蚜虫、粉虱、蛞蝓等。

①蓟马　为缨翅目蓟马科害虫，主要危害植株花朵。虫体细小，活动隐蔽，初期不易被发现，后期花瓣上出现横条或点状斑纹，致使花朵变形、萎蔫、干枯，影响正常开花，降低观赏价值。防治方法：由于蓟马对花序和花朵的危害特别大且不易发现，应在花箭抽出前，对全株喷洒1～2次农药进行防治；开花前再喷施50%辛硫磷乳剂1 200～1 500倍液或40%氧化乐果乳剂1 000～1 500倍液，一般1周1次，重复3～5次即可。一旦发现有蓟马，应将受害植株隔离，同时进行药物处理，喷施50%辛硫磷乳剂1 200～1 500倍液或40%氧化乐果乳剂1 000～1 500倍液，每周1次，受害植株至蓟马消失时为止，未受害植株重复2～3次即可。

②介壳虫　为同翅目盾蚧科害虫，寄生于蝴蝶兰的叶片、叶鞘、茎和根部，吸食汁液，导致叶片黄化、枯萎至脱落，植株生长发育受阻，不能正常开花，甚至全株死亡。同时侵害后伤口易感染病毒，其分泌物易导致黑霉菌发生。

防治方法：注意环境通风降湿。有少量介壳虫时，用软刷刷除，虫体刷除后一般不会再寄生。药物防蚧的最佳时期是介壳虫孵化后不久，可用50%敌百虫250倍液或40%氧化乐果1 000倍液，一般每隔7～10 d喷洒1次，连续1～3次。要交替使用农药，以免介壳虫对药物产生抗性。

③螨类　为蜘蛛纲壁虱目叶螨科害虫，以红蜘蛛较为常见。常成群集于叶下方，吸取叶背汁液，引起植株水分、营养等代谢平衡失调。被害叶片呈现密集的银灰色小斑点，而后渐变为暗褐色斑块，严重时整叶枯黄脱落。

防治方法：以预防为主，注意增湿通风。药物防治的最佳时期是虫卵孵化时，可用20%四氰菊酯乳油4 000倍液、75%克螨特乳油1 000～1 500倍液等，每隔5～7 d喷洒1次，连续2～3次。一旦发病要立即隔离发病植株，以避免红蜘蛛爬行、刮风、浇水及操作携带等造成害虫传播。

④蚜虫　俗称蜜虫，为同翅目蚜科害虫，喜食嫩叶、嫩芽、花苞的汁液养分，致使植株生长受到抑制，花叶变形、扭曲。同时，其腹部背方长有一对蜜管，分泌的蜜汁会吸引蚂蚁，引起煤烟病。

防治方法：在生产中以预防为主，预防的最佳时期是在春初蝴蝶兰即将开始旺盛生长时，用扑虱蚜50%溶液对蝴蝶兰植株进行喷施,可以杀死越冬虫卵。既可以避免成虫造成的危害,也可以降低对蝴蝶兰花朵的药物伤害。若发生虫害时可用40%氧化乐果乳油或50%杀螟松乳油1 000倍液等,每隔7～10 d喷施1次,连续3～4次即可。

⑤粉虱 为同翅目粉虱科害虫,常群集于兰叶背面,吸食植物汁液,使叶片褪绿、变黄、萎蔫,并在伤口处排泄大量蜜露,引发煤烟病,甚至造成整株死亡。

防治方法:在通风口处加一层尼龙纱避免外来虫源进入,室内使用10 g的百菌清烟片剂每天熏烟1次,持续7 d可杀死粉虱幼虫。若发生虫害,在兰株旁边悬挂或放置涂以粘油的黄色木板或塑料板,振动植株,利用粉虱对黄色的强烈趋性,使粉虱成虫飞到黄色板上并被粘住,从而达到诱杀作用;也可用2.5%溴氰菊酯乳油2 000倍液或10%吡虫啉1 000～1 500倍液等,每3～5 d喷洒1次,2～3次即可。

⑥蛞蝓 危害症状:俗称鼻涕虫,为软体动物门动物。为害植株嫩叶、幼芽、根端、花蕾等,造成叶片或花瓣成缺刻、孔洞甚至死苗;且其带有多种病菌,咬食过的伤口易导致病菌发生。

防治方法:一旦发现首先进行人工捕杀,也可用灭螺力、麸皮拌以砒霜、敌百虫、溴氰菊酯等作为毒饵,撒在兰株周围、台架及花盆上进行诱杀;或在介质表面撒上8 g蜗灵颗粒剂、生石灰等,每隔5～7 d喷洒1次,连续3～5次。

三、竹芋盆栽

(一)形态特征

竹芋为单子叶多年生草本植物,竹芋科竹芋属,大多数品种具有地下根茎或块茎,叶单生,较大,叶片形状各异,具有各色花纹、绒毛不等。叶脉羽状排列,二列,全缘。花为两性花,左右对称,常生于苞片中,排列成穗状、头状、疏散的圆锥状花序,或花序单独由根茎抽出,果为蒴果、浆果。

(二)生态习性

竹芋属热带植物,喜温暖湿润和半阴环境,生长适温为16～28℃,最适生长温度为白天22～28℃,晚间18～22℃,低于16℃生长缓慢,低于13℃停止生长,10℃以下植株受损易发生冷害。适宜的光强为5 000～20 000 lx,光弱则植株细弱;光照过强则叶片卷曲、灼伤。湿度是竹芋叶片健康、干净、美观的基础。生长环境要保持60%～80%的空气湿度,湿度过低会导致叶片干尖,叶色不新鲜;湿度过高易形成斑点。基质要求疏松、保水保肥能力强,湿度控制在60%～70%,pH 4.8～5.5,电导率0.8～1.2 mS/cm。水质要好,水的pH不应高于6.5,电导率保持0.2以下。竹芋不同品种、同一品种的不同生育期对环境要求有差异。

(三)繁殖方法

竹芋繁殖方法有扦插、分株、组织培养,以分株和组织培养方法为主。分株一般在气温达到15℃以上时进行,气温偏低易伤根,影响成活和生长。分株时先去除宿土将根状茎扒出,选取健壮整齐的幼株分别上盆。注意分株不宜过小,每一分割块上要带有较多的叶片和健壮的根,否则会影响新株的生长。由于分株苗易感染多种病害,除自身染病外,病害还容易在温室中传播;另外分株苗植株单薄,很难培育出株型饱满的植株,因此只能做小规模栽培。商品化栽培多采用组培方式繁殖,外植体可采用刚萌动的嫩芽。当新芽长至2.0 cm时,即可剥取其里面的生长点作为外植体进行组培,选用MS+BA2.5+NAA0.8进行增殖繁育,用MS+

BA0.5＋NAA1.0 进行生根培养，种苗具有无病毒、长势好、株型好、易控制等特点。

(四)栽培技术

1.栽植前准备

(1)基质选择与处理　生产竹芋用的基质应该有很好的保水能力，可采用草炭:珍珠岩为 3∶1 或珍珠岩:泥炭:炉渣为 1∶1∶1 的复合基质，基质的 pH 5.5～6.5、电导率 0.8～1.0。基质要充分消毒、杀灭病虫方可使用。

(2)栽培容器选择　栽培容器根据栽培品种和栽培方式确定，一般为硬质不透明的塑料盆。一般选用盆径为 12～14 cm 或 17～19 cm 的塑料盆。

2.定植

定植时，根据种苗品种选择相应的花盆盆径，如豹纹竹芋、双线竹芋生长速度较慢的品种可采用上口径为 14 cm 的花盆(随着生长换大口径的花盆)，其余品种可直接选择上口径为 17 cm 或 19 cm 的花盆。如采用使用过的花盆，则需采取 1 500 倍液的百菌清浸泡 24 h，洗刷盆中残留物等处理。

竹芋属植物根系较浅，多用浅盆栽植。上盆时盆底铺一层陶粒为排水层，然后放正苗，加入配好的基质至花盆八分满，用手压实，最后在盆上面再加一层陶粒，以防生长藻类和冲走基质或冲倒苗。新株栽种不宜过深，将根全部埋入基质即可，否则影响新芽的生长。上盆完成后用 50%多菌灵 1 000 倍液灌根，代替定根水。定植后要控制基质的含水量，可经常向叶面喷水，以增加空气湿度，长出新根后方可充分浇水。

3.定植后管理

(1)温度管理　竹芋定植初期，白天温度保持 25～27℃，夜间为 17～20℃。成株期在冬季，保证最低温度在 16℃以上，低于 10℃对其生长不利，应注意防寒。夏天高温季节应将竹芋苗放在阴凉处，超过 35℃对生长不利。如设施内栽培，冬季温度过低时开启加温设施增温；白天打开内外遮阳增加光照强度提高室内温度，夜间关闭内遮阳减少热量散失，提高室内温度；同时注意风机水帘缝隙密闭保温。夏季温室内温度过高需开启风机—水帘设施进行降温；在光照过强时可关闭外遮阳系统防止叶片灼伤同时起到降温作用。

(2)光照管理　竹芋忌阳光直射，散射光下生长较好。定植初期适当遮阳，光强以 5 000～8 000 lx 为宜；幼苗期的光照强度为 9 000～15 000 lx。夏季阳光直射和光照过强，易出现卷叶和烧叶边现象，新叶停止生长，叶色变黄，应注意遮阳。但也不能过于荫蔽，否则会造成植株长势弱，某些斑叶品种叶面上的花纹减退，甚至消失。所以最好放在光线明亮又无直射阳光处养护；成株期的光强可适当增强，可以达到 10 000～20 000 lx。温室内光照可利用内外遮阳系统控制，一般先关闭外遮阳，在夏季中午光照很强外遮阳达不到要求时再关闭内遮阳系统。日光温室可采用 50%和 90%双层遮荫网的拉放进行调节。每天定时采用测光仪测量，根据测定数值开关内外遮阳系统调节室内光照强度。

(3)空气湿度管理　竹芋对水分反应较为敏感，生长期应充分浇水，不仅保持盆内基质湿润，空气湿度要在 70%～80%。如湿度过低，则新叶伸展不充分，叶小、焦叶、黄边、无绒质感影响观赏。应经常向叶面及植株周围喷水，以增加空气湿度。

(4)肥水管理　竹芋对水的适宜 pH 要求在 5.5～5.8。不同品种对水分的需求不同，如青苹果竹芋和天鹅绒竹芋叶片薄且大，浇水间隔时间短；豹纹竹芋叶片厚且较细长，浇水间隔时间长。两次浇水之间注意检查个别盆缺水现象，及时补浇。

竹芋生长前期适当增施N肥，可每周浇施1次0.1%的硝酸钙和硝酸钾(轮换施用)，保持基质湿润状态，2～4周长出新叶后，开始有规律的水肥管理，即在保持基质湿度60%～70%相对稳定的状态下，持续性供应。竹芋对高浓度肥料很敏感，不要过量施肥，要“薄肥勤施”，尽量避免一次性浓度过大。施肥周期一般为每周1或2次，因植株大小和需肥量而异。为防止烧“管”现象(管：指未打开、卷曲的新叶)，施肥后用清水冲洗叶片，可采取喷施冲肥法。

营养液配方可选用观叶植物营养液配方或N：P：K为1：0.4：1.8，外加微量元素的营养液，但注意硼素过多易发生“烧叶”现象。选用观叶植物营养液配方时，第一次浇营养液要适当稀释，一次浇透，至盆底托盘内有渗出液为止。平时每周补液1～2次，每次100 mL/株；平日补水保持基质湿润；补液时不补水，盆底托盘内不可长时间存水，以利于通气，防止烂根。成株期以增施P、K肥为主，如0.1%～0.2%的磷酸二氢钾溶液，以增加植物抗性。电导率随着植株的生长而提升，控制在0.5～1.5 mS/cm的范围内，苗期电导率0.5～0.8 mS/cm，成株期电导率0.8～1.5 mS/cm。不同品种对营养液的pH要求略有差异。

(5)催花处理　多数竹芋以观叶为主，但有些品种也开美丽的花，如莲花竹芋、金花竹芋、天鹅绒竹芋等。还有一些如紫背、玫瑰竹芋等在一定条件下也会开花，但花不漂亮，一般将花打掉或避免它们开花。因竹芋属短日照植物，所以花芽诱导及形成须在短日照条件下进行。催花要点：生长期必须满足3～4个月，否则不开花；短日照处理，光照时数少于12 h/d，持续5～6周；温度在17～21℃，过低或过高不利于成花。如果不想竹竽开花，可以在其自然开花季节进行补光，使其日照时数大于12 h，就能避免成花。

(6)病虫害防治　在竹芋整个生长过程中，对于病虫害的防治必须坚持“勤观察、早发现、早治疗”的原则。

病害：竹芋常见的病害有疫病、叶斑病。

①疫病

危害症状：疫病主要是指疫霉属真菌引起的一类病害，主要引起植物花、果、叶部组织快速坏死腐烂。竹芋发病主要表现在叶片上，尤其是嫩叶发病率较高。高湿是病害发生主要原因，青背天鹅绒竹芋和灿烂之星竹芋极易发生。

防治方法：尽量降低空气湿度，隔离感病植株。夏季阴雨天之前打药预防。化学防治可使用绘绿、卉友、甲霜灵、福星等药剂进行定期的叶面喷施。

②叶斑病

危害症状：病斑多发于叶缘，圆形、半圆形或不规则形，病菌易借伤口侵入植株。

防治方法：注意通风，随时摘除病叶、拔除病株销毁，减少病源。加强肥水管理，防止浇水时盆土飞溅到液面。定期预防可用75%的百菌清可湿性粉剂800倍液、50%克菌丹可湿性粉剂500倍液、70%甲基托布津可湿性粉剂800倍液、农用链霉素3 000～4 000倍液等每2～3周喷施1次，连续防治2或3次。

虫害：竹芋常见虫害有叶螨、蓟马。

①叶螨

危害症状：危害竹芋的叶螨主要是朱砂叶螨，又名棉红蜘蛛。其通常群聚于叶背面吸取汁液，并在叶上吐丝结网，使叶子表面发白或出现枯黄细斑，叶子下垂，即使在晚间也是下垂的(晚间竹芋叶子是向上竖起的)，严重时叶片脱落。

防治方法：摘除感染严重的叶片，改善温室通风条件。2%阿维菌素乳油1 500倍液；75%

克螨特乳油 1 500～2 000 倍液；15％哒螨灵乳油 3 000 倍液；20％三唑锡乳油 1 200～1 500 倍液每周喷施 1 次，连续喷施 3～4 次。

②蓟马

危害症状：蓟马在温室中常年可见。主要危害植株嫩叶，吸食汁液。在不同竹芋品种上表现的为害症状不同，青苹果竹芋叶面基部上可见明显的针刺状小坑，青背天鹅绒叶面上有类似蜗牛爬过的白色痕迹。

防治方法：温室内悬挂篮色粘板。48％吡虫啉乳油 4 000～5 000 倍液；20％绿威乳油 1 000～1 200 倍液喷施。

四、百合槽培

(一)形态特征

百合是百合科百合属多年生球根草本花卉，株高 70～150 cm。根分为肉质根和纤维状根两类。肉质根称为“下盘根”，多达几十条，分布在 45～50 cm 深的土层中，吸收水分能力强，隔年不枯死。纤维状根称“上盘根”“不定根”，发生较迟，在地上茎抽生 15 d 左右、苗高 10 cm 以上时开始发生。形状纤细，数目多达 180 条，分布在土壤表层，有固定和支持地上茎的作用，亦有吸收养分的作用。每年与茎秆同时枯死。有鳞茎和地上茎之分。

地下具球形鳞茎，白色或淡黄色，先端常开放如莲座状，由多数肉质肥厚、卵匙形的鳞片聚合而成。

地上茎直立，圆柱形，常有紫色斑点，无毛，绿色。有的品种（如卷丹、沙紫百合）在地上茎的腋叶间能产生“珠芽”；有的在茎入土部分，茎节上可长出“籽球”。珠芽和籽球均可用来繁殖。叶片总数可多于 100 张，互生，无柄，披针形至椭圆状披针形，全缘，叶脉弧形。有些品种的叶片直接插在土中，少数还会形成小鳞茎，并发育成新个体。

单叶，互生或轮生，叶片有线形、披针形、卵形、倒长卵形或心脏形，无柄或有柄，直接包生于茎秆上，叶脉平行。花着生于茎顶端，呈总状花序，簇生或单生，花冠较大，花筒较长，呈漏斗形、喇叭形、杯形球形，六裂无萼片，开放时常下垂或平伸；花色有黄色、白色、粉红、橙红，有的具紫色或黑色斑点。蒴果长卵圆形，具钝棱。种子多数卵形，扁平。

(二)品种类型

百合属植物约 120 种，用于园艺育种和栽培的有 40～50 种，用于商品化生产的只有 20 种左右。目前我国栽培的主要品种有东方、铁炮、亚洲、铁亚杂交(L/A)等和一些盆栽品种。

(三)生态习性

百合属于长日照植物，喜凉爽湿润的气候和光照充足的环境，比较耐寒，不喜高温，温度高于 30℃会严重影响百合的生长发育，发生落蕾，开花率降低，温度低于 10℃则生长近于停滞。喜干燥，怕水涝，根际湿度过高则引起鳞茎腐烂死亡；忌连作，3～4 年轮作 1 次。

(四)繁殖方法

生产高质量的百合切花，首要条件是有健壮无病的种球。百合的繁殖通常可分为花后养球、小鳞茎繁殖、鳞片扦插、珠芽繁殖、播种和组织培养等。

1. 小鳞茎繁殖

百合老鳞茎的茎轴上能长出多个新生的小鳞茎，收集无病植株上的小鳞茎，消毒后按行株距 30 cm×(7～10) cm 播种于基质栽培床或畦内。经 1 年的培养，一部分可达种球标准(50 g)，较小者，继续培养 1 年再作种球用。1 年以后，再将已长大的小鳞茎种植在栽培床或畦中。小鳞茎的培养需要较多的肥料，施肥的原则是少而勤，同时养分要全。在鳞茎第 2 年的培养中，有些会出现花蕾，应及时摘除这些花蕾，以利于地下鳞茎的培养。小鳞茎经 2 年培养后，即可用作开花种球。收获以后，应按规格分级，去除感病球。

2. 鳞片扦插

秋季，选健壮无病、肥大的鳞片在 500 倍的苯菌灵或克菌丹水溶液中浸泡 30 min，取出后阴干，基部向下，将 1/3～2/3 鳞片插入泥炭：细沙为 4：1 或纯草炭的基质床中。行株距 14 cm×(3～4) cm，遮阳保湿，忌水湿和高温，防止鳞片腐烂。温度维持在 22～25℃，空气湿度保持在 90%左右。2～3 周后，鳞片下端切口处便会形成 1～2 个小鳞茎，多者达 3～5 个。然后再将这些小鳞茎挖出，按小鳞茎繁殖方法继续培育。培育 2～3 年后小鳞茎可重达 50 g。每 667 m^2 约需种鳞片 100 kg，所繁殖的小鳞茎能种植 10 000 m^2 左右。

3. 花后养球

花后养球也叫大球繁殖法。当百合开始开花时，地下的新鳞茎已经形成，但尚未成熟。因此，采收切花时，在保证花枝长度的前提下尽量多留叶片，以利于新球的培养。花后 6～8 周，新的鳞茎便成熟并可收获。以后的促成栽培是否成功，完全取决于新鳞茎的成熟程度。

4. 珠芽繁殖

当叶腋间的珠芽成熟快要脱落时，采下作种，在秋分前后将珠芽撒播在行距 20～24 cm 的沟内，当年虽然生长，但不出土。第二年春发芽出土后，经过苗圃培育，至秋季才形成小鳞茎，然后将小鳞茎挖出按上法继续培育。

(五)栽培技术

1. 栽植前准备

(1)基质选择与处理　栽培百合宜选择保水性和排水性良好、水气比为 1：1.5、pH 5.5～6.5 的基质。国内常用的百合栽培基质有沙粒(直径小于 3 mm)、天然砾石、浮石、火山岩(直径大于 3 mm)、蛭石、珍珠岩和草炭。此外，炉渣、砖块、木炭、石棉、锯末、蕨根、树皮等都可作百合的基质。一般最好采用未使用过的基质。但为了保证基质无菌、无虫卵，不管是从厂家进来的泥炭还是其他就地取材的基质，均要进行消毒、杀虫。

(2)种球选择与处理　生产上主要选用根系发达、个大、鳞片抱合紧密、色白形正、无损伤、无病虫的子鳞茎作种球。亚洲系列的种鳞茎周径必须在 10～12 cm，东方系列的种球最小周径不低于 12～14 cm。种球越大，花蕾数也多，但品种不同，着蕾数也有一定的差别。

外购的种球到货后立即打开包装放在 10～15℃的阴凉条件下缓慢解冻，待完全解冻后进行消毒。方法为：将种球放入 0.1%的高锰酸钾或 500～800 倍多菌灵、百菌清等水溶液中浸泡 30 min，也可将种球放入 80 倍的 40%福尔马林溶液中浸泡 30 min，取出后用清水冲净种球上的残留药液，放在阴凉处晾干即可种植。解冻后的种球若不能马上种完，不能再冷冻，否则容易发生冻害。将剩余的种球和消毒的基质混在一起，放在 0～10℃条件下 4～5 周。若放置的时间太长，种球的萌芽力和生长势则大大下降。

2.定植

(1)建造栽培槽　栽培槽的规格一般为宽 96～120 cm,深 20～25 cm,根据植株长势情况灵活确定。槽内衬膜,填入基质。基质最好采用复合基质,如沙子∶炉渣=1∶2,珍珠岩∶蛭石=3∶1,珍珠岩∶蛭石∶草炭=2∶1∶1,草炭∶河沙∶珍珠岩=2∶2∶1,泥炭∶腐叶土∶炉渣=2∶3∶2等。

(2)定植

①定植深度　种植未经催芽的种球时,要求有足够的种植深度,即要求种球上方有一定的土层厚度,冬季应为 6～8 cm,夏季应为 8～10 cm。种植深度应根据品种和种球的大小而定,一般周径为 10～12 cm 种球的种植深度为 6～10 cm,周径为 14～16 cm 种球的种植深度为 8～12 cm,周径越大,种植深度一般越深,但一般不能超过15 cm 左右。为防止种球根系受损,不要把基质压得太紧。目前,在荷兰都采用催芽鳞茎,催芽部分必须露出土面。如果种植前鳞茎已萌发则无须催芽,如尚未发芽,可将鳞茎排放在盛木屑的木框内催芽。播种时间以 9 月下旬至 10 月为宜。

②定植密度　百合的种植密度随品种和种球大小等因素不同而异。适当密植可使切花百合的茎秆挺拔。在光照充足、温度高的月份,通常种植密度要高一些;在缺少阳光的季节(冬季)或在光照条件较差的情况下,种植密度就应适当低一些。在泥炭等基质中,百合生长快,可以降低种植密度。百合切花生产株距为 10～20 cm,行距为 20～30 cm。

③定植方法　第一步,根据行株距在畦面上横向挖 8～12 cm 深的浅沟。第二步,下球。将百合球按株距 13～15 cm 摆放整齐。需要注意三点:首先,百合球应摆正,使顶芽直向上,如果球摆放不正,芽会斜长,出土后再弯曲向上,影响百合茎高生长,降低百合切花品质;其次,种球应轻放,勿用力将其压入基质中,这样会使基生根断裂;再次,畦面上不要堆放太多种球,最好直接从种球基质中取球,边取边摆放,以免种球鳞片和根系干枯,影响种球质量和芽的前期生长;最后,在种植过程先埋 2/3 的基质,用手轻轻向上提下鳞茎,保证根系充分舒展,防止窝根。第三步,盖基质。首先要求基质颗粒较细;其次,盖基质厚度一定要厚,冬季 6～8 cm;再次,盖基质过程中要注意种球不能倾斜,随时扶正;最后,不要将基质压得太紧,以免损伤根系。第四步,浇水。浇定根水是必需的,目的是让基质颗粒与根系紧密接触。浇水时必须注意两个关键点:一是浇透,二是浇匀,应使种球下面 5～6 cm 的基质层均浇透,切忌浇拦腰水。否则根部基质干燥,根系非但不能有效吸收水分,甚至根系内部的水会被基质吸走,严重影响百合发芽、生长。第五步,遮盖。可用稻草等覆盖畦面或用遮阳率高的黑色遮阳网遮阳,目的是降温、保温、保湿,确保基质凉爽,温度、湿度稳定。

以上种植过程,必须要认真完成各个环节,如果某些细节做得不到位,都有可能影响百合生长。比如,种植深度不够,会引起茎生根发育不良,影响植株的高度和切花的质量。

3.栽培管理

(1)营养液管理　营养液配方可选用日本园试配方或荷兰岩棉培花卉通用配方。基质栽培定植初期可只浇灌清水,5～7 d 后当有新叶长出时,改浇营养液,用标准配方的 1/2 剂量。地上茎出现后改用标准配方的 1 个剂量浇灌,并适当提高营养液中 P、K 的含量,在原配方规定用量的基础之上,P、K 的含量再增加 100 mg/L。开花结实期用标准配方的 1.5～1.8 个剂量浇灌。在此期间,还可适度进行叶面施肥。基质栽培时,冬季每 2～3 d 浇灌 1 次营养液,夏季可每 1～2 d 浇灌 1 次营养液、1 次清水。

(2)温度管理　定植后的3～4周内,基质温度必须保持12～13℃的低温,以利于茎生根的发育,而高于15℃则会导致茎生根发育不良。生根期之后,东方百合的最佳气温是15～17℃,低于15℃则会导致落蕾和黄叶;亚洲百合的气温控制在14～25℃;铁炮百合的气温控制在14～23℃,为防止花瓣失色、花蕾畸形和裂苞,昼夜的温度不能低于14℃。百合可以忍耐一定程度的高温,但是30℃以上的持续高温会对其生长发育不利,夏季高温时应加强通风和适当遮阳;昼夜温差控制在10℃为宜。夜温过低易引起落蕾、黄叶和裂苞;夜温过高,则百合花茎短,花苞少,品质降低。

(3)湿度管理　定植前的基质湿度以50%～60%为宜,即手握成团、落地松散。高温季节,定植前如有条件应浇一次冷水以降低基质温度,定植后再浇一次水,基质与种球充分接触,为茎生根的发育创造良好的条件。以后的浇水以保持基质湿润为标准,以手握成团但挤不出水为宜。浇水一般选在晴天上午进行。环境湿度以80%～85%为宜,应避免太大的波动,否则会抑制百合生长并造成一些敏感的品种如元帅等发生叶烧。如果设施内夜间湿度较大,则早晨要分阶段放风,以缓慢降低温度。

(4)植株管理　百合的根系较浅,容易发生倒伏,所以要适时搭建支撑网或用吊绳固定。当株高50 cm左右时搭建第一层支撑网或吊一次,以后至少需要再搭建一层支撑网或吊一次。另外,要防止百合落蕾。防治方法是喷施0.463 mmol的硫代硫酸银液(STS液),也可在刚看到花蕾时喷一些硼酸,对防治落蕾也有一定效果。

(5)病虫害防治　百合主要病害及防治:

①立枯病

危害症状:嫩芽感染后根茎部变褐色、枯死。成年植株受害后,从下部叶开始变黄,然后整株枯黄以至死亡。鳞茎受害后,逐渐变褐色,鳞片上形成不规则的褐色斑块。

防治方法:该病为土传病害,基质应做好消毒处理。播种前,种球用1∶500的福美双溶液浸渍杀菌,或用40%甲酸溶液加水50倍浸渍15 min;加强田间管理,增施磷钾肥,使幼苗健壮,增强抗病力;出苗前喷1∶2∶200波尔多液1次,出苗后喷50%多菌灵1 000倍液2～3次,保护幼苗。发病后,及时拔除病株,病区用50%石灰乳消毒处理。

②叶枯病

危害症状:又称灰霉病,是百合植株上发生最普遍的病害之一。病害的症状随发病部位的不同而有差异,叶片上通常为黄褐色至红褐色圆形或椭圆形斑块,大小不一,长2～10 mm,某些斑块的中央为浅灰色,边缘呈淡紫色。天气极度潮湿时斑上生灰霉层;干燥时病斑变薄而脆,半透明状,浅灰色,严重受侵染的叶片引起叶枯。病害蔓延到茎秆,会使生长点死亡。花蕾上发生病斑,则花蕾变成褐色,不能正常开花。发生在花朵上,则花瓣形成水渍状斑块。该病在温暖潮湿的条件下,从生长期到开花结果期均可发病,尤其在花蕾上的病斑发展非常迅速。果实上发生病斑,会引起局部腐烂。

防治方法:将患病植株的叶片集中烧毁,防止病菌传播;基质消毒彻底;加强田间管理,合理增施磷钾肥,增加抗病力,注意清沟排水,加强田间通风透光;用50%多菌灵500倍液,或75%百菌清500倍液,或70%甲基托布津500倍液,或50%速克灵1 000倍液喷洒,10～15 d一次,连续2～3次。

③百合疫病

危害症状:主要危害茎和叶片。茎基部形成水渍状乃至褐色斑块,受害植株很快死亡。如果在鳞茎萌发时受害,则嫩茎顶端发生枯萎。叶片发病,产生水渍状小斑,逐渐扩大成灰绿至淡褐色大斑,无明显边缘,严重时叶片和花朵软化腐烂。天气潮湿时,病部产生白色霉层。

防治方法:将病株掘起集中烧毁;注意清沟排水;发病初期用0.5%波尔多液1 000倍液,或40%乙磷铝300倍液,或25%甲霜灵2 000倍液,或70%敌克松原粉1 000倍液喷洒,喷洒时应使足够的药液流到病株茎基部及周围基质。

④鳞茎基腐病

危害症状:主要危害植株茎基部,影响植株生长,导致死亡。植株茎基部渐变为暗褐色至腐烂,叶片下垂且变黄,上部叶表现正常,但植株停止生长,最终死亡。

防治方法:除用药剂处理种球外,还必须有良好的农业栽培措施相配套。选用健壮无病种球,加强种球贮藏保管措施,防止种球失水。

⑤软腐病

危害症状:鳞茎变软并有恶臭。鳞片上先发生水渍状斑块,然后发黑,上面还能长出厚厚的一层霉。因百合属于无皮鳞茎,病菌很容易从鳞片的伤口中侵入,并进一步侵入内部鳞片和鳞茎盘。在温暖的条件下,一个受害鳞茎两天内就会全部烂掉。

防治方法:选择无病种球繁殖,播种前用50%苯并咪唑500～600倍液浸种20～30 min,晾干后下种。采挖和装袋运输时,尽量不要碰伤鳞茎,贮藏期间注意通风,最好放在低温条件下。

⑥炭疽病

危害症状:多发生在叶片、花朵和鳞茎上。叶片发病,产生椭圆形、淡黄色、周围黑褐色稍下凹的斑点。花瓣发病,则产生椭圆形褐色病斑。花蕾发病,则开始产生数个至十多个卵圆形或不规则形、周围黑褐色,中间淡黄褐色狭隘的病斑,成熟后病斑中央稍变透明。遇到下雨,则茎、叶上产生黑色粒点,最后造成落叶,仅残留茎或秆。鳞茎发病,基部及外层鳞片出现褐色不规则的病斑,病、健部界限清楚,不久变暗褐色干硬状。

防治方法:发现病株及时烧毁;加强田间管理,注意通风、透光;种球严格检疫,栽前用1∶500的克菌丹溶液将种球浸30 min,或用1∶500的代森锌喷洒种球。

⑦百合斑点病

危害症状:主要为害叶片,初时,叶片出现褪色小斑,逐渐扩大为褐色斑点,边缘深褐色。以后,病斑中心产生多数小黑点,严重时整个叶片变黑枯死。

防治方法:清除病叶并烧毁;严重时,可用80%代森锌或50%代森锰锌500倍液喷洒,防止蔓延。

百合主要虫害及防治:

①蚜虫:是危害百合最普通的虫害之一,有桃蚜和棉蚜两种。蚜虫吸取植物汁液,使植株萎缩,生长不良,严重影响开花结果。

防治方法:消灭越冬虫源,清除附近杂草,进行彻底清田。蚜虫危害期喷洒40%乐果或氧化乐果1 200倍液,或灭蚜松乳剂1 500倍液,或2.5%鱼藤精1 000～1 500倍液。

②蛴螬:是金龟子的幼虫,主要活动在土壤内,危害百合的鳞茎和根,吃去根系和鳞茎盘,直至破坏整个鳞茎。在7—8月鳞茎形成期间危害最重。

防治方法:人工捕杀,在田间出现蛴螬危害时,可挖出被害植株根际附近的幼虫;用1 500倍辛硫磷溶液浇植株根部,有较好的防治效果。

③螨类:螨可成群地寄生在百合鳞茎中,使鳞片(特别是鳞片基部、鳞片盘周围)腐烂,叶片枯黄。有时我们看到百合幼苗的叶片枯黄,如将其鳞茎挖起便可观察到鳞茎腐烂、螨成群的现象。由于百合的新球大部是从原来的母球中产生,螨一旦寄生母球中,就很容易进入新球,危害延绵不断。

防治方法:用1 500倍的三氯杀螨醇浇灌种球。

4.切花采收、包装与贮藏

掌握切花的成熟度,适时采收,以保证切花质量和便于运输。一般判断标准是最下一朵花蕾充分膨胀并着色。白色花蕾品种由绿色变为乳白色。过早采收影响花色,花会显得苍白难看,一些花蕾不能开放;过晚采收会给采收后的处理与包装带来困难,花瓣被花粉弄脏,切花保鲜期缩短,影响销售。采收工具使用枝剪或锋利的小刀。切割的部位一般要根据植物的高度和对地下鳞茎的处理方式来定,在保证切花枝条长度的基础上,尽量留下一定的绿叶,有利于地下鳞茎的生长膨大。采收时间最好在早晨,这样可以减少脱水。

采收的百合在温室中放置的时间应限制在30 min以内。采收后一般按照花蕾数、花蕾大小、茎的长度和坚硬度以及叶子与花蕾是否畸形来进行分级,然后将百合捆绑成束,摘掉黄叶、伤叶和茎基部10 cm的叶子。成束的切花百合直接插在清洁水中贮藏或在百合充分吸收水分后干贮于冷藏室内。切花百合应包装在干燥的带孔盒中,以防止过热及真菌的繁殖。种球贮藏前要分级、消毒,贮藏时并用湿润的锯末或草炭作填充基质。

五、一品红

(一)形态特征

一品红别名象牙红、猩猩木、圣诞花,大戟科大戟属植物,原产墨西哥。根圆柱状,极多分枝。茎直立,高1~3 m,直径1~4 cm,无毛。叶互生,卵状椭圆形、长椭圆形或披针形,绿色,边缘全缘或浅裂或波状浅裂,叶背有细毛;苞叶5~7枚,狭椭圆形,长3~7 cm,宽1~2 cm,通常全缘,极少边缘浅波状分裂,朱红色。花序数个聚伞排列于枝顶;总苞坛状,淡绿色,边缘齿状5裂,裂片三角形,无毛。蒴果,三棱状圆形,平滑无毛。

(二)生态习性

性喜温暖湿润环境,生长适温为18~25℃,冬季温度不低于10℃;一品红对水分的反应比较敏感,空气湿度以50%~75%为宜,基质要保持相对稳定状态,含水量保持60%~70%。一品红是短日照植物,喜阳光,在茎叶生长期需充足阳光,促使茎叶生长迅速繁茂。喜肥,要求均衡配方,电导率为1.0~2.0 mS/cm;喜微酸性,pH 5.5~6.5。

(三)品种选择

根据短日照光感应期的长短分为早熟和晚熟品种;根据苞片颜色不同分为红色、白色、黄色、红黄相间等品种。常见的变种和品种有:①一品白,顶部总苞上叶片呈白色。②一品粉,顶部总苞下叶片呈粉红色,色泽不鲜艳。③一品黄,顶部总苞下叶片呈淡黄色。④重瓣一品红,顶部总苞下叶片变红似花瓣外,小花也变成花瓣状叶片,直至向上簇拥成团,外形较单瓣种的红色叶阔而短,红色较深,耐寒性不如单瓣种,观赏价值高。⑤重瓣矮化一品红,株形矮小紧凑,叶片略带黄色,叶形较小,观赏价值高。⑥火焰球一品红,苞片血红色,重瓣,苞片上下卷曲成球形,生长慢。

(四)繁殖方法

一品红主要采取扦插的方法繁殖,常用的有半硬枝扦插和嫩枝扦插两种方式。另外,多年栽培的一品红也可采用老根扦插。前两种扦插繁殖方式,一品红的插穗都应在清晨剪取为宜,因为此时插穗的水分含量较为充足。剪切插穗时,要求切口平滑,并且要剪去劈裂表皮及木质部,以免积水腐烂,影响愈合生根。插穗切口切成平口或斜面,并力求切口在芽的基部节下0.5 cm处,这样较易生根。切口流出的白色胶质乳液,要用清水清洗干净,并将切口涂以草木灰后再进行扦插,或者速蘸萘乙酸(1 000～1 500 mg/L)溶液,以促其生根;也可用浓度为0.1%的高锰酸钾溶液,将剪好的一品红插穗基部浸于溶液中10 min左右,以提高存活率。基部经以上方法处理后马上扦插,插穗插入基质的深度一般不超过2.5 m,如果扦插太深,下切口容易腐烂。扦插的株行距以4 cm×4 cm为宜。

1.半硬枝扦插

一品红半硬枝扦插多在春季3—5月间进行,一般气温在15℃以上时即可。扦插时,剪取一年生木质化或半木质化的枝条,长约10 cm,剪除插穗上的叶片和枝顶,而且基部切口剪成斜面并靠近节部,蘸上草木灰,待剪口晾干后再插入细沙中,插后浇透水,温度保持在22～24℃,20 d后就可生根。在扦插期间应注意遮阴,防止水分丧失和枝条萎蔫。

2.嫩枝扦插

当一品红的当年生枝条生长到6～8片叶时,取6～8 cm长,3～4个节的一段嫩梢,在节下剪平,去除基部大叶后,立即投入清水中,以阻止乳汁外流,然后扦插,扦插后应保证嫩茎及叶片潮湿,并采取挡阳措施。嫩枝扦插大多数品种在14～18 d就可以生根。一品红以嫩枝扦插生根较快而且成活率高。如果在自制温室内扦插繁殖,只要室内温度保持在22℃左右,3月下旬就可扦插,而且可以根据需要一直延续到9月份为止。

3.老根扦插

经多年栽培的一品红,用其根部也可繁殖成新植株。因为在春季的3、4月份,一品红出房时,要进行一次翻盆换土栽植,以补充盆土的养料以及修茎修根。在操作的过程中,人们往往对剪下的一品红老根弃而不用,但如果将0.5 cm以上的老根茎收集起来,将是一大批可利用的繁殖材料。其具体方法是将一品红的老根剪成10 cm左右长的根段,再在剪断处蘸上干木炭粉或草木灰,待其稍干后扦插于培养基质中(根段上如带有少许根须者则更易萌发新芽)。至于扦插的容器,一般如果量少的可用较深一点的花盆,而如果数量多则可在苗床内扦插。扦插时,根段留出基质面1 cm,向北倾斜与基质面约呈80°角,可促成根段尽快萌发新芽。扦插后不需要遮阴,约经1个月,就可繁殖出新植株来。当新植株长高至10 cm左右时,即可移栽上盆,经5 d至1周的缓苗期,可进行正常的养护。

(五)栽培技术

1.栽植前准备

(1)基质选择与处理　选择适当的栽培基质对一品红的栽培很重要。一品红的生长基质最重要的一点是必须洁净,能为根区的生长环境提供适宜的物理性状,排水良好,同时又能在两次灌溉的中间保持良好的湿度以保证植株的需要。一方面含有的可溶性盐分相对较低;另一方面又有足够的离子交换能力来保留和供给植物生长所需的必要元素。一般常见的复合基质配方有:

草炭∶蛭石为1∶1

草炭∶珍珠岩为1∶1

草炭∶蛭石∶珍珠岩为1∶1∶1

草炭∶蛭石∶珍珠岩∶沙为2∶2∶1∶1

基质消毒也很重要，基质应事先混拌均匀并消毒，然后用塑料薄膜闷盖，2～3 d后翻料晾晒待用。一品红生长最适宜的pH为5.5～6.5。

(2)栽培容器及种苗选择　定植所用的盆器要求透光率低或不透光，因为光会应影响根系发育。盆茎大小为：第一次摘心的一品红使用15～17 cm的盆钵，第二次摘心使用20～22 cm的盆钵。

一品红是一种高档盆栽花卉，种苗品质好坏直接影响成品品质，因此，选择专业种苗公司的产品才能保证质量。一般种苗应具备：根系发育良好，颜色白净，高度适中(6～8 cm)，3～4个发育成熟的叶片。从种苗出圃到定植不宜超过30 h，保存温度12～15℃。

2.定植

上盆前，基质首先混入杀菌剂，以防根、茎腐烂。种苗根系固定在基质块上，定植时应将基质块的上端面与花盆内基质面持平，待浇透水后，花盆内基质下沉后其表面略比种苗质块上端面低1 cm左右为宜。第2天再浇1次清水，盆要密集摆放，以便形成利于植株生长的小气候环境。

3.栽培管理

(1)水分管理　一品红既怕干旱又怕水涝，浇水要注意干湿适度，防止过干过湿，避免脚叶变黄脱落。一般盛夏气温高，枝叶生长旺盛时可每天早上浇1次透水，傍晚观察，如干燥应少量补浇一些。水质要求pH 6.0～7.0，电导率小于1 mS/cm。

(2)养分管理　一品红的营养液可选用通用配方。一品红对肥料的需求很大，施肥稍有不当或肥料供应不足，都会影响花的品质。通常头1个月是一品红整个生长季节中的关键时期，这时氮、钾的浓度可适当提高。到了花芽分化至苞片转红期，则应将氮、磷、钾的比例调至正常。花期则应调整肥料配比，增加磷、钾含量，适当减少氮的含量。营养液的电导率随着植株的生长而提高，一般初期电导率0.5～0.75 mS/cm，1周后电导率0.8～1.0 mS/cm，成株后电导率1.2～2.0 mS/cm。

(3)环境调控　上盆后的1周为缓苗期，白天温度控制在20～25℃，夜间保持在18℃左右，适当遮阳，光照强度20 000 lx左右，空气湿度80%～90%，基质见湿见干。

缓苗后，植株已长出新根，进入生长期，进行正常的植株管理。白天适宜温度20～23℃，夏季高温期温度不超过32℃，夜间16～20℃为宜，每天保证8 h以上充足光照，强度为40 000 lx左右，不足时，需夜间补光2 h。

成花期以白天20～25℃、夜间16～22℃为宜，尤其注意冬季当温度低于13℃时，苞片转色慢易落叶。光强以35 000～40 000 lx为宜，适当增强光照，有利于苞片的增大而且鲜艳，湿度降到75%以下，否则易感病。控制水分，基质湿度相对稳定在60%左右，过湿、过干均易落叶。当苞片完全转色后，可停止施肥，上市销售。

(4)矮化整形　一品红茎生长直立，没有具开张度的枝条，植株较高，栽培中必须对其进行矮化整形处理，提高其商品性。

①摘心　一般定植20 d左右，植株进入稳定生长期，当生长出10～13片新叶时，开始第

一次摘心，统一留 8 个叶芽，以上全部摘除。上端的三片叶子的叶片需剪掉，留下叶柄长度约 1 cm，剪刀要锋利、消毒。一般摘剪 10 株，就需用 75%的医用酒精蘸洗 1 次。摘心后的植株需用 1 000 倍的甲基托布津液喷布。摘心后 3～4 d 适当遮阳，并提高温度，以促进芽的萌发，看到芽开始萌发后，缓慢降低温度至适温。肥水应正常有规律地浇施。此后可根据植株的整齐度、丰满度进行第二次摘心，二次摘心留下 2～3 个叶芽即可。通过多次摘心来降低高度，扩充冠幅。值得注意的是，最后一次摘心必须保证在花芽分化前的 3～4 周结束。

②使用植物生长抑制剂　在一品红生长旺盛期，应用生长抑制剂控制植株的高度，当摘心后腋芽长至 2～5 cm 高时，用 0.5%的比久溶液喷洒叶面，使一品红矮化。也可用 1 000 mg/L 的 50%矮壮素液叶面喷施，每 7～10 d 喷一次，最好在傍晚进行，以不形成水流为宜，花芽分化前停止使用，否则易使苞片变小。

③拉枝盘扎　在 8—9 月，新梢每生长 10～20 cm 可拉枝作弯 1 次，直到苞片现色为止。拉枝时用细绳捆好，将枝条拉至与其着生部位齐平或略低的位置。最下面 3～4 个侧枝要基本拉至同一水平上，其余侧枝均匀拉向各个方位，细弱枝分布在中央，强壮枝在周围，各枝盘曲方向一致。为防止枝条折断，通常作弯前要进行控水或于午后枝条水分较少时进行。

(5)催花处理　一品红是典型的短日照植物，为了使其在长日照条件下开花，就必须进行人工短日照处理。方法：每天用黑幕(不透光)遮盖 14～15 h，即每天下午 5—6 时起，直到第二天上午 8 时为止。白天适宜温度 20～25℃，夜间 19℃，但黑幕处理会增高夜温，所以特别要注意夜温不能超过 23℃，否则无效。在夜温高于 21℃的地区，最好能在夜晚到来后将黑幕打开，帮助散热，然后在日出前将黑幕盖上。只要确定夜长时数在 13 h 以上，就不会影响花芽分化。一般处理时间 7～10 周，当然处理时间的长短与品种感应期有关。另外要注意交通灯、工地灯、邻室灯造成的“光污染”。

(6)病虫害防治　一品红的病虫害以预防为主，一旦发病将造成无法弥补的损失。可能发生的病害有根茎腐病、灰霉病和细菌性叶斑病。

①根茎腐病

丝核菌引起的根茎腐病。

危害症状：与介质表面接触的茎部最易被侵染，尤其是茎部受伤或介质表面有盐分积累时。开始，感染部位会出现褐色但干燥的斑块，这样引起的褐色斑块会逐渐随着真菌的生长面扩大，甚至达到根部。

防治方法：及时清除受感染的植株，不要随意乱丢已感染的枝叶。用杀菌剂灌施效果较好。常用的有瑞毒霉、根菌清、爱力杀等。

腐霉菌引起的根茎腐病。

危害症状：根溃烂。病原体自下往上进入茎部。该病在基质排水不良或基质含水太多的情况下容易发生。腐霉菌引起的根茎腐病有一个特点，即引起染病植株的感病原在栽培早期即已侵入。但到成花期植株将要开花、根部发育较慢时，症状才开始明显出现，造成植株变黄、枯萎、直至死亡。

防治方法：杀菌剂灌施。常用的有瑞毒霉、普力克。

疫病菌引起的根茎腐病。

危害症状：茎部出现灰色至褐色或黑色斑块，髓孔变褐。叶片一开始出现小的褐色或黄棕色斑点，在适宜的条件下逐渐扩展，最终整片叶都成褐色或黑色，根腐和苞片腐烂也会发生。

随着病害的加重,整株萎蔫死亡。

防治方法:高温和灌溉过度易导致此病害的发生,所以在夏季栽培时应尽量降低温度,避免土壤过湿。灌施瑞毒霉等杀菌剂有助于防治此病。

②灰霉病

危害症状:被侵染的组织最初呈水渍状棕黄色至棕色的病斑。在潮湿的环境下,病斑处会形成有菌丝体和孢子组成的灰色病菌,出现黑色的菌核。幼嫩植株有时会在栽培介质表面附近染病。比较成熟的植株,茎上会出现棕黄色的环形溃疡,并导致叶片萎蔫。当侵染苞片时,红色苞片会变成紫色。

防治方法:保持空气流通,使用循环风机加强水平方向的空气流动是达到空气流通的有效方法。摆放不要过密,使空气可以穿过植株冠面流通;避免机械损伤;尽可能将夜温保持在16℃以上,及时清除病、死株。防治可喷灰霉速克、扑海因、施佳乐等杀菌剂。

对细菌性叶斑病,可用含铜杀菌剂来防治。可能发生的虫害有白粉虱和蓟马等,可用2.5%溴氧菊酯或40%氧化乐果、灭扫利或速扑杀、扑虱灵等来防治。

实例5 果树无土栽培

无土栽培在果树上的应用比较少,发展也比较慢,但目前也有一些水果适合无土栽培,果树无土栽培的特点主要有:

1.减少水分消耗

无土栽培易于控制果树对水的需求。无土栽培可以把果树种植在营养液里,根据果树所需的水量来确定种植槽或花盆中的水位高低,余液还可回收重新利用,避免了土壤栽培中水分的大量蒸发、渗透和流失,故水分的浪费损失极少,比较节水。

2.节约肥料

无土栽培可按照果树的需要定时定量地供应营养,余液还可回收重新利用,故肥水的浪费损失极少。有土栽培施用的肥料,肥料的利用率很低,磷酸盐肥料在土壤中大部分转化为难溶的形态,而不能被果树吸收利用,近地表施用的磷酸盐,第一年被果树利用率仅为20%。在大雨或大水冲淋时,肥料的损失更严重。用土壤进行果树盆栽,如果不能检测土壤中的营养成分,追加肥料时就很难掌握施用量,容易出现肥料过多或肥料过少的现象,经常浇水也会使肥料随水流失,造成浪费。

3.病虫害少

无土栽培果树有效地防止了一些土壤传播病害的发生,病虫害较少,农药的施用量和施用次数大大减少,这不仅降低了成本,而且避免了产品的农药残毒。无土栽培不使用人粪尿等有机肥料,避免了寄生虫和不良气味的污染。因此产品清洁卫生,是生产无公害果品的有效措施。

4.树体矮小

与大田栽培的果树相比,无土栽培的果树需要在较小的容器中生长,所以栽培的果树不能太大,除少数为矮生灌木或草本外,可以通过嫁接、整形修剪等方法达到缩小树体的目的。

5. 需要配置授粉品种或人工辅助授粉

大多数果树是异花授粉的，没有适当的授粉受精，不能结果或结果很少；有些品种花粉败育，无法受精。因此，无土栽培果树时，要按品种配置一定比例的授粉树，或在侧枝上嫁接适当的授粉品种，或者进行人工辅助授粉。

一、草莓

草莓，蔷薇科多年生草本植物。原产南美，中国各地及欧洲等地广为栽培。草莓营养价值高，含有多种营养物质，且有保健功效。

(一)草莓无土栽培的方法

草莓的无土栽培，就是不用天然土壤，而是用含有各种营养元素的水溶液或营养液加基质来种植草莓。

无土栽培的方法很多，草莓的无土栽培方法主要有两种：①水培，就是使草莓的根系连续或不连续地浸入营养液中的一种栽培方法。②固体基质培，采用基质的主要目的是代替土壤，固定植株，使草莓的地下及地上部能正常生长。这就要求培养基质应具有良好的物理性状，疏松通气，蓄水力强，无病虫杂草，而营养液主要是为草莓的生长发育提供所必需的各种养分。

草莓的水培方法有三种：

①营养液膜法　原理是使一层很薄的营养液层不断循环流经草莓根系，既保证不断供给草莓水分和养分，又不断供给根系新鲜氧气，避免普通水培中草莓根系长期浸入营养液中造成缺氧，影响根系呼吸，严重时造成根系死亡的弊病。

②浮板毛管法　它是在营养液较深的栽培床内放置浮板，使草莓根际环境条件相对稳定，温度变化减小，根系供氧充足，不因停电影响营养液的供给。

③气雾培　利用喷雾装置将营养液雾化，直接喷施于草莓根系表面，使根系生长在充满营养液的气雾环境里。

草莓的固体基质培是指用适合的原料制成栽培基质代替土壤进行栽种。主要方法有槽式栽培法，即将基质装入一定容积的栽培槽中以种植草莓。岩棉栽培，即将草莓种植于一定体积的岩棉块中，使其在岩棉中扎根固定，吸收水分、养分，进行生长发育，开花结果。草莓盆栽培法，即在花盆中填充基质栽培草莓，从花盆的上部供营养液，下部设排液管，排出的营养液回收于贮液器内再利用。袋培法是将基质装入特制的塑料袋中。

(二)草莓无土栽培的设施

1. 槽培设施

槽培是无土栽培系统中一次性投资较低的一种方法。其培养槽可分为永久性的水泥槽或半永久性的砖槽，或其他材料做成的栽培床(图 8-10)。砖的规格国内比较统一，其长、宽、高分别为 24 cm、12 cm 和 5 cm。栽培槽高度由三块砖垒成，为 15 cm，槽宽内径为 48 cm(两块砖横放)，外径为 72 cm。槽长依温室地形而定，一般为 5～6 m，大型温室可超过 20 m。槽的坡度为 1%，以利于排水。为了防止渗漏，并使基质与土壤隔离，在槽的基部铺 1～2 层 0.1 mm 厚的塑料薄膜，然后将基质填入槽中，按每 667 m^2 填基质约 33 m^3，使用 2 年后重新更换基质。灌溉用自来水管，每个栽培槽安装一个自来水龙头，接上滴灌带。栽培槽用砖垒上即可，不用砌，以利于根系通气。

图 8-10　草莓栽培种植槽

2. 袋培设施

袋培所用塑料袋宜选用抗紫外线、耐老化的聚乙烯薄膜，制成筒状开口栽培袋。在光照强的地区，袋表面稍呈白色，以反射阳光，防止基质升温；在光照较少的地区，袋表面以黑色为宜，有利于冬季吸热增温。筒膜袋的直径为 30～35 cm，一端密封，袋内直立放置基质。在袋的底部和两侧各开 2～3 个直径为 0.5～1 cm 的孔洞，以排除多余的营养液，防止沤根。袋内可装基质 0.01～0.015 m^3。根据袋的大小，种植 1～3 株草莓。

为了充分利用温室空间，还可采用柱状或长袋状垂直栽培。柱状基质栽培，可采用石棉水泥管或硬质塑料管，其内填充基质，四周开口，草莓定植在孔内的基质上。长袋状栽培，即用 0.15 mm 厚的聚乙烯薄膜，做成直径为 15 cm 的长袋状筒膜，筒长 1.5～2 m，上端装入基质后扎紧，悬挂于温室上部横梁的挂钩上，如香肠形状。袋的四周开直径为 2 cm 左右的定植孔，以栽植草莓秧苗，底端扎紧，以防基质落下。袋底部有排水孔。灌溉采用安装在袋顶部的滴灌系统来进行，从袋顶部向下渗透，至袋底排出。长袋的摆放密度，行距为 1.2 m，袋距为 0.8 m。营养液不循环利用。每月要用清水淋洗 1 次栽培袋。

3. 木箱种植床

木箱作种植床，木箱的深度为 15～20 cm，内铺塑料布，床的宽度不要超过 1.5 m，太宽了操作不便，长度在 10 m 以内。床底部应有排水孔，床底下部应设接水容器，以便不断地将床内排出的水收集起来，重新利用。

4. 立体栽培架

(1)"H"形栽培架　"H"形栽培架结构以角钢或镀锌镊管为骨架搭建，架高设 80～100 cm，单层架模式(图 8-11)。用塑料布或无纺布做槽，栽培床架每槽宽 30 cm，栽培床距 60～80 cm。当草莓栽培期结束需更换新的栽培基质时，只需将原栽培袋丢弃，省时、省工。增加架高也可以形成双层或三层架模式。

(2)"A"形栽培架　"A"形栽培架主体框架为钢结构，左右两侧栽培架各安装 3～4 排栽培槽，层间距 40 cm，最下层距地面 40 cm 左右，最高处 1.2～1.3 m，栽培架宽 1.5 m 左右。栽培槽一般用 PVC 材料制作，也可加焊支撑条用无纺布加防水膜制成，槽直径为 15～20 cm，槽内装栽培基质，配备供液装置，可确保养分、水分和氧气的均衡供应，实现水肥一体化管理。立架南北向放置，各排栽培架间距为 60～70 cm，单位面积草莓栽培数量和经济效益较好，可以适当推广(图 8-12)。

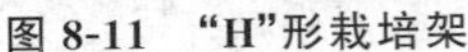

图 8-11 “H”形栽培架

图 8-12 “A”形栽培架

(3)“品”字形栽培架 “品”字形栽培架的栽培床有左右对称的 2 条和中间 1 条共 3 条栽培槽，栽培床南北走向。左右对称的栽培槽槽面高 90 cm、宽 25 cm，中间槽高度为 130 cm，呈高低两级状。基质容器采用无纺布加 1 层导水膜构制，栽培床距 60～70 cm，这样的设计使得每座“品”字形栽培架可种植 6 条。

(三)育苗

草莓的无土栽培用苗对苗龄、苗质要求都较严格，必须采用无土育苗(基质育苗或水培育苗)。草莓无土育苗的苗获取有两种方式：①从露地土培母株获取子苗，再集中栽植培育；②采用放有基质的塑料钵，待子苗抽出扎根时，人工引至钵中，扎根后剪断匍匐茎，将塑料钵苗再集中在一起。无土育苗具有加速秧苗生长、缩短苗期，利于培育壮苗和避免土传病虫害的作用。还可人为控制草莓植株体内的碳氮比，从而实现花芽分化的人为调控，这在有土育苗中是较难实现的。

无论采用有基质的无土育苗，还是无基质的水培育苗，常要在 7 月上旬至中旬从健壮的母株上采集有 2～3 片营养叶的子苗，洗净根部的泥土，栽植于有基质的育苗钵内或移栽到水培育苗床上，进行培育，采集子苗的时间不宜太迟，过迟后因日照太强，不易成活。为了促进花芽分化，于 8 月中旬至下旬降低氮素肥料的施用量。具体做法是：从 8 月下旬将浇灌的营养液改用清水。另外，花芽分化的早晚与根际周围的温度关系很大。在中断氮肥施用的同时，给根圈浇灌地下水，造成根圈冷却状态，可以促进花芽分化。育苗期间的主要管理项目，就是要不断地打去植株上的老叶和新发生的匍匐茎，减少无价值的营养消耗，促进子苗的根茎粗壮生长。

(四)栽培基质选择

采用基质无土栽培时，对基质选择与配制需根据栽培方式来考虑适用性和成本问题。对基质总的要求是容重轻、孔隙度较大，以便增加水分和空气含量。基质的相对密度一般为 0.3～0.7 g/cm^3，总孔隙度在 60%左右，化学稳定性好，酸碱度接近中性，不含有毒物质。有些基质可单独使用，但一般以 2～3 种混合为宜。目前，我国无土栽培生产上应用效果较好的基质配比有 1∶1 的草炭、蛭石(锯末)，1∶1∶1 的草炭、蛭石、锯末(珍珠岩)，6∶4 的炉渣、草炭等。草炭仍然是目前最好的基质，在混合基质中一般占 35%～50%。基质混合时，如果用量小，可在水泥地面上用铁铲搅拌均匀，量大时用混凝土搅拌机混合。干燥的草炭不易渗水，每立方米草炭可用 40 L 水加 50 g 次氯酸钠，以利于快速湿润。种植草莓可用草莓专用基质，或草炭：

蛭石：珍珠岩为 2：1：1 配制的混合基质或处理过的椰糠。

基质中加入固体肥料的配方为：1 m^3 基质＋3 kg 生石灰＋1 kg 过磷酸钙＋1.5 kg 三元复合肥(1：1：1)＋10 kg 消毒干鸡粪＋0.5 kg 微量元素。

基质在使用前及栽培一茬作物后，都应进行消毒。药剂消毒可用福尔马林原液稀释 50 倍，向基质喷洒均匀后，在基质上覆盖薄膜，堆闷 24 h 后揭膜，风干后 2 周，即可使用。采用药剂进行消毒，成本低，但安全性差，并易污染环境。有条件的地方，可采用蒸汽消毒，即将基质放入消毒箱内消毒。若质量大，可堆成 20 cm 高的小堆，其上用防水、防高温的布盖住，输入蒸汽，保持在 80～90℃温度下消毒 1 h。此法效果好，使用安全，但成本较高。也可采用太阳能消毒。这是利用高温季节，在温室或大棚中，把基质堆成 20～25 cm 高的小堆，用水喷湿基质，使其含水量超过 80%。然后用塑料薄膜覆盖好，并密闭温室或大棚，暴晒 2 周，消毒效果良好。

(五)栽培槽栽培技术

1. 栽培品种

进行草莓无土栽培，是为了在冬春季供应市场或进行周年生产，主要采用促成栽培。因此，应选择休眠浅、果实较大、果形正、味美和抗逆性强的高产优质品种。还应考虑早、中、晚熟品种搭配，以延长果实供应期。冬春季栽培的品种，还应具有在低温短日照条件下，着果能力较强，花粉多，成熟快，着色好，并耐低温的特性。故适宜无土栽培的草莓品种有红颜、春香、丰香、章姬、鬼怒甘和美香莎等。

2. 定植

(1)定植准备　草莓定植前 2～3 d 在育苗圃喷 1 次杀虫剂防治螨虫、蚜虫等害虫，以减少移栽后温室中的虫口密度，能更好地控制虫害的发生。喷药后浇 1 次透水，有利于起苗时减少根系的损伤。起苗时按照秧苗大小进行分级，分棚定植。

在栽培槽中的铺设准备好的基质，厚度为 15 cm，然后每个栽培槽内铺设塑料滴管 1 根，并通过支管、干管与施肥罐和控水阀门连接。定植前将栽培基质淋透水，保持草莓定植时栽培基质湿润。

(2)定植时间　无土栽培草莓定植时间是根据顶芽花芽分化程度来确定的，一般育苗圃 50%植株通过花芽分化即为定植适期。在 9 月中旬定植最为适宜，翌年 1 月成熟上市，不仅实现了反季节销售，而且时逢元旦、春节等传统节日，市场需求旺，产品售价高。

(3)定植方法　选择阴天或傍晚定植，定植时要求选择无明显病虫害、具有 5～6 片舒展叶、叶片浓绿肥厚、根系发达的健壮秧苗，摘除老叶、病叶、匍匐茎，每苗只留 3～4 片新叶，同时剪去部分根系，以减少水分蒸发、促进新根生长发育。

栽植时同一行植株的花序朝同一方向，使草莓苗弓背朝花序预定方向生长，一般朝外。这样，草莓果实会从栽培槽边垂下来，利于采摘。每个栽培槽定植 2 行，行距 30～35 cm，株距 8～10 cm，亩定植 1.5 万～1.8 万株。

草莓定植深度是秧苗成活的关键，不能过深也不能过浅，做到“深不埋心，浅不露根”的基本要求。适宜的定植深度为苗心的茎部(外叶托叶梢部分)与栽培面相平或略高，不能埋入基质中，确保秧苗的成活率。

3. 定植后管理

草莓定植后及时浇水稳根，有利于缓苗。若遇强日照天气，应加盖银灰色遮阳网遮阴。

(1)温度管理　草莓生长发育的适宜温度为18～25℃。其中，萌芽期阶段适宜生长温度为12～28℃，白天维持在26～28℃，夜间12～15℃；开花期阶段适宜生长温度为10～25℃，白天22～25℃，夜间12℃左右；结果期阶段适宜生长温度为8～25℃，白天20～24℃，夜间8～10℃。初期外界气温高，暂时可以不盖膜，当夜温降到8℃左右时开始盖膜保温，最好在霜冻来临之前。若白天温度高达30℃，需要放风降温，以后根据温度下降情况覆盖草帘。

(2)肥水管理　采用滴管系统膜下灌溉技术，移栽后立即浇水，一周后再浇第二水，以后根据基质墒情及时补充水分，水要浇足浇透。

在施足基肥的基础上，扣棚前可每667 m^2 施一次三元复合肥(N：P：K为15：15：15) 50 kg、菌肥15 kg、钾肥5 kg；顶花序果开始膨大和采收前，分别施钾肥10 kg，并配合混施或喷施微量元素。

如施用营养液，刚定植后而用的营养液浓度不宜太高，最好先灌2～3 d清水后再改换为营养液。营养液的配置要求各种营养元素的含量是：氮100 mg/kg、磷5～20 mg/kg、钾100 mg/kg、钙100 mg/kg、镁20～30 mg/kg、硫30～40 mg/kg。营养液的pH应为6.0左右。在草莓开花前，营养液浓度要低些，这样可抑制畸形果的发生。开花后，需肥量增加，应加大营养液浓度。

(3)授粉　冬季，常常因为温度低、日照时间短、湿度大等原因，草莓授粉不良，容易造成草莓畸形果，从而大大地影响草莓的产量以及品质。因此，需要对草莓进行授粉管理，授粉方式主要有人工授粉和蜜蜂授粉两种方式。

草莓人工授粉最佳时间在每天上午10点至下午3点。选择刚开的花朵，花粉活力最强，授精成功率也高。用干净的、柔软的海绵、棉签或毛笔涂抹花蕊，先在花瓣的内侧花蕊的外侧扫一遍(雄蕊)，再在花中间凸起的部分(雌蕊)扫一遍，尽量保证每个区域都扫到，且涂抹均匀(图8-13)。用这样的方法，可以使草莓落花快，营养消耗少，养分集中，果实发育快，果实大，畸形果少。相比于蜜蜂来说，传粉效果更好。

开花前一周，选取温度较低的清晨或者傍晚，将蜜蜂引入温室。蜜蜂蜂房的设置要离地面0.5～0.8 m的高度，巢门朝南。蜂箱放置后，不允许随意移动蜂箱口的方向和蜂群的位置，以避免蜂群迷路。蜜蜂离开巢的最佳温度为15～25℃，草莓花药开裂的最佳温度为13～20℃。日常管理应该避免长期低于10℃的低温和高于28℃的高温，以防止蜜蜂不从巢中出来。

(4)植株管理　当草莓处于生长期阶段时，需要及时地将衰老、变黄的叶片摘除，保留8～10片功能叶。以减少草莓的养分消耗，改善植株间的通风透光情况和减少病害。在现蕾和坐果期要及时疏花疏果，提高草莓的坐果率和果品品质。开花期及时摘除侧枝，每个植株留1～2个侧芽，每个花序留7～8个花蕾，摘除尖端弱蕾及授粉不良的花蕾。坐果后及时疏果，疏掉病果和畸形果，每个花序保留5～8个果实。

(5)病虫害防治　在草莓生长的整个过程中，都应该注重病虫害的预防工作。适当地喷洒残留量较小的农药进行护养，但开花期不可进行农药的喷洒，否则会严重影响果实的产量与质量。

①草莓白粉病　草莓白粉病不仅会危害到叶片，也会对叶柄、果实造成影响。前期被侵染的叶背将产生白色小粉斑，后期白粉将覆盖整片叶子，叶片最后会变得萎缩枯黄，果实在受害

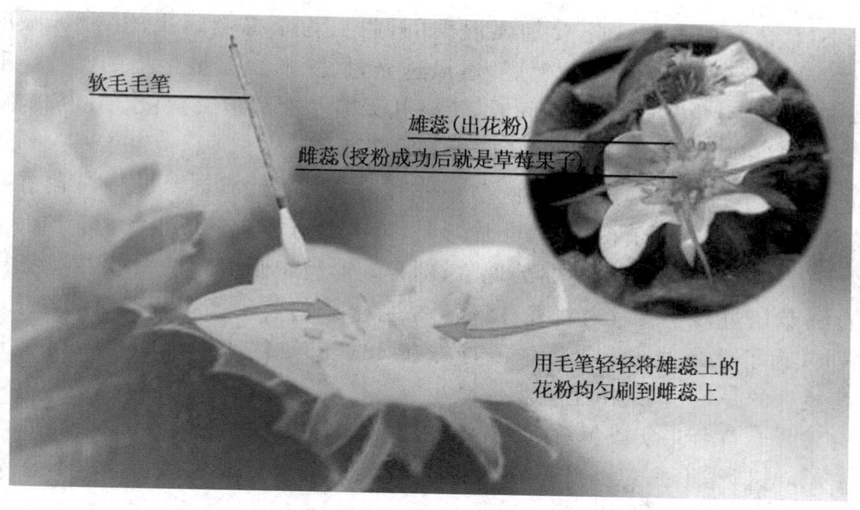

图 8-13　草莓人工授粉

早期,没有色泽,甚至无法正常发育,并且病部会逐渐硬化。

防治方法:要注意保持棚内干净,通风透光。及时处理病叶,培养强壮无病的幼苗,合理栽种,加强管理。在天气昏暗的时候,清理病叶后可熏速克灵烟剂。割叶以后,适量的喷一些50%退菌特800倍液可以有效地控制白粉病,或50%多硫悬浮剂500～600倍液。尽量使用高效低毒绿色农药,不能盲目混用农药,药量要合适,且注意循环使用。

②草莓青枯病　草莓发病时会呈现出茎叶枯萎,根状茎导管变为褐色的现象,根中心没有异常,但病株根部会变成褐色,并且腐烂掉。

防治方法:控制好地面的湿度、温度,加强日常管理,进行基质消毒,及时处理遇到的问题。隔7 d喷1次30%绿得宝悬浮液400倍液,连续2次,可以降低发病率。

③草莓灰霉病　灰霉病是草莓的病害之一,其主要危害草莓的叶片、果实及花。果实感染病菌后,幼果会先受到侵害,渐渐整个花序死亡。果实受到侵害时,果面会产生水浸状淡褐色暗斑,逐渐变成暗褐色,果实逐渐腐败,失去味道。

防治方法:首先合理喷施药剂,可用50%扑海因500～700倍液,或25%瑞毒素1 500～2 000倍液,或50%的代森锌500倍液,每隔8 d喷1次,连喷3次。为了防病菌产生抗药性,各种药剂要交替使用。其次要注意合理密植,清理病叶,消毒灭菌,以控制果实的发病率。

④草莓红蜘蛛　红蜘蛛非常小,繁殖能力强,生命力顽强,防治难度大,严重影响草莓的产量。红蜘蛛经常在叶子的背面吸汁液,叶片会逐渐覆盖上黄色花纹,甚至枯黄衰老死掉。当叶背变成铁锈色的时候,植株生长受到极大的抑制。

防治方法:病叶必须迅速清理掉。出现花序时,适量的喷洒克螨特2 500倍液。在采摘果实以前,喷洒2次20%的增效杀灭菊酯5 000～8 000倍液,每隔4～5 d喷1次,采收果实后清扫果园,杀毒灭菌。

⑤草莓蚜虫　草莓蚜虫生存能力极强,体长2 mm左右,长相奇特,为黑色或淡绿色。蚜虫经常在幼叶的叶片上吸食叶汁,致使叶片变形、弯曲,造成果实生育迟缓,全株生长不良,同时其产出的物质使得果实受到严重污染,甚至传播一些病毒,严重影响草莓的生长速度、产量和质量。

防治方法：草莓在栽种时一定要加强温度的调控，为了抑制蚜虫的繁殖，温度要控制在25℃。同时控制草莓的数量，少施用氮肥，通风透光，摘除蚜虫大量聚集的叶片。利用七星瓢虫等天敌也可控制蚜虫数量。开花期间时，每隔几天喷一次敌敌畏溶液1 000倍液，不能过于频繁，喷药要认真仔细，喷药后12～14 d后再采收果实。

⑥草莓线虫　草莓线虫病害分两种：第一种是草莓茎线虫病。线虫会依附在皮层或薄壁组织上。这种线虫病会造成植株矮小，叶片弯曲，果实上可能会形成虫瘿。第二种是草莓根结线虫病。受害的植株会呈现根系薄弱的现象，剖开畸形组织则可看见大量白色线虫。

防治方法：栽培过程中要及时将残株、病叶去除。通过将细菌引入草莓病株中，杀灭线虫。草莓在种植前，为了杀死线虫，要将休眠母株在46～55℃热水中浸泡10 min。通过加强管理，提高草莓植株的免疫力，线虫也会大大减少。

(6)适时采收　草莓果实以鲜食为主，要在果实八九成熟时采收。采摘应在8:00—10:00或16:00—18:00进行，不摘露水果和晒热果，以免腐烂变质。要轻摘、轻放，不要损伤花萼，并分级包装销售。

(六)架式无土栽培技术

1.选择设备

无土栽培设备组成包括立体栽培架（“A”形、“品”字形、“人”字形、“H”形）、PVC栽培槽、基质、水肥一体化系统。栽培大棚以东西方向延长，栽培架以南北方向摆放，便于草莓受光面大，着色均匀。

2.水肥一体化系统

水肥一体化系统由四个部分组成。第一部分是地下式营养液储水设备，该部分主要由储水池和施肥罐构成。第二部分是动力增压系统，通过水泵加压，在供水系统的首部安装压力表，通过出水阀调节压力大小。第三部分是供水回水系统，供水由直径20 mm的管道构成，每层按照“工”字形安装，在栽培槽的末端用直径32 mm管道安装成“出”字形，将多余水肥通过回水系统过滤后流回储水池循环利用。第四部分是滴灌系统，每个栽培槽铺设一根滴灌或渗灌管。

3.营养液

可以直接购买草莓无土栽培专用营养液，也可以自己配置营养液母液。A母液为钙肥，由硝酸钙单独配成。B母液由其他大量元素溶解配成。氮肥的使用以硝态氮为主。此外，还有磷、钾、镁、硫等。C母液即微量元素母液。铁在pH过高时易变成不可溶解的沉淀物，为防止铁沉淀，可用EDTA二钠盐与硫酸亚铁按1∶2.2混合配制成螯合铁，其他微量元素（硼、锰、锌、铜、钼）分别融化后混在一起。具体的浓度要根据当地的水质条件进行调节。需要注意的是，营养液需要用氢氧化钠或者盐酸来调节，使其pH控制在6左右。

4.选择品种

选择耐低温、休眠浅、成熟早、果个大、产量高、抗病、抗逆性强、商品性好的品种。综合考虑本地生产环境、市场需求，选择红颜、章姬、丰香等表现突出的品种。

5.定植

辽宁地区草莓定植适宜时期为9月下旬，次年1月初开始采摘上市。定植前选择生长健壮、根系发达、叶色深绿、无病虫害、具有4～5片叶的优质苗。定植时间最好选择阴天或傍晚，尽量避开中午高温强光时段，减少草莓萎蔫失水，有利缓苗，并用遮阳网覆盖温室。定植前基质要要充分湿润，草莓苗用生根粉蘸根。栽苗时，用小铲挖穴，将草莓苗根舒展开，弓背向外放入穴中，回填压实基质，固定苗位，做到“深不埋心，浅不露根”，及时浇水稳苗。每个栽培槽定植两行，行距 20 cm，株距 10 cm。缓苗后 3～5 d，逐渐增加对草莓秧苗的光照强度。

6.定植后管理

(1)温度管理　草莓生长适温一般为 15～25℃，白天棚室温度不高于 30℃，冬季夜间棚室温度控制在 5～8℃为宜。现蕾前，白天 20～30℃，夜间 8～10℃。温度高于 30℃时，放风降温。现蕾期，白天 25～28℃，夜间 8～12℃。开花期，白天 22～25℃，夜间 8～12℃。果实膨大期和成熟期，白天 25℃，夜间 8～12℃。

(2)湿度管理　为了防止草莓发生病害，温室内的湿度不宜过大，空气相对应控制到 40%～50%，过高或过低都不利于草莓花粉的萌发。基质湿度 70%为宜，过大或过小会影响根系的活力和果实正常的生长发育。

(3)光照管理　草莓属于喜光植物，11 月中旬至次年 1 月采用红色的植物补光灯进行间歇性补光，以提高光合效率，促进草莓的生长发育。5—6 月光照强，应采取遮光降温措施以防灼伤草莓。

(4)铺设地膜　缓苗后，在栽培槽上铺设黑地膜。覆膜时将地膜覆在槽面植株上，按苗的位置将地膜撕开小孔，掏出全部叶片，使地膜紧贴基质，并将地膜固定在栽培槽。

(5)肥水管理　草莓营养生长阶段可以适当喷水加湿，生殖生长阶段不用喷水。连续晴天的情况下，一般 4～5 d 浇 1 次水，连续阴天的情况下时间要长一些，手捏基质不成团，不出水即可浇灌。

秧苗在不同生长时期对营养液浓度要求不同。刚定植的草莓苗要浇灌清水，7～10 d 草莓秧苗长出新根后，用原液配方的 1/3 浓度进行浇灌。15～20 d 后，用原液配方 1/2 浓度浇灌，30 d 后用原液配方浓度浇灌。开花结果期可适当增加磷、钾、硼肥。

草莓全生育期一般每 7～10 d 喷 1 次叶面肥，前期喷尿素，开花后喷磷酸二氢钾，浓度为 0.2%～0.5%。

(6)植株管理　在草莓整个生育期间，要及时摘除老叶、病叶，使植株受光均匀。在第一朵小花开放前，除掉部分花，每个花序留 10～12 朵花。

在第一批花蕾形成时，在棚室内放养蜜蜂或专用授粉熊蜂。一般 1 株草莓有 1 只蜜蜂为宜，每 667 m^2 蜜蜂 1 箱。

植株现蕾时，可喷施浓度为 5～8 mg/L 的赤霉素 1～2 次。以促进花序抽生，防止植株矮化。

(7)病虫害防治　主要病害有白粉病、灰霉病、炭疽病、叶斑病、根腐病等；主要虫害有红蜘蛛、蚜虫、蓟马等。遵循预防为主，综合防治的原则，优先选用农业防治、物理防治、生物防治等绿色防控措施，必要时使用生物农药。

①农业防治　选用抗病虫品种，培育壮苗、平衡施肥，提高植株抗性。合理安排密度，加强通风透光，做好环境调控。及时摘除病叶、老叶，并集中处理。

②物理防治　在通风口安排防虫网，在温室内悬挂黄板，能有效地减少虫害。

③生态防治　在温室内释放人工养殖的捕食螨、瓢虫等天敌昆虫来捕食红蜘蛛、蚜虫等害虫。

④药剂防治　一旦发现病株，及时去除病，喷多菌灵 600～1 000 倍液或甲基托布津等。

蓟马、蚜虫可选用60 g/L乙基多杀菌素悬浮剂1 500～2 000倍液，1%印楝素水剂800倍液，0.3%苦参碱水剂800～1 000倍液防治。红蜘蛛选用0.5%藜芦碱水剂500倍液，0.3%苦参碱水剂200倍液防治。

7.收获

草莓各花序的果实成熟期有差异，一般果面转红3/4时，果实尚保持一定硬度，可便于储运，应及时采收，每天采收一次。草莓采收时果柄不能太长，要轻摘轻放，据果实大小形状进行分级，装入包装盒内，以防果实破损，影响商品性。

(七)家庭水培草莓栽培技术

1.容器

水培草莓可选用水培槽、木槽(内铺设塑料薄膜)、陶瓷、塑料或玻璃器皿。瓶体不要透光，以防瓶内长时间透光长出青苔。容器的盛水量以1 L为佳。在容器上覆盖一个大小适宜的，0.5～0.6 cm厚的塑料片儿或硬纸胶片或泡沫板，在中央打一个定植孔，两侧各打几个通气小孔，用于栽培固定幼苗。定植时，根系应尽量理顺，让根的大部分都能浸泡在水中。

2.营养液

可以到市场上直接买配好的草莓营养液，也可以自行配制。营养液的配方浓度如下：硝酸钙236 mg/L，硝酸钾303 mg/L，盐酸氨57 mg/L，硫酸镁123 mg/L。螯合铁16 mg/L，硼酸1.2 mg/L，氯化锰0.72 mg/L。配置好的营养液要用黑色或棕色物避光保存，最好置于冰箱内冷藏。在使用时先稀释。开花前，营养液∶水=1∶9；开花后，用配制好的营养液，营养液∶水=1.7∶8.3，同时控制pH在5.5～6.5。pH过高，即偏碱性时，应加入适量磷酸进行中和，pH过低，即偏酸性时，可加入氢氧化钠调节。

3.日常管理

草莓的生长适温为15～25℃，根系生长的最适温度8～12℃。定植15～20 d后，每周向容器中补充营养液。幼苗期，一周浇一次营养液。冬季每半个月或一个月浇一次，每次补液50～100 mL，保持药液的浓度和适宜的水温。

当草莓长出5～6片新叶时，要及时摘除枯叶、老叶，以利于植株后期生长。同时，为了更好地使草莓吸收养分，分期摘除匍匐茎、疏花疏果，每株留果6～12个，并进行人工授粉，保证果实的大小整齐，提高坐果率。

草莓水培容易出现以下几个问题：①根系生长不良，多是营养液浓度过高所致。②出现异常花，多是钙肥缺乏的原因。③草莓的叶缘变褐色萎缩，多是因为营养液中钠的浓度过高，对钾的吸收产生拮抗作用，进而导致植株因为缺钾而产生病变。④草莓在生长期需氮肥较多，花果期需磷肥较多，可以相应调节营养液的配方。但各种营养元素的添加其总浓度不能超过3‰，否则易产生肥害。也可以在不调节营养液的情况下喷洒合适的叶面肥。

二、盆栽葡萄

葡萄为葡萄科葡萄属木质藤本植物，小枝圆柱形，有纵棱纹，无毛或被稀疏柔毛，叶卵圆形，圆锥花序密集或疏散，基部分枝发达，果实球形或椭圆形。葡萄是世界最古老的果树树种之一，原产亚洲西部，世界各地均有栽培。但世界各地的葡萄约95%分布在北半球。

(一)容器选择

种植容器根据葡萄苗龄确定。1～2年幼苗宜用盆径20～25 cm的中型花盆，3年以上大苗要用盆径35～40 cm的大型花盆。体积较大，质地坚硬的塑料桶、木桶、包装箱也可使用，使用前在底部多打一些排水孔。花盆选好后，最好用1%的漂白粉水浸泡5 min，取出晾干后备用。

(二)基质选择

葡萄是多年生果树，树体生长建造复杂，根系庞大。无土栽培基质配方必须是以有机基质为主的混合基质。

以草炭、有机肥和植物秸秆各占1/3，另外再加入5%的河沙和5%的蛭石。草炭、有机肥、河沙混合在下，植物秸秆、蛭石铺在上面，浇大水对基质淋洗后定植葡萄苗。或者草炭6.5份、粗砂(或炉渣)2份、膨化鸡粪1份、骨粉0.5份。基质配制拌匀后，用0.1%的福尔马林溶液均匀喷洒其上(每立方盆土用药50 mL)。然后用塑料薄膜密封，熏蒸一昼夜后，揭去薄膜，晾晒3～4 d后，即可装盆使用。

(三)选苗定植

可供盆栽用的葡萄品种有很多，包括巨峰、玫瑰香、京亚、京超、伊豆锦、京玉等，但应尽量以长势弱的品种为主，选择根系发达，枝蔓健壮，芽眼饱满，无病虫害的一年生休眠苗。栽苗时，先将盆底的排水孔用瓦片垫好，再装入半盆基质。然后将葡萄苗放在上面，根系摆开，根干直立居中埋土，埋土到盆的2/3时，用手轻轻提苗，然后继续埋土到距盆沿3 cm左右时，把土整平，并浇定根水。

(四)浇水

盆栽葡萄对水的需求比较大，不同季节是不一样。春季气温较低，浇水后土壤降温幅度大，蒸腾量又小，浇水间隔要长。夏天气温高，植株生长旺盛，枝繁叶茂，植株蒸腾量大，需水量大，浇水次数要增加，必要时每日浇一次水。秋季要适当控水，以利于果穗成熟，进入休眠期前浇一次透水，之后不用浇水。浇水尽量早晚进行，避开烈日暴晒，浇水要求浇透水，不然表面湿湿的，根系部位是干旱的状态。盆土要保持一定湿度，但不能过湿，否则会影响植株的正常生长。也可以用喷壶给叶面喷水，减少叶面灰尘。如果栽苗是在秋季之前开始，必须要给足水分，秋季适当的控水，避免造成水分和养分浪费。

(五)施肥

盆栽葡萄施肥应以“稀施勤施”为原则。定植当年萌芽以后每隔15 d施饼肥水(菜籽饼、豆饼等腐熟后加水稀释10～15倍)1次；展叶以后开始根外追肥，每隔20 d喷1次尿素和磷酸二氢钾的混合溶液，总浓度不超过5 g/kg，早期浓度应小一些。定植当年施肥在9月底结束。已结果的盆栽葡萄，萌芽前追2次饼肥水与尿素溶液的混合液，萌芽到坐果期每隔10 d追1次饼肥水，坐果至落叶期用饼肥水和复合肥间隔追施，平均每5 d追肥1次，各追10次左右。同时，还需要进行根外追肥，花期喷施浓度0.5 g/kg的硼砂液1次，在展叶期、开花期、果实膨大期和采果期叶面分别喷施0.1%～0.3%的尿素和0.3%的磷酸二氢钾的混合溶液2次，着色期喷施磷酸二氢钾溶液2次。也可以选择使用速效化肥，春季氮肥促进枝叶生长及花穗分化，追施尿素3次，每次50 g/株；生长后期用磷、钾肥或复合肥，促果实成熟，追施三元复合肥2次，每次100 g/株。微量元素的补充采用叶面喷施的方法，全年喷2～3次。

(六)树形修剪

1. 独杆形

在花盆的中间立一根竹竿或者 8 号铁丝,长度为 1.5 m,选择 1 条当年生的葡萄主蔓绑在竹竿上,当主蔓生长到 1 m 左右摘心,以后发出的副梢,除顶端一个任其生长外,其余均留 1～2 片叶反复摘心。这样可以促使主蔓加粗生长,花芽分化,当主蔓延长梢到达竹竿顶端之后摘心。

修剪在冬季进行,将新梢上的副梢全部剪掉,主蔓直接剪到成熟的位置,100 cm 左右;每个结果枝在冬剪的时候,基部要留 2～3 个短芽,让其形成结果母枝;第二年主蔓上只留 3～4 个健壮并且带有花序的新梢,新梢在开花前要进行摘心,每年进行这样的修剪,就可以形成圆锥形(图 8-14)。

2. 扇面形

沿盆直径插 2～4 根支柱,直线排列,两边向外倾斜,每 20 cm 左右绑一道横杆,整个支架形似田间的单壁篱架。定植当年留 3～4 个主蔓,每个主蔓留 2～4 个结果母枝,每结果母枝留 1～2 个新梢,将主蔓和新梢按位置顺序沿架面绑缚成扇面形(图 8-15)。

图 8-14 独杆形修剪

图 8-15 扇面形修剪

(七)更新基质

盆栽葡萄在盆中生长 2～3 年后就要更新基质,修剪根系。更换基质宜在早春萌芽前进行。一人将盆倒转,另一人双手托住根坨,两人同时上下晃动,即可将植株取出。植株取出后,剔除根团上 2/3 左右的旧基质,剪除部分老根、过长的须根、枯死根及过密的根。按上盆要求把植株用新基质栽植在消过毒的原盆或新盆内。换盆后要加强管理,保持盆土湿润和较高的温度,促进根系尽快恢复生长。

(八)病虫害防治

防治病虫害首先是在种植时选用不带病虫的苗木,然后在生长期加强对病虫的观察,采取综合的防治措施,把病虫危害减少到最小限度。严格苗木检疫与基质消毒;创造有利的生态环境；合理施肥浇水；以农业综合防治为主，化学防治为辅。

改善植物的生态环境，清除残枝烂叶，减少侵染源，加强肥水管理，合理修剪等措施，来增强树体健康，提高植株的抗病能力。勤检查，发现病虫及时摘除病叶、病穗、病果和捕捉害虫，以制止蔓延。

1. 白粉病

从6月上中旬到11月不断发生，主要为害叶片、新梢、果实、卷须等所有绿色部分，被害器官的表面均覆盖一层白粉，被害幼果易枯萎脱落，硬核期感染的，浆果停止生长、硬化、易裂果。

防治方法：生长期喷700～800倍50%退菌特；或者用普通洗涤碱（粗碳酸钠）配成0.4%～0.5%溶液，加0.1%洗衣粉喷洒，有良好的防治效果。

2. 霜霉病

5月下旬至10月连续发生，主要为害叶片，也为害花蕾及幼果。叶背面生成一层白色霉状物，日晒后渐变枯脆，最后落叶。

防治方法：以波尔多液防治此病最为有效。自展叶期开始喷洒波尔多液，每隔半月1次，开花前喷2～3次，浓度以300倍为宜。谢花后至采果后再喷3～4次，以200倍为宜。喷洒波尔多液不但能防病，而且因为其中铜离子能促进叶绿素的形成，故喷波尔多液能使叶片浓绿、增厚、增加光合产物。也可喷洒500倍的65%代森锌，或300倍的40%乙磷铝防治，效果也很好。

3. 炭疽病

浆果着色期至成熟期发生，传播迅速，严重时颗粒无收，主要为害果梗及果实，叶片、新梢、卷须也均能感染。病果最初呈现稀疏的针头状黑色密集小病斑，后来全果或部分果面呈轮纹状圆形斑，密生绯红色黏液，逐渐软腐，浆果最后干缩。果梗感染时，因输导组织受破坏，果实易于脱落。

防治方法：氮肥多施，湿度高，通风透气差的场合易发病。因此盆栽葡萄要置于通风干燥处。控制氮肥施用，多施磷、钾肥。着色期至成熟期不让盆土过湿。发现病果及时剪去，减少病菌扩散侵染。

4. 红蜘蛛

4月中下旬葡萄展叶时开始发生，直至落叶期频繁为害。为害叶柄、叶片、卷须、穗梗、果实等新梢上的所有器官。新梢基部受害时，表面呈褐色颗粒状隆起，如癞皮状，受害的叶片逐渐失绿变黄，焦枯脱落；果穗梗被害时呈褐色，脆嫩易于折断；果粒受害时，呈浅褐色锈斑，以果肩为多，以后硬化纵裂。

防治方法：冬季修剪时，将残枝落叶集中烧毁，并剥除老蔓上的树皮。生长期以40%乐果2 000倍与40%三氯杀螨醇1 000～1 500倍混喷2～3次。可用大蒜浸液防治，取0.5 kg大蒜捣碎，加入3 kg水浸泡，纱布过滤后加7 L清水喷雾，间隔3～5 d再喷1次，即可完全消灭。

5. 透翅蛾

5月下旬至翌年3月为害。幼虫为害新梢顶端、幼嫩叶柄、卷须、花穗梗及枝蔓。受害器官呈萎垂状，老蔓受害易折断；新梢被害处膨大，有虫粪排出孔外。

防治方法：开花前发现新梢顶端或叶柄、卷须、花穗梗等萎垂，及时摘除。7月份如果发现新梢有膨大或虫粪排出处，可寻到蛀孔，以500倍敌敌畏药液注射，除杀枝蔓中的幼虫。

6. 日灼病

日灼病又称日烧病，是一种非传染性的生理病害，以叶片和幼果受害最普遍。仅限于硬核期发病，以后的浆果着色期和成熟期不再发生。叶片受害时，叶尖、叶缘或叶脉间呈现轮纹状褐色大斑块，易破碎。幼果受日光直射的部分，出现黄豆粒大的浅褐色凹陷斑，如受手指压陷的一样，以后全果逐渐变黑干缩，以穗肩的幼果受害最多。

防治方法：把盆垫高，改善排水，控制氮肥施用过多，免使叶片过大而加重日灼。为避免日光直射，果穗上下留足够叶片遮蔽；或者在硬核期前，将果穗套纸袋。

三、无花果

无花果是一种隐花植物，隶属于桑科榕属，主要生长于一些热带和温带的地方，属亚热带落叶小乔木。无花果树枝繁叶茂，树态优雅，具有较好的观赏价值，是园林及庭院绿化观赏的优良树种。它当年栽植当年结果，是最好的盆栽果树之一。

（一）设施无花果基质栽培技术

1. 选种

选择自然休眠期短，花芽形成快，商品性好，品质佳，能较快地适应温室气候特点、设施栽培表现较好的品种。可以选择波姬红，这个品种的结果期会在每年的秋天，树势相对要壮实一些，但是产量很高，果实口感较好。此外还有国外引进青皮、布兰瑞克等适合设施栽培。

2. 容器和基质

栽培容器选择拥有较好通风透气效果的瓦盆、木质的箱子或栽培槽等。近年来栽培槽比较受欢迎，宽度在 40 cm 以上。基质要求腐殖质含量较高，疏松且透气性好。可根据当地的情况就地选材，选用无病虫害、无污染、来源广泛、成本低的材料。可以用草炭∶腐熟牛粪∶蛭石∶骨粉＝3∶2∶1∶0.5 的比例配制无花果栽培基质，也可以使用花生的外壳或豆饼在充分发酵和腐熟后使用。使用前要用杀菌剂或直接在太阳下晾晒消毒。

3. 栽苗

定植适期在华北应在清明节前后，东北宜在谷雨前后，南方可在秋季落叶后移栽定植，但应避开开花结果期。选取生长旺盛，外形健壮且饱满无病害的植株来进行移栽。

定植前上部枝干留 15 cm，剪下过长根须，使根齐整，用生根液浸泡 4 h 消毒。在栽植槽中依次挖穴，口径 30 cm，深度为 35 cm，穴距 1 m，相邻两行错开挖穴。放苗时使根系舒展，基质回填时轻轻上提，栽植深度以苗木根颈部位距地平线 5 cm 左右为宜。用手轻轻压实基质，浇透定根水。铺少许细沙，防止水分蒸发。

4. 肥水管理

浇水要适当，水分供应要均衡。基质太干或存水太多，无花果树都会出现不结果的情况。定植 15～50 d 后开始浇水，之后根据无花果的长势和基质墒情进行浇水，一般 7～10 d 1 次，在新稍生长期、快速生长期和果实膨大期，水分的供应要多一些，落叶后浇灌一次越冬水。

无花果需在开春时、开花结果时以及果实采收后进行施肥，同时浇水以提高养分的吸收效率。多施有机肥，实行氮、磷、钾配方施肥，无花果需钙多，也要注意增施钙肥。早春促进新稍生长，以氮肥为主，结合浇水，每 15 d 追施 1 次，每株施尿素 0.1 kg。夏季追施磷、钙、钾肥，促进花芽分化。果实成熟期，每株施磷酸二氢钾、磷酸二氢钙 0.1 kg，促进根系生长，养分积累。秋末落叶后至初冬间，施腐熟的有机肥，混合少量复合肥。成龄树每株施尿素 0.2 kg、磷酸二氢钾 0.3 kg、有机肥 20 kg。切记肥料不能直接碰到植株的根部，以防烧根。

5.修剪

无花果种植后一年以内任其生长发展。一年后开始塑形修剪，以达到观赏和结果的目的。

冬春季初修剪时，整株要进行短截，根据定干高度截短。短截可以促进主枝分枝，长出新芽，分出新株，又能防止植株太高被风吹倒。同时，把一些已经干枯的树枝、叶子剪除，把瘦弱的、过密的、用不上的侧枝去掉。如果有大枝需要去除，可用锯锯掉，并处理好伤口。可使用愈伤防腐膜涂擦伤口，保护伤口愈合组织生长，预防腐烂病毒侵染，防冻以及伤口干裂。

经过修剪之后，植株有时会出现主杆瘦弱，先端芽量大，形成外强中弱的局面。此时就需要及时回缩，通过修剪外围的枝条和顶端的新枝，使阳光照射植株中部，养分集中供应主干枝，这样有利于主干枝的强大，也可以促进开花结果。

夏季对无花果进行摘心。主要是促进枝条二次分枝，长出新的枝条，可起到壮大树冠的作用，填补整株部分地方的空缺，也有利于催熟果实。

无花果儿在生长季还要进行抹芽，去掉位置不合适的新芽，使营养集中供应其他保留的芽枝。抹芽要趁早，否则会造成养分的流失。

6.病虫害防治

(1)炭疽病　为害叶片和幼果。叶片、叶柄发病产生直径 2～6 mm 近圆形不规则褐色病斑，边缘色略深，叶柄变暗褐色，严重时部分枝叶枯死。果实染病，在果面上产生浅褐色圆形病斑，后扩展成略凹陷病斑，病斑四周黑褐色，中央浅褐色。随着果实发育，病斑中间产生粉红色黏稠状物，后期全果呈干缩状。

防治方法：及时清除带病的叶、果，病枝集中烧毁或深埋。休眠期喷洒 30%的多菌灵悬浮剂 600 倍液。加强管理，施足腐熟有机肥，适当追加氮肥、磷钾肥，增强树势，提高抗病力。

(2)锈病　无花果锈病主要为害叶片。叶受害后，背面初生黄白色小疱斑，随后病斑色泽加深，呈黄褐色斑隆起，继而破裂，散出锈色粉状物。为害严重时，疱斑密布，且可连成大小不等的斑块，叶面被锈色粉状物覆盖。疱斑破裂，引起病叶蒸腾失水加剧，叶片部分或大部分焦枯、卷缩，叶片早落。

防治方法：修剪过密的枝条，以利通风透光，浇水后通风，严防湿气滞留。发病初期喷洒 300 倍波尔多液。

(3)灰霉病　主要危害幼果及成熟果实。幼果上产生暗绿色凹陷病变，后引起全果发病，造成落果。成熟果染病产生褐色凹陷斑，很快造成全果软腐，并长出灰褐色霉层，不久又产生黑色块状菌核。

防治方法：及时清除菌核，控制氮肥使用，防止枝条徒长，对过旺的枝条进行适当修剪，通风排湿，有效控制湿度。花前喷一次 50%的甲基硫菌悬浮剂 800 倍液进行预防。发病初期喷 21%过氧乙酸水剂 1 200 倍液。

(4)疫病　该病主要危害果实、新梢和叶片，亦可侵害芽。果实受害初期在果实表面产生水渍状圆形病斑，随后迅速扩大，呈不规则形腐烂病斑。当病斑扩展到全果 1/2 以上时，果实即会脱落。病果落地后干缩成僵果。叶片被害时产生不规则圆形水渍状褐色病斑，有轮纹，扩展很快，边缘不明显，天气潮湿时表面长出稀疏白霉。天气干燥时，病斑干枯，病叶早落。新梢受害时产生水渍状褐色病斑，当病斑环绕枝梢一圈时，新梢即干枯死亡。

防治方法：加强管理，注意修剪，通风透光良好。及时摘除病果、病叶，并销毁或深埋。发病初期用72%克露可湿性粉剂500～600倍液或69%安克锰锌可湿性粉剂500～700倍液喷洒,隔7～10 d 1次,防治2～3次。

(5)根结线虫　无花果受到线虫危害后,植株通常表现出矮小瘦弱、黄化、生长缓慢、衰退的现象,这是由于根线虫侵害无花果根部后,根组织无法正常分化和生理活动,水分和养分的吸收、运输受到阻碍造成的。

防治方法:防治根结线虫目前主要是避免连作和对苗木进行检疫消毒。定植前用1.8%阿维菌素2 000倍液加50%多菌灵500倍浸根。采用辛硫磷颗粒剂施于植株根部附近的基质中,并结合灌溉来杀灭线虫。

(6)桑天牛　桑天牛的小幼虫危害极易发现,凡是见到有红褐色粪便处,其中必有幼虫。幼虫从上往下蛀食皮层,在韧皮部越冬,次年春在木质部蛀食。

防治方法:人工捕捉。在成虫发生期捕捉成虫,减少产卵。在成虫产卵期,按枝条上产卵痕,用镊子、小刀将卵粒铲除。趁初孵幼虫在韧皮部活动危害阶段,用铁丝、小刀刺杀幼虫,或用手指在幼虫危害处用刀按压,压死幼虫。采用专门防治天牛的熏杀棒,熏杀天牛幼虫效果很好。

(二)家庭盆栽无花果栽培技术

家庭无土栽培无花果,以盆栽为主,花盆常采用普通塑料花盆或紫砂深筒盆。无土基质要根据无花果的根系特性来选择。一般来说,陶粒与蛭石、草炭或珍珠岩、草炭、炉渣等量混合基质能满足要求(图8-16)。

图8-16　无花果盆栽

盆栽专用品种如红矮生、A42等最好,还有日本紫果、紫光、圣果一号A42。这些品种属小灌木,树冠矮小,枝条节间短,分枝多;叶中大,掌状五裂;果紫红色,艳丽美观。结果性特强,当年生苗木即大量结果,几乎每根枝条都结果,十分美丽。因其节间特短,树形优美,极适盆栽或作为矮灌木植于庭院、花园用于观赏。

上盆时,盆底加一层陶粒或粗炉渣做排水层,然后填加混合基质。先装入2/3基质,然后用消毒好的工具把无花果的一部分根部带着枝条剪下来,让无花果的根部舒展开后放进容器,固定好之后装基质到容器边缘以下3 cm,轻轻压一下之后浇透水。放置到凉爽通风处10 d左右可以放置在有太阳的地方,进行正常管理。一般每隔7～10 d补液1次,每次100～150 mL;平时补水保持基质湿润。补液当天不补水,翌日浇1次透水,以便稀释营养液浓度,利于植株根系吸收。

北方地区可于4月末或5月初移到室外阳光充足处养护,盛夏高温季节中午前后要适当遮阴,可每天往枝叶上喷水2～3次,达到降温增湿的目的。开花前至幼果膨大期,可喷施2次0.2%磷酸二氢钾液肥,促进坐果和果实生长。入冬前移入室内冷凉处越冬,停止浇液浇水,温度保持在0℃左右即可。

为了使无花果多结果和树形优美,每年需要修剪,修剪须在早春树液流动前进行,以免造成伤流,影响当年结果。一般常修剪成独干,上具主枝、侧枝,使其形成丛生圆头形树冠。

(三)无花果气雾培

无花果采用无性快繁育苗,可以用珍珠岩基质扦插快繁,也可以气雾生根快繁,都具较高的成活率,是一种易生根的果树。通过气雾生根快繁的苗木可以直接移植至气雾栽培环境,在基质中快繁的苗木移植前要进行根系清洗。

无花果对水气环境适应性强,根系在高湿度环境下,气生根超常规发育,对水气环境有良好的适应性,是一种特别适合水气或雾培种植的果树。另外,无花果生长快速,当年雾培当年挂果,实行密植管理当年即可获取一定产量或丰产指标。

阳台屋顶可以采用桶式雾培或管道化水气培,温室生产可以采用沟槽式雾培,采用气雾栽培的无花果可以通过营养液的调控,实现果实品质的高糖度生产(图 8-17)。

图 8-17　无花果气雾培

无花果气雾栽培可以采用霍格兰配方,早期较低营养液浓度有利于树体生长根系发育。定植至结果的幼树期,营养浓度以电导率 0.6～1.2 mS/cm 为宜。随着树体逐渐发育成熟及挂果量增大,营养液浓度不断提高,一般以电导率 1.8～2.4 mS/cm 为宜,有利于果品糖度积累。

无花果除了应用霍格兰及园试通用配方外,还可以结合无花果的生长发育特性形成专用配方(表 8-3)。

表 8-3　无花果营养液配方

阴离子/(mmol/L)				阳离子/(mmol/L)			
NO_3^-	$H_2PO_4^-$	SO_4^{2-}	HCO_3^-	NH_4^+	K^+	Ca^{2+}	Mg^{2+}
12	2	2	0.5	0.5	7.5	4	2

在营养液管理的气雾栽培环境下,无花果植株生长快速(从快繁至育成约 6 个月即可达 2 m 高),当年插枝苗当年挂果,如实行高度密植,当年即可获取一定的商业产量,次年即可达到丰产效果。

参考文献

[1] 白丽仙.花卉生产新技术[M].北京:中国农业出版社,2017.
[2] 柏玉平,王朝霞,刘晓欣.花卉栽培技术[M].2版.北京:化学工业出版社,2016.
[3] 陈美莉,李晶晶.日光温室草莓无土栽培技术[J].西北园艺,2018(7):30-31.
[4] 崔世茂.阳台菜园:芽苗菜无土栽培[M].内蒙古:内蒙古人民出版社,2015.
[5] 高国人.蔬菜无土栽培技术操作规程[M].北京:金盾出版社,2007.
[6] 高丽红.无土栽培学[M].北京:中国农业大学出版社,2017.
[7] 郭世荣,孙锦.无土栽培学[M].3版.北京:中国农业出版社,2018.
[8] 郭世荣.无土栽培学[M].2版.北京:中国农业出版社,2011.
[9] 郭永婷,朱英,沈富,等.日光温室草莓管道立体无土栽培技术[J].现代农业科技,2016,(14):182-183.
[10] 韩春梅.设施种植技术[M].北京:中国农业大学出版社,2020.
[11] 韩世栋,鞠剑峰.蔬菜生产技术[M].北京:中国农业出版社,2012.
[12] 蒋卫杰.蔬菜无土栽培新技术[M].北京:金盾出版社,2007.
[13] 金铃.水培草莓的栽培技术[J].黑龙江农业科学,2010(8):188.
[14] 兰海明.果树盆栽技术[M].北京:中国轻工业出版社,2020.
[15] 冷鹏.绿色农业技术推广丛书:无土栽培[M].北京:化学工业出版社,2015.
[16] 李凤光,高丹.果树栽培[M].北京:中国轻工业出版社,2011.
[17] 李邵.草莓无土栽培的几种模式[J].温室园艺,2016(3):15-19.
[18] 刘桂芹,李振合.花卉栽培实用技术[M].北京:中国农业科学技术出版社,2014.
[19] 娄汉平,吴丽敏.果树生产[M].北京:中国农业大学出版社,2015.
[20] 路河.棚室草莓高效栽培[M].北京:机械工业出版社,2018.
[21] 孟凡丽.设施葡萄优质高效栽培技术[M].北京:化学工业出版社,2017.
[22] 聂继磊.盆栽葡萄的栽培技术[J].安徽农学通报,2012,18(6):63.
[23] 裴孝伯.有机蔬菜无土栽培技术大全[M].北京:化学工业出版社,2010.
[24] 彭月丽,王秀峰,杨凤娟,等.高架栽培槽栽培草莓效果研究[J].长江蔬菜,2011,(6):28-31.
[25] 秦新惠.无土栽培技术[M].重庆:重庆大学出版社,2015.
[26] 孙雅欣,孙锦.阳台无花果无土栽培技术[J].绿色科技,2018(15):142-143.
[27] 孙颖.园林苗木繁育丛书:200种花卉繁育与养护[M].北京:化学工业出版社,2015.
[28] 王海波,刘凤之,王孝娣,等.葡萄无土栽培技术[J].果农之友,2017(2):12.
[29] 王慧珍,张明.果树生产新技术[M].北京:中国农业出版社,2017.
[30] 王久兴,宋士清.无土栽培[M].北京:科学出版社,2018.
[31] 王振龙.无土栽培教程[M].2版.北京:中国农业大学出版社,2015.
[32] 王忠跃.葡萄健康栽培与病虫害防控[M].北京:中国农业科学技术出版社,2018.

[33] 徐帮学.园艺花卉栽培养护丛书:绿植花卉扦插移植与育苗[M].北京:化学工业出版社,2017.
[34] 徐卫红,王宏信.家庭蔬菜无土栽培技术[M].北京:化学工业出版社,2013.
[35] 颜志明.无土栽培技术[M].北京:中国农业出版社,2017.
[36] 杨保永,王翀.层架式草莓无土栽培关键技术[J].江西农业,2018(24):21.
[37] 杨莉,杨雷,李莉.图说草莓栽培关键技术[M].北京:化学工业出版社,2015.
[38] 杨振超.温室大棚无土栽培新技术[M].杨凌:西北农林科技大学出版社,2005.
[39] 尤超,孙锦.设施无花果无土栽培技术研究[J].安徽农业科学,2015,43(6):35-36.
[40] 张更,颜志明,王全智,等.我国设施草莓无土栽培技术的研究进展与发展建议[J].江苏农业科学,2019,47(18):58-61.
[41] 张同舍,肖宁月.果树生产技术[M].北京:机械工业出版社,2017.
[42] 张玉星.果树栽培学各论(北方本)[M].3版.北京:中国农业出版社,2017.
[43] 张志国,戚海峰.穴盘苗生产技术[M].北京:化学工业出版社,2015.
[44] 赵根,邱芬,陈丽萍,等.草莓无土栽培模式与营养供给[J].设施蔬菜,2017(11):69-73.
[45] 赵文超.家庭园艺植物休闲无土栽培[M].北京:中国农业出版社,2019.

附　录

附录1　常用元素相对原子质量表

元素名称		元素符号	原子序数	原子量
中文	英文			
铝	Aluminium	Al	13	26.98
硼	Boron	B	5	10.81
溴	Bromine	Br	35	79.90
钙	Calcium	Ca	20	40.08
碳	Carbon	C	6	12.01
氯	Chlorine	Cl	17	35.45
铬	Chromium	Cr	24	51.996
钴	Cobalt	Co	27	58.93
铜	Copper	Cu	29	63.55
氟	Fluorine	F	9	18.998
氢	Hydrogen	H	1	1.008
碘	Iodine	I	53	126.90
铁	Iron	Fe	26	55.85
铅	Lead	Pb	82	207.2
镁	Magnesium	Mg	12	24.305
钼	Molybdenum	Mo	42	95.94
镍	Nickel	Ni	28	58.71
氮	Nitrogen	N	7	14.01
氧	Oxygen	O	8	16.00
磷	Phosphorus	P	15	30.97
钾	Potassium	K	19	39.10
硒	Selenium	Se	34	78.96
硅	Silicon	Si	14	28.09
银	Silver	Ag	47	107.87
钠	Sodium	Na	11	22.99
硫	Sulfur	S	16	32.06
锡	Tin	Sn	50	118.69
锌	Zinc	Zn	30	65.37

注:本表相对原子质量,引自1999年国际相对原子质量表,以$^{12}C=12$为基准。

附录 2　植物营养大量元素化合物及辅助材料的性质与要求

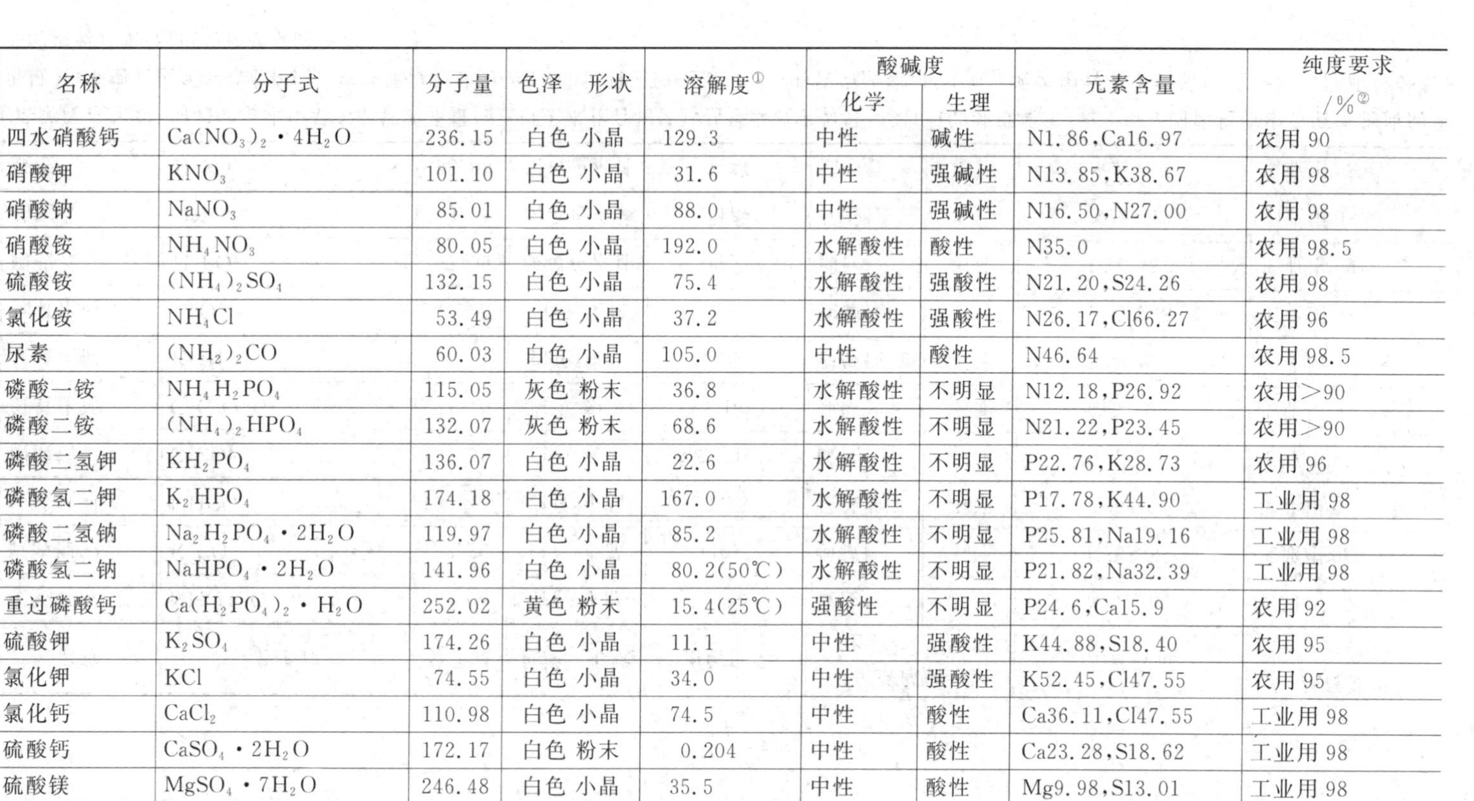

用途	序号	名称	分子式	分子量	色泽　形状	溶解度[1]	酸碱度		元素含量	纯度要求/%[2]
							化学	生理		
配方中直接使用的化合物	1	四水硝酸钙	$Ca(NO_3)_2 \cdot 4H_2O$	236.15	白色 小晶	129.3	中性	碱性	N1.86,Ca16.97	农用 90
	2	硝酸钾	KNO_3	101.10	白色 小晶	31.6	中性	强碱性	N13.85,K38.67	农用 98
	3	硝酸钠	$NaNO_3$	85.01	白色 小晶	88.0	中性	强碱性	N16.50,N27.00	农用 98
	4	硝酸铵	NH_4NO_3	80.05	白色 小晶	192.0	水解酸性	酸性	N35.0	农用 98.5
	5	硫酸铵	$(NH_4)_2SO_4$	132.15	白色 小晶	75.4	水解酸性	强酸性	N21.20,S24.26	农用 98
	6	氯化铵	NH_4Cl	53.49	白色 小晶	37.2	水解酸性	强酸性	N26.17,Cl66.27	农用 96
	7	尿素	$(NH_2)_2CO$	60.03	白色 小晶	105.0	中性	酸性	N46.64	农用 98.5
	8	磷酸一铵	$NH_4H_2PO_4$	115.05	灰色 粉末	36.8	水解酸性	不明显	N12.18,P26.92	农用>90
	9	磷酸二铵	$(NH_4)_2HPO_4$	132.07	灰色 粉末	68.6	水解酸性	不明显	N21.22,P23.45	农用>90
	10	磷酸二氢钾	KH_2PO_4	136.07	白色 小晶	22.6	水解酸性	不明显	P22.76,K28.73	农用 96
	11	磷酸氢二钾	K_2HPO_4	174.18	白色 小晶	167.0	水解酸性	不明显	P17.78,K44.90	工业用 98
	12	磷酸二氢钠	$Na_2H_2PO_4 \cdot 2H_2O$	119.97	白色 小晶	85.2	水解酸性	不明显	P25.81,Na19.16	工业用 98
	13	磷酸氢二钠	$NaHPO_4 \cdot 2H_2O$	141.96	白色 小晶	80.2(50℃)	水解酸性	不明显	P21.82,Na32.39	工业用 98
	14	重过磷酸钙	$Ca(H_2PO_4)_2 \cdot H_2O$	252.02	黄色 粉末	15.4(25℃)	强酸性	不明显	P24.6,Ca15.9	农用 92
	15	硫酸钾	K_2SO_4	174.26	白色 小晶	11.1	中性	强酸性	K44.88,S18.40	农用 95
	16	氯化钾	KCl	74.55	白色 小晶	34.0	中性	强酸性	K52.45,Cl47.55	农用 95
	17	氯化钙	$CaCl_2$	110.98	白色 小晶	74.5	中性	酸性	Ca36.11,Cl47.55	工业用 98
	18	硫酸钙	$CaSO_4 \cdot 2H_2O$	172.17	白色 粉末	0.204	中性	酸性	Ca23.28,S18.62	工业用 98
	19	硫酸镁	$MgSO_4 \cdot 7H_2O$	246.48	白色 小晶	35.5	中性	酸性	Mg9.98,S13.01	工业用 98

续表

用途	序号	名称	分子式	分子量	色泽 形状	溶解度①	酸碱度		元素含量	纯度要求/%②
							化学	生理		
辅助性原料	20	碳酸氢铵	NH_4HCO_3	79.04	白色 小晶	21.0	碱性	碱性	N17.70	农用 95
	21	碳酸钾	K_2CO_3	138.20	白色 小晶	110.5	强碱性	不计	K56.58	工业用 98
	22	碳酸氢钾	$KHCO_3$	100.11	白色 小晶	33.3	强碱性	不计	K39.05	工业用 98
	23	碳酸钙	$CaCO_3$	100.08	白色 粉末	6.5×10^{-3}	碱性	不计	Ca40.05	工业用 98
	24	氢氧化钙	$Ca(CO_3)_2$	74.10	白色 粉末	0.165	强碱性	不计	Ca54.09	工业用 98
	25	氢氧化钾	KOH	56.11	白色 块状	112.0	强碱性	不计	K69.69	工业用 98
	26	氢氧化钠	NaOH	40.00	白色 块状	109.0	强碱性	不计	Na57.48	工业用 98
	27	磷酸	H_3PO_4	97.99	淡黄色液体	可溶	酸性	不计	P34.60	工业用 98③
	28	硝酸	HNO_3	63.01	淡黄色液体	可溶	强酸性	不计	N22.22	工业用 98③
	29	硫酸	H_2SO_4	98.08	淡黄色液体	可溶	强酸性	不计	S57.48	工业用 98③

注：①溶解度：在20℃时，100 g水中最多溶解的质量(g)(以无水化合物计)，括号内数字为另一温度；②纯度要求：每100 g固体物质中含有本物质的质量(g)，即重量%，本物质包括结晶水在内。本物质以外的为杂质；③指明三种酸(27，28，29)皆为液体，每100 g液体中含有本物质的质量(g)，即质量分数，本物质以外的主要是水分，也会含微量的杂质。

附录3 植物营养微量元素化合物的性质与要求

序号	名称	分子式	分子量	色泽 形状	溶解度[1]	酸碱度	元素含量	纯度要求[2]
1	硫酸亚铁	$FeSO_4 \cdot 7H_2O$	278.02	浅青 小晶	26.5	水解酸性	Fe20.09	工业用 98
2	三氯化铁	$FeCl_3 \cdot 6H_2O$	270.30	黄棕 晶块	91.9	水解酸性	Fe20.66	工业用 98
3	Na_2-EDTA	$NaC_{10}H_{14}O_8N_2 \cdot 2H_2O$	372.42	白色 小晶	11.1(22℃)	微碱		化学纯 99
4	Na_2Fe-EDTA	$NaFeC_{10}H_{12}O_8N_2$	389.93	黄色 小晶	易溶	微碱	Fe14.32	化学纯 99
5	NaFe-EDTA	$NaFeC_{10}H_{12}O_8N_2$	366.94	黄色 小晶	易溶	微碱	Fe15.22	化学纯 99
6	硼酸	H_3BO_3	61.83	白色 小晶	5.0	微酸	B17.48	化学纯 99
7	硼砂	$Na_2B_4O_7 \cdot 10H_2O$	381.37	白色 粉末	2.7	碱性	B11.34	化学纯 99
8	硫酸锰	$MnSO_4 \cdot 4H_2O$	223.06	粉红 小晶	62.9	水解酸性	Mn24.63	化学纯 99
9	氯化锰	$MnCl_2 \cdot 4H_2O$	197.09	粉红 小晶	73.9	水解酸性	Mn27.76	化学纯 99
10	硫酸锌	$ZnSO_4 \cdot 7H_2O$	287.54	白色 小晶	54.4	水解酸性	Zn22.74	化学纯 99
11	氯化锌	$ZnCl_2 \cdot 2.5H_2O$	174.51	白色 小晶	367.3	水解酸性	Zn37.45	化学纯 99
12	硫酸铜	$CuSO_4 \cdot 5H_2O$	249.69	蓝色 小晶	20.7	水解酸性	Cu25.45	化学纯 99
13	氯化铜	$CuCl_2 \cdot 2H_2O$	170.48	蓝绿色 小晶	72.7	水解酸性	Cu37.38	化学纯 99
14	钼酸钠	$Na_2MoO_4 \cdot 2H_2O$	241.95	白色 小晶	65.0	水解酸性	Mo39.65	化学纯 99
15	钼酸铵	$(NH_4)_6MoO_{24} \cdot 4H_2O$	1235.86	浅黄色 晶块	易溶		Mo54.34	化学纯 99

注：①溶解度：在20℃时，100 g水中最多溶解的克数(以无水化合物计)，括号内数字为另一温度。②纯度要求：每100 g固体物质中含有本物质的克数，即重量%。

附录 4　一些难溶化合物的溶度积常数

化合物的化学式	K_{sp}	化合物的化学式	K_{sp}
$CaCO_3$	2.8×10^{-9}	$MgNH_4PO_4$	2.5×10^{-13}
CaC_2H_4	2.6×10^{-9}	$Mg(OH)_2$	1.8×10^{-11}
$Ca(OH)_2$	5.5×10^{-8}	$MnCO_3$	1.8×10^{-11}
$CaHPO_4$	1.0×10^{-7}	$Mn(OH)_2$	1.9×10^{-13}
$Ca_3(PO_4)_2$	2.0×10^{-29}	MnS 晶体	2.0×10^{-13}
$CaSO_4$	9.1×10^{-6}	$ZnCO_3$	1.4×10^{-11}
CuCl	1.2×10^{-6}	$Zn(OH)_2$	1.2×10^{-17}
CuOH	1.0×10^{-14}	$Zn(PO_4)_2$	9.1×10^{-33}
Cu_2S	2.0×10^{-48}	ZnS	2.0×10^{-22}
CuS	6.0×10^{-36}	$FeCO_3$	3.2×10^{-11}
$CuCO_3$	1.4×10^{-10}	$Fe(OH)_2$	8.0×10^{-16}
$Cu(OH)_2$	2.0×10^{-20}	$Fe(OH)_3$	4.0×10^{-38}
$MgCO_3$	3.5×10^{-8}	$FePO_4$	1.3×10^{-22}
$MgCO_3\cdot3H_2O$	2.1×10^{-5}	FeS	6.3×10^{-18}

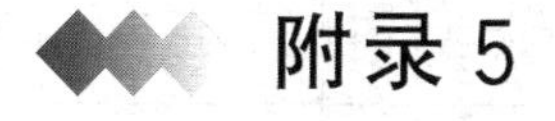

附录5　无土栽培专业词汇

序号	中文词汇	英文对照	序号	中文词汇	英文对照	序号	中文词汇	英文对照
1	无土栽培	soilless culture	30	缓冲作用	buffer action	59	喷液(雾)棒	spray stick
2	无土育苗	soilless seedling	31	阳离子	cation	60	圆形滴头	ring dripper
3	沙培	sand culture	32	阴离子	anion	61	间歇地供液	intermittently for liquid
4	珍珠岩培	perlite culture	33	电导率	electrical conductivity	62	水分胁迫	water stress
5	砾培	gravel culture	34	渗透压	osmotic pressure	63	具有毛孔的垫子	capillary matting
6	岩棉培	rock-wool culture	35	岩棉板	rock-wool slab	64	垂直的聚乙烯袋	vertical polyethylene bag
7	陶粒培	haydite culture	36	岩棉塞块	rock-wool plug	65	平放的种植袋	lay-flat bag
8	泥炭培	peat culture	37	辉绿岩	diabase	66	立体栽培	solid culture
9	锯木屑培	sawdust culture	38	石灰石	limestone	67	番茄	tomato
10	秸秆基质培	straw substrate culture	39	炉渣	furnace clinker	68	黄瓜	cucumber
11	质地较轻的基质	lightweight medium	40	基质消毒	matrix disinfection	69	甜瓜	melonlo
12	泥炭混合物	peat-littermj	41	蒸汽消毒	steam disinfection	70	丝瓜	luffa
13	树皮和木屑的混合物	mixture of bark and sawdust	42	化学药剂消毒	chemical disinfection	71	甜椒	sweet pepper
14	营养液膜技术	nutrient film technique	43	太阳能消毒	solar energy disinfection(SODIS)	72	莴苣	lettuce
15	深液流技术	deep flow technique	44	基质发酵	fermentation	73	甜菜	beet
16	浮板毛管技术	floating capillary hydroponics	45	堆沤	stack retting	74	芹菜	celery
17	喷雾培	spray culture	46	种植槽	planting groove	75	紫背天葵	gynura bicolor

续表

序号	中文词汇	英文对照	序号	中文词汇	英文对照	序号	中文词汇	英文对照
18	半喷雾培	semi-spray culture	47	定植板	engraftment plate	76	京水菜	mizuna
19	无机基质培	inorganic substrate culture	48	贮液池	liquid storage tank	77	茼蒿	crown daisy
20	有机基质培	organic substrate culture	49	可循环的水培系统	re-circulated hydroponic system	78	丝瓜	luffa
21	水培	hydroponic	50	供液系统	liguid system	79	豌豆苗	pea plant
22	固体基质培	solidsubstrate culture	51	回流系统	return-flow system	80	蚕豆苗	broad bean seedling
23	非固体基质培	liquidsubstrate culture	52	营养液供液管道	supply line	81	红掌	anthurium
24	基质	substrate/matrix/medium	53	滴灌系统	trickle irrigation	82	蝴蝶兰	butterfly orchid
25	颗粒大小	particle size	54	管道设备	plumbing system	83	竹芋	arrowroot
26	容重	volume-weight	55	潜水泵	submersible pump	84	百合	lily bulb
27	孔隙度	void ratio	56	定时器	timer	85	一品红	poinsettia
28	化学稳定性	chemical stability	57	过滤器	percolator	86	草莓	strawberry
29	酸碱性	acid-base property	58	空心管	hollow pipe	87	葡萄	grape